泥水平衡盾构切桩穿越
独柱独桩桥梁群施工技术

———— 李志军 李小奇 牛 瑞 王秋林 / 著

NISHUI PINGHENG DUNGOU QIEZHUANG CHUANYUE
DUZHU DUZHUANG QIAOLIANGQUN SHIGONG JISHU

中南大学出版社
www.csupress.com.cn
·长沙·

图书在版编目(CIP)数据

泥水平衡盾构切桩穿越独柱独桩桥梁群施工技术 /
李志军等著. —长沙:中南大学出版社,2020.7
ISBN 978 - 7 - 5487 - 2463 - 6

Ⅰ.①泥… Ⅱ.①李… Ⅲ.①地铁隧道－隧道施工－
泥水平衡盾构－盾构法 Ⅳ.①U231.3

中国版本图书馆 CIP 数据核字(2020)第 117061 号

泥水平衡盾构切桩穿越独柱独桩桥梁群施工技术

李志军 李小奇 牛 瑞 王秋林 著

□责任编辑	刘颖维
□责任印制	周 颖
□出版发行	中南大学出版社
	社址:长沙市麓山南路 邮编:410083
	发行科电话:0731 - 88876770 传真:0731 - 88710482
□印　　装	湖南省众鑫印务有限公司

□开　　本	787 mm×1092 mm 1/16 □印张 14.5 □字数 370 千字	
□版　　次	2020 年 7 月第 1 版 □2020 年 7 月第 1 次印刷	
□书　　号	ISBN 978 - 7 - 5487 - 2463 - 6	
□定　　价	198.00 元	

编委会

主任委员

李志军　李小奇　牛瑞　王秋林

副主任委员

王宁　宫学君　张成勇　王凌

编委（按姓氏笔画排序）

刁润章	马才	王宁	王秋林	王凌	王菊芳	王维佳
牛瑞	邓小刚	龙成明	史策辉	朱芳浩	刘远新	杨成春
杨志永	杨春勃	杨娟	李小奇	李志军	李社伟	吴其玉
邱文俊	何文皙	宋学军	张成勇	张伟	张会阳	张晓辉
张跃明	张雄飞	陈洲频	陈辉	林琳	易定达	罗强强
周芳琴	屈展	孟贤康	赵宝锋	胡忠宝	宫学君	胥明
贺胜利	耿大新	郭光旭	黄洋	黄越	梁伟江	董书滨
程宏生	傅雅莉	谢尚兵	谢润	雷明星	窦成功	颜亦凡

主编单位

中铁隧道局集团有限公司

中铁隧道集团二处有限公司

华东交通大学

南昌轨道交通集团有限公司

协编单位

广州地铁设计研究院股份有限公司

中铁大桥局集团有限公司设计分公司

序

Preface

随着国民经济的不断发展，伴随着地铁工程的大量建设，隧道与地下工程成为了城市高质量发展的有力支撑。受城市新、老布局规划的影响，下穿建(构)筑物是目前地铁选线无法规避的问题，其施工既要保证隧道掘进安全，又要保证既有建(构)筑物的运营安全。面对这一挑战，就需要隧道掘进沿着科学管控、又精又细的技术方向不断发展与提升。

南昌，一座英雄的城市，赣江自南向北穿过城区，构成"一江两岸，南北两城，拥江发展"的城市格局。八一大桥，南昌市地标建筑，联系新、老两个城区，桥头巍巍矗立着黑猫、白猫雕塑。该大桥的南岸引桥地处南昌市繁华地段老城区，采用喇叭型全互通立交，上下3层，桥面最大纵坡4%，平曲线最小转弯半径仅25 m。南昌地铁2号线红谷中大道站—阳明公园站区间采用泥水平衡盾构施工，需穿越八一大桥南岸引桥，该穿越段交通荷载沿桥面产生纵、横双向分力，结构体系受力复杂，同时桥梁桩身范围以富水砂层、卵石层及中风化泥质粉砂岩为主，加之濒临赣江，地质条件复杂，施工难度大、风险高。穿越的桥梁均为独柱独桩结构，有4根桩基全部侵入区间隧道、3根桩基局部侵入区间隧道，均需盾构切桩，其中有2根桩基切割面位于上软下硬地层中。盾构切桩前，需对拟被切桩进行桩基托换，其作业空间最低净高仅3.4 m，同时该区域桥梁为多层次立交匝道桥，对桩基托换及旧桩处理的工装设备选择受限很大。

承担该施工任务的中铁隧道局集团组建了一支年轻而富有朝气的团队，他们敢于打破常规，勇于探索，大胆实践，刻苦攻关。为了不影响市内交通，他们创造了针对大吨位独柱独桩桥梁桩基础的托换工法，并成功突破了在狭小空间内进行桥基托换的技术；首次在上软下硬富水地层中采用我国自主研发的泥水盾构机切削大直径独立桩基并获成功，总结了一套泥水盾构切削大直径独立桩基的掘进控制和刀盘刀具配置参数，得到了宝贵的工程经验；在盾构隧道工程中，利用智慧工程大数据平台加强过程管控，建立了"有限元模拟变形分析"预测＋实时差分自动监测、预警、反馈技术，实时监控桥梁受力状态，及时调整盾构穿越掘进参数，在桩基托换及盾构掘进施工完成后，大桥基本没有附加变形，保障了大桥后期的安全运营；同时，通过科学、合理设计泥水系统，创建了南昌首座绿色泥水处理工厂，实现了泥浆全机械化封闭处理，做到了"零污染、零渗漏、零排放"的绿色施工。

新理念、新技术、新工艺成就了"赣江第一隧"的精品工程，为南昌发展助力！作者将工程施工的经验与教训、理论与实践写成一本颇有价值的书，希望本书的出版能为岩土工程和隧道工程技术相关专业人员提供有益的参考。愿作者继续努力，为隧道与地下工程建设做出更大的贡献！

2020 年 7 月

前言

Foreword

随着我国城镇化建设的发展，城市地面可利用空间不断减少与城市人口大幅增加的矛盾日益显著，城市地面交通的拥堵越来越严重。为缓解地面交通压力，城市地下空间的开发利用越来越受到重视。目前，地下隧道工程不断涌现，而隧道工程的修建工法普遍采用盾构法。盾构隧道选线过程中经常遇到既有建筑物桩基础等障碍物，在无法调整线路绕开桩基的情况下，采用盾构直接切削桩基是较为经济有效的方法。然而，盾构切削桩基势必影响其上部及周边建(构)筑物的沉降甚至稳定，稍有不慎，后果不堪设想。因此，控制地表零沉降、对周边建筑物零干扰、开挖面零坍塌是盾构切削桩基工程施工技术的关键与难点。

南昌市是江西省的政治、经济、文化、科教和交通中心。2008 年 7 月，南昌市被列为我国第二批轨道交通地铁项目建设申报城市。2015 年 12 月 26 日，南昌市城市地铁 1 号线载客营运。2013 年 7 月，南昌市城市地铁 2 号线全面施工，其中红谷中大道站—阳明公园站泥水盾构区间需穿越八一大桥南引桥 7 根桥桩基础。八一大桥横跨赣江，是南昌市的地标建筑，更是南昌市的重要交通枢纽，其桥身结构自重大，对结构变形要求严格。

本书结合南昌市城市地铁 2 号线红谷中大道站—阳明公园站区间泥水盾构机直接切削八一大桥独柱独桩桥梁群案例，以泥水盾构切削桩基施工技术和切削过程中桩基托换施工技术为主线，详细论述了泥水盾构切削大直径独柱独桩桩基群、切桩过程中的泥水循环控制技术、盾构穿越桥梁基础安全控制技术和切桩过程中的监控量测技术，为日后类似工程施工提供有价值的参考依据。

本书由中铁隧道集团二处有限公司牵头编制，李志军、李小奇、牛瑞、王秋林担任编委会主任，王宁、官学君、张成勇、王凌担任副主任。具体的编写分工如下：王秋林、胡忠宝、胥明编写第 1 章；刁润章、赵宝峰、谢润编写第 2 章；李小奇、王宁编写第 3 章；朱芳浩、张成勇、陈洲频、杨娟编写第 4 章；牛瑞、窦成功、朱芳浩、杨春勃编写第 5 章；王宁、耿大新、王凌、史策辉编写第 6 章；牛瑞、宫学君、李小奇、龙成明编写第 7 章；李志军、窦成功、牛瑞、杨娟编写第 8 章；牛瑞、张会阳、窦成功编写第 9 章；李小奇、易定达、邓小刚、邱文俊编写第 10 章；张晓辉、罗强强、朱芳浩编写第 11 章。本书在编写过程中得到了相关管理、施工设计、监理、科研院校等单位专家、学者以及工程技术人员的大力支持和帮助，在此对各位表示衷心的感谢。

由于作者水平有限，书中不足之处在所难免，敬请各位读者和专家批评指正。

作　者

2020 年 4 月

目录

Contents

第 1 章
绪 论

1.1 引言

近年来，随着我国经济的快速发展和人口的逐渐增多，城市地面可利用空间越来越少，交通日益拥堵。为缓解交通拥堵，提升人们的生活质量，我国不断发展、完善各种交通设施，其中地铁以其方便快捷、合理利用地下空间的特点在全国各地大量修建。地下隧道工程工法多样，其中盾构法施工因其安全可靠、投资较低、能适应复杂地质条件等明显优势被广泛应用于地下隧道工程建设中。

由于早期城市布局规划未考虑远期地铁隧道的修建，市区高层建筑、桥梁等往往会打入较深的基础，盾构隧道在选线设计时，遇到建(构)筑物桩基础、地下连续墙等障碍物的概率越来越大，逐渐成为地铁建设与发展中难以避免的重要工程难点之一。当线路受限而无法避让桩基时，若采用拆除原构筑物地面拔桩、开挖竖井凿桩等传统方式拆除桩基，对周边环境影响较大，且投资高、工期长。若对盾构设备进行适当改良，可直接切削桩基，便可为隧道线路设计提供更多的可选性及灵活性，同时也可避免传统拆桩方法存在的不足。

盾构机不是通用机械，是根据每一个施工区段的工程地质、地下水、隧道断面大小、区间平纵曲线、周围建筑物等条件进行设计制作的专用机械。对盾构机进行适当的改良，完全可以适用于切削钢筋混凝土桩基，国内外已有若干成功的案例。

1.2 盾构切削桥梁桩基施工案例

1.2.1 苏州市城市轨道交通 2 号线下穿广济桥施工

苏州市城市轨道交通 2 号线三医院站至石路站区间采用盾构法施工。横跨上塘河两岸的广济桥有 14 根钢筋混凝土钻孔灌注桩侵入区间隧道内，桥梁和隧道的相对位置关系如图 1 – 1 所示。左线区间和右线区间各 7 根桩基，其中位于 1#桥台上的 2 根桩基直径为 1200 mm，主筋直径为 22 mm，另外 12 根桩基直径为 1000 mm，主筋直径为 20 mm。该段隧道穿越的土层上半断面为粉砂,下半断面为粉质黏土。

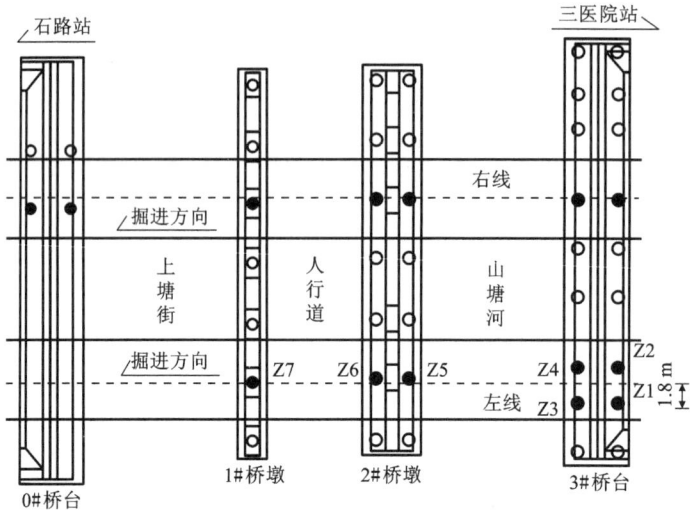

图1-1　桥梁和盾构隧道的相对位置关系

　　广济桥建成于2003年,桥长为43 m,桥宽为32 m,为3孔(16 m + 11 m + 16 m)预应力混凝土简支空心板桥,桥桩埋深在水面下36 m,直径在1 m至1.2 m之间。由于该桥临近石路商业圈和山塘风景区,周围建筑物密集,交通流量大。若采取传统的拆桥再建新桥方案,将对公共交通造成较大影响,且经济成本较高。经各方综合研究和专家论证,决定采用盾构机直接切削桩基穿越广济桥桥桩的方案。

　　本工程采用土压平衡盾构机,切桩时在刀具配置上选用贝壳形大撕裂刀作为主要切桩刀具,并做相应的切桩适应性设计(图1-2):刀高为160 mm,耐磨性强,高于刮刀80 mm,可充分保护刮刀;刀身宽为64 mm,刀长为214 mm,便于布置多块合金及增强刀身的抗折能力;各贝壳形大撕裂刀上的合金刀刃均各自处于同一高度和一条线上,以保证集中连续切削钢筋;刀头采用直角形刀具,兼顾锋利度与损伤能力。

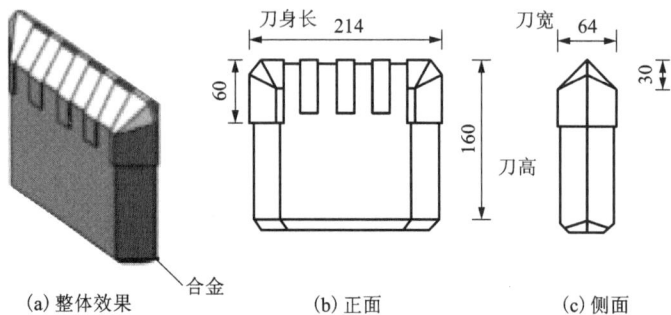

图1-2　贝壳形大撕裂刀形状及尺寸

采取同心圆等间距的方式在刀盘上布置贝壳形大撕裂刀,刀间距为 80 mm,按刀身宽度 64 mm 计算,刀间净距为 16 mm,刀盘面基本全覆盖切削桩基。根据刀具磨损的一般规律,刀盘外周部比内周部在每圈轨迹上布置的刀具数量要多,整个刀盘共布置 49 把贝壳形大撕裂刀。在中心鱼尾刀上布置 10 把贝

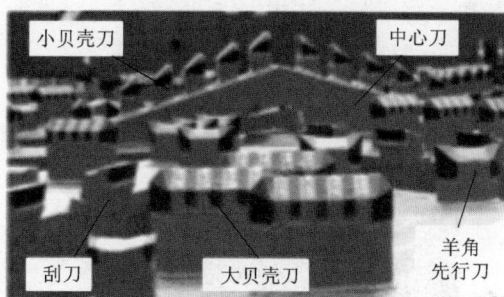

图 1-3　切桩刀具配置

壳形小撕裂刀,刀高为 132 mm、刀身宽为 64 mm,刀长为 164 mm。中心鱼尾刀上最高的贝壳形小撕裂刀的刀尖高出贝壳形大撕裂刀刀尖 190 mm。羊角先行撕裂刀的刀高为 120 mm,为备用切桩刀具,以增大切桩安全系数。切桩刀具配置如图 1-3 所示。

贝壳形撕裂刀均能有效切削桩身钢筋并破除混凝土,在桩身上切削形成与刀刃形状相贴合的同心圆切槽,相邻切槽的间距等于贝壳形撕裂刀的刀间距(即同心圆刀轨迹的间距)。单把贝壳形撕裂刀在其刀身范围内以剪切作用切削桩身钢筋和混凝土,痕迹如图 1-4 所示。两相邻贝壳形撕裂刀同心轨迹圆间的混凝土,在当前刀间距下,由于受到两相邻贝壳形撕裂刀的侧向挤压而发生崩碎,避免了"混凝土脊"(类似于硬岩地层中两相邻滚刀所形成的"岩脊")积累过高,从而有利于刀盘全覆盖面切削桩基。

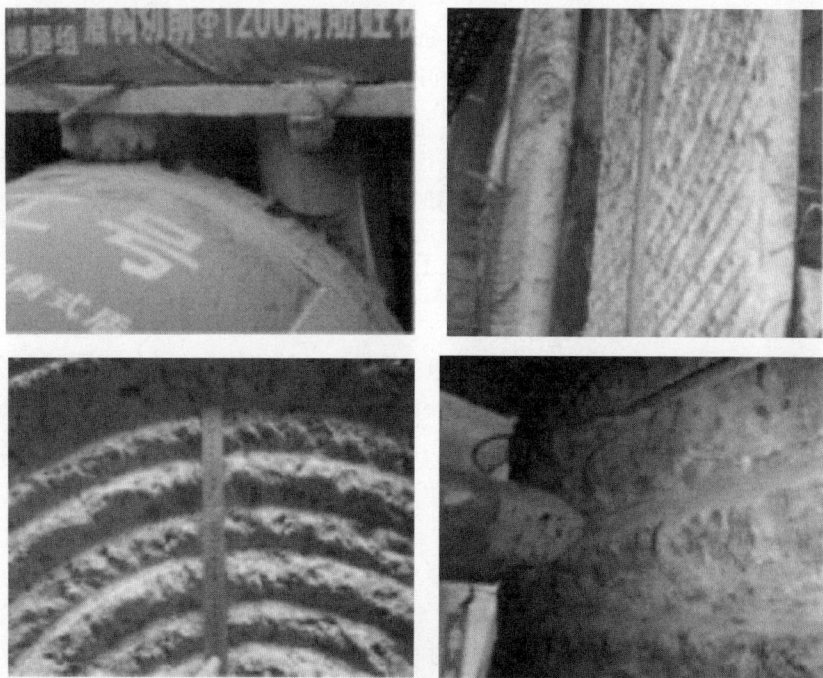

图 1-4　贝壳形大、小撕裂刀切削桩基混凝土痕迹图

钢筋断口呈现切削或拉裂两种类型。断口截面可分为 4 种类型,即完全切断、主要切断、

完全拉断和主要拉断，如图 1 - 5 所示。4 种断口中完全切断和完全拉断较少，主要为主要切断和主要拉断两种类型，钢筋以主要拉断为主。

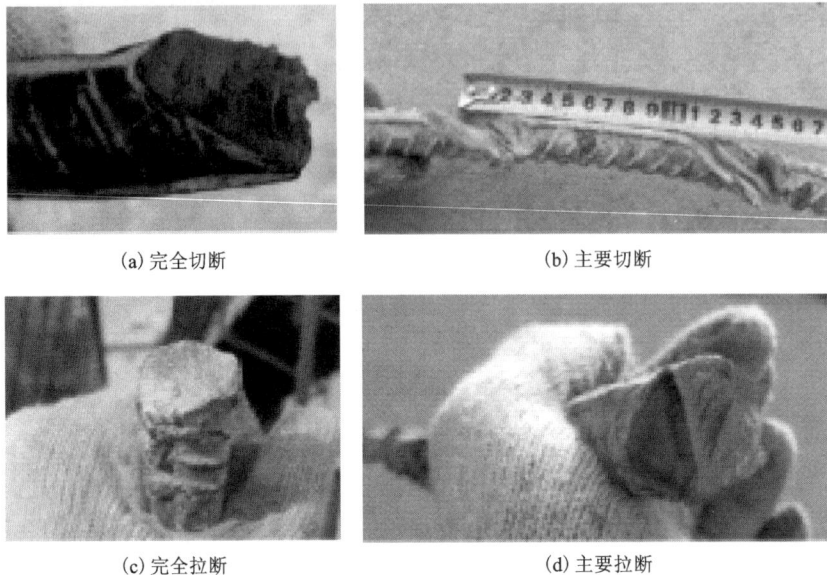

(a) 完全切断　　　　　　　　　　　　(b) 主要切断

(c) 完全拉断　　　　　　　　　　　　(d) 主要拉断

图 1 - 5　4 种钢筋断口类型

钢筋的断口特征表明，贝壳形撕裂刀具备直接切断钢筋的能力。钢筋属于延性金属材料，贝壳形撕裂刀刀刃为硬质合金材料，其硬度和强度远高于钢筋，钢筋材料先受到刀具前刀面的强力挤压而发生塑性变形，然后沿某一斜面剪切滑移并形成切屑。

贝壳形撕裂刀适用于直接切削钢筋混凝土桩基，以剪切切削与侧向挤碎相结合的方式破除混凝土，钢筋受周边混凝土的包裹情况是其能否被刀具有效切断的关键因素。

1.2.2　天津市轻轨下穿蝶桥公寓楼施工

天津市区至滨海新区快速轨道交通工程中山门西段盾构区间工程，从东兴路站开始沿六纬路横穿东兴路至光华路，沿光华路右侧靠近护城河出地面，区间沿线经过蝶桥公寓、第二工人文化宫等地。其中蝶桥公寓为五层砖结构楼房，根据施工前的档案调查，楼房为浅埋条形基础。盾构穿越蝶桥公寓楼施工过程中，当盾构掘进至 403 环时，即刀盘进入蝶桥公寓楼下方后，扭矩短时间内出现跳跃性变化，数值为 1300 ~ 2500 kN·m，持续 4 ~ 5 min 后恢复正常。掘进至 404 环时，扭矩已明显增大，瞬时扭矩最高达 3200 kN·m，螺旋输送机压力也明显增大(17.5 MPa)，后彻底卡死，经多次反复加压正反扭转，才恢复正常。掘进至 407 环时，刀盘扭矩、螺旋输送机压力等参数也出现类似的异常情况，后在出土口位置发现直径约100 mm 的混凝土块和直径为 16 mm 的螺纹钢筋及直径为 6 mm 的圆筋，此时螺旋输送机彻底被卡死，打开螺旋输送机预留孔检查发现螺旋输送机叶片有明显的刻痕，经反复加压正反扭转后恢复正常。

施工完成后，经全面检测发现盾构机损伤较为严重：刀盘产生不均匀变形，盘体与前盾最小开口约为 24 mm，最大开口约为 53 mm；刀盘外侧 8 把齿刀整体开焊、变形，4 把保护刀脱落丢失，26 块刀具硬质合金脱落；刀盘中心旋转接头泄油；螺旋输送机叶片及壳体局部过量磨损。由此可知，以后类似工程中，在盾构切削穿越桩基之前，对刀盘刀具和螺旋输送机等部位进行适应性改造是十分必要的。

由于房屋实际基础与原设计资料不符，事前不知有桩，盾构机直接切削了 43 根桩基。经详细调查并结合房屋基础现场刨验，发现该楼基础实际为混凝土预制方桩，桩尺寸为 350 mm×400 mm，桩长为 8.5 m。

1.3 基础托换技术发展概况

基础托换工程是指在既有建筑物的下方开挖土方时，为消除开挖对既有建筑物功能与结构等可能带来的影响，对既有建筑物基础进行加固补强、对持力层地基进行新基础设置及新旧基础替换等工程的总称。此类工程在荷载的转移过程中会用到托梁（或桁架）拆柱（或墙、桩）、托梁接柱和托梁换柱等技术。

托换技术的起源可以追溯到古代，但直到 20 世纪 30 年代美国兴建纽约地铁时才得到迅速发展。地铁隧道与山岭隧道的明显不同是，它经常需要下穿各类建筑物，其技术标准、施工要求较高。对于侵入隧道的桩基进行预处理是保障隧道施工安全，以及地铁正常运营期间建筑物安全和稳定的有效手段。托换技术是桩基处理的首选方式，该技术通过加固和改变支撑体系等措施处理基础，以保证建筑物结构受力体系稳定。

1.3.1 沈阳市地铁 10 号线下穿桥梁基础托换

沈阳市地铁 10 号线某盾构区间位于崇山东路下方，线路出起点车站后沿崇山东路东行，下穿既有桥梁桩基后到达终点车站，为标准双洞单线圆形断面。

既有桥由新桥和旧桥两部分组成。新桥于 2012 年建成，其高架部分桩长为 37 m，桩径为 1.5 m，上部为 30 m 跨度的连续梁；平交部分基础均为钻孔灌注桩，桩长为 16 m，桩径为 1.2 m，上部为 9 m、12 m 跨度的普通钢筋混凝土空心板。旧桥于 1985 年建成，钻孔灌注桩桩长为 15 m，桩径为 0.8 m，桩间距为 4.6 m（垂直桥向）×8.7 m（沿桥向），垂直桥向桩基顶部设连续盖梁，盖梁顶部放置预制钢筋混凝土简支板。桥下为新开河，河水深度为 1~2 m，河底铺浆砌片石，桥下净空为 2.5 m 左右，无地下管线。

区间下穿旧桥部分，区间隧道平均覆土厚度为 13.8 m，线间距为 15 m，隧顶与既有桥桩底之间净距离最小为 1.14 m。

若采用传统桩基托换技术，因本工程桥下有新开河，仅能在河流枯水期进行施工，且桥下净空仅为 2.5 m，打桩设备作业难度大，工期长。因此，选择趁枯水期对河床底旧桥部位的桩基进行现浇扩大基础作业，使其连为整体。该方法虽然受力不如桩基托换技术明确，但把独立受力的桩基连为整体，使其共同受力，也能满足持力要求。

该工程施工实践表明，采用扩大基础进行桩基托换技术对减小各桩基的差异沉降和绝对沉降效果明显。在扩大基础托换技术条件下，虽然既有桥桩基轴向应力有所增加，但仍在允许承载力的范围内。

1.3.2　上海市地铁10号线下穿桥梁基础托换

上海市地铁10号线位于市中心，全线采用土压平衡盾构机施工。溧阳路站至曲阳路站区间隧道穿越沙泾港桥群桩基础。

沙泾港桥位于四平路，为三跨简支梁结构，跨度分别为6 m、14 m和6 m。桥墩基础采用23根0.4 m×0.4 m×26 m(深)的预制混凝土方桩；桥台基础采用14根0.4 m×0.4 m×27 m(深)的预制混凝土方桩，共有33根桩侵入隧道开挖限界。

传统的托换技术均采用补压桩基、加固承台或底板，对结构进行受力体系转换。在上海市软土地层中，桩基均为摩擦桩，无明显桩端持力层。若采用桩基托换技术，被托桩及相邻桩基的沉降难以控制，且软土地层自立性差，承台或底板加固非常困难。因此，该工程采用开口箱涵托换技术方案。

上海市浅层土的承载力较低，桥梁结构受力转换后，工后沉降增大，需对基础底板下的地基进行加固，使地基土的沉降变形满足桥梁安全运行规定的技术标准。加固工法采用三重管旋喷桩，以避免结构底板大量开孔。加固后应保证土体的无侧向抗压强度 $q_u \geqslant 1.0$ MPa，以满足工后沉降及人工拆桩时的土体自立性要求。

采用开口箱涵托换技术施工时，涉及桥梁桩基与承台的侧向受力平衡问题。为了确保在不迁管线并维持桥梁正常交通，开口箱涵基坑的围护结构采用了高压旋喷桩重力式挡墙方案。本工程从开始施工到底板灌注完成，再到底板下旋喷加固完成、围堰拆除，桥梁最大沉降小于2 cm，管线的沉降也在允许限值范围内，托换工程取得成功。

1.4　本书主要内容简介

本书以南昌市地铁2号线红谷中大道站—阳明公园站区间泥水平衡盾构机切削南昌八一大桥的桥基工程为背景，从盾构切削既有建筑物桩基技术、桩基托换技术、安全控制技术及监控量测技术4个主要方面对泥水盾构下穿桥梁桩基施工技术进行了论述。全书共分为11章：第1章为绪论部分；第2章介绍了南昌市地铁2号线概况及八一大桥周边环境情况，说明了盾构区间复杂的工程地质条件及工程的特点与难点；第3章介绍了八一大桥南引桥的上部结构形式及托换桩基与隧道的位置关系，确定了托桩形式并通过对比三种不同的旧桩处理方案，确定了盾构直接切削桩基的施工方案；第4章利用ABAQUS有限元软件模拟分析了盾构切桩对上部桥梁、托换新桩及管片安全性的影响；第5章利用ANSYS有限元软件对泥水盾构进行了切桩适性性分析，然后具体介绍了盾构刀具的选型与安装布置情况；第6章通过建立原桩及托换梁空间杆系模型对原桥结构和桩基托换结构的安全与稳定进行了复核及验算；第8章系统地介绍了盾构切桩过程中的试掘进、掘进参数控制、同步注浆控制等施工技术，并分析了刀具切削钢筋混凝土的磨损情况；第9章详细阐述了泥水循环系统的作用与组成及循环过程中泥浆参数的控制技术与废浆复利用施工技术；第10章详细地罗列了盾构下穿桥梁施工过程中需要注意的风险和相应的安全控制指标及应急处理方案，为安全施工提供了保障；第11章对施工过程中监测的内容、方法及控制标准进行了系统地介绍，并展示了施工关键结点的各项监测数据，表明各监测值均在控制范围内。

第 2 章
工程概况

2.1 南昌市地铁 2 号线概况

南昌市地铁 2 号线始于南昌市新建区九龙湖新区,沿赣江西岸由南向北依次经过九龙湖湿地公园、南昌西站、生米大桥西端、红角洲片区和红谷滩中心区;经春晖路折向东,过红谷中大道后下穿赣江,至东岸滕王阁景区,北面进入昌东老城核心区;沿阳明路下方东行至青山南路交叉口折向南,再沿八一大道南行;经过八一广场直至洛阳路后折向东,沿洛阳路东行经南昌站,再向东偏南穿过顺外路后,止于青山湖区上海路附近。南昌市地铁 2 号线一期工程全长为 31.51 km,共有 28 座车站,分别为南路站、大岗站、生米站、九龙湖南站、市民中心站、鹰潭街站、国博站、西站南广场站、南昌西站、龙岗站、国体中心站、卧龙山站、岭北站、前湖大道站、学府大道东站、翠苑路站、地铁大厦站、雅苑路站、红谷中大道站、阳明公园站、青山路口站、福州路站、八一广场站、永叔路站、丁公路南站、南昌火车站站、顺外站、辛家庵站,与地铁 1、3、4 号线均可换乘。

2.2 标段概况

南昌市地铁 2 号线一期工程 04 合同段由中铁隧道局集团公司承建,含两站三区间一风井:即地铁大厦站—雅苑路站盾构区间、雅苑路站、雅苑路站—红谷中大道站盾构区间、红谷中大道站、红谷中大道站—(中间风井)—阳明公园站盾构区间工程,线路全长为 4.3 km。雅苑路站作为地铁 2 号线铺轨基地,全长为 465 m,为明挖双层三跨框架结构;红谷中大道站作为地铁 2 号线泥水平衡盾构机穿越赣江的盾构始发站,全长为 147 m,为明挖三层框架结构;中间风井作为区间活塞通风风井,井深为 32 m,为地下五层框架结构。标段范围内所有区间隧道均采用盾构法施工,其中地铁大厦站—雅苑路站区间隧道及雅苑路站—红谷中大道站区间隧道采用一台土压盾构机施工,红谷中大道站—阳明公园站区间隧道采用两台泥水平衡盾构机分别进行上、下行线施工。

2.3 泥水平衡盾构区间隧道技术规格

泥水平衡盾构机区间隧道技术规格如下：

服务年限：100 年；

安全等级：一级；

里程范围：YDK33 + 566.986 至 YDK35 + 924.262；

长度：2357 m；

圆形断面：内径为 5.4 m，外径为 6 m；

管片厚度：0.3 m。

隧洞横断面示意图如图 2 - 1 所示。

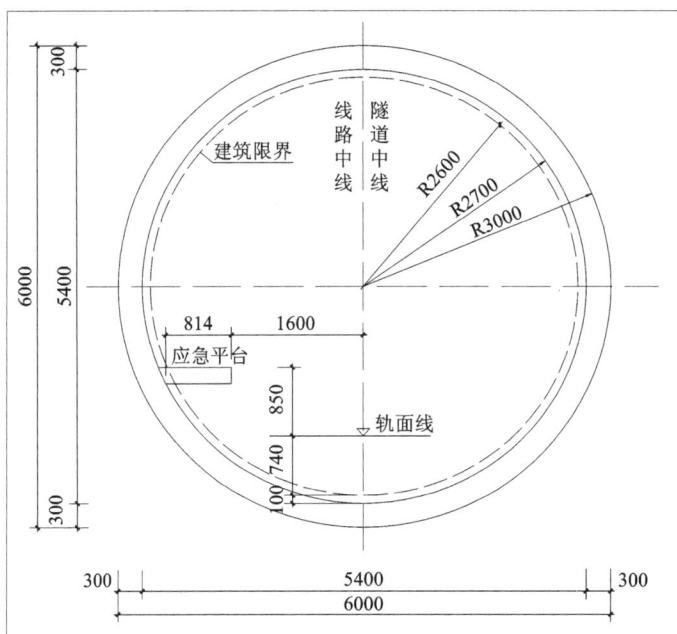

图 2 - 1　隧洞横断面示意图

2.4 工程地质及水文地质

2.4.1 地理位置及地貌

南昌市位于东经 115°27′~116°35′，北纬 28°09′~29°11′，处于江西省中部偏北，赣江、抚河下游，毗邻鄱阳湖，为江西省省会，既是国家历史文化名城，又是革命英雄城市，现辖南昌县、进贤县、安义县 3 个县，以及东湖区、西湖区、青云谱区、青山湖区、新建区、红谷滩区 6 个区，市域土地总面积为 7402.36 km²。

南昌市位于九岭—高台山台拱(Ⅲ4)中的鄱阳凹陷(Ⅳ10)的西南部,晋宁—加里东、海西—印支、燕山—喜马拉雅期运动造就了地貌骨架之雏形。后在第四系以来的新构造运动影响下,赣江侵蚀及其堆积作用,塑造了河床、阶地及其两侧不同成因类型的丘陵地貌景观。市西北区为岗地地貌,东北部主要为河流阶地,地势展现西北高、东北低的特点,梅岭罗汉岭为最高点,海拔为842 m;地貌单元为典型的河流侵蚀地貌,由河床、江心洲、漫滩及岗地组成。

红谷中大道站—阳明公园站区间隧道沿线地面地势平坦,平均海拔约为21 m,有较多高层建筑物,地铁隧道侧穿阳明路既有建筑物施工对周围环境影响较大。图 2 - 2 所示为红谷中大道站—阳明公园站区间现貌图。

图 2 - 2　红谷中大道站—阳明公园站区间现貌

2.4.2　地质构造与区域稳定性

工程场区属冲海相沉积平原区,大地构造隶属我国东部华南扬子准地台南缘,紧邻华南加里东褶皱带,地质构造复杂,断裂及其裂陷盆地均很发育。南昌市处于江南台隆构造单元的萍乡—乐平台陷北缘,构造上主要受赣江大断裂控制,第四系覆盖层以下的白垩系及下第三系地层中存在着一些北东向、近南北向和北北西向缓倾斜的背斜和向斜构造,新构造运动主要以震荡性升降运动为主;近场区(25 km 半径范围)区域断裂有:北东向的宜丰—景德镇深断裂带(F1)、瀛上—西河砖瓦厂断层(F4)、赣江北东向隐伏断裂带(F5)等,北北东向的新干—湖口深断裂(F2 亦称"赣江大断裂"),北西向的新干—湖口深断裂(F3 亦称"抚河断裂"),详见表 2 - 1。

据区域资料,赣江河谷以西地区以抬升作用为主,其中梅岭山区抬升幅度较大,山岭陡峻,河谷狭小,地形坡度较大;南昌北丘陵区抬升幅度较小,海拔标高一般为40 ~ 50 m,残坡积层发育。据长江水利委员会二等水准测量资料显示,南昌北乐化地区 1955—1977 年间平均上升速率为 +0.105 mm/a。赣江河谷以东地区以缓慢升降的振荡作用为主。

表 2-1 研究区域断裂一览表

编号	断裂名称	产状			性质	规模/km	主要特征
		走向/(°)	倾向	倾角/(°)			
F1	宜丰—景德镇深断裂带	NE	NW	大于60	逆断层	>500	该断裂带由一系列数十千米至数百千米长的斜冲断层组成，明显控制萍乡—乐平台陷的发展方向，断裂西段有中元古代火山岩沿线带状分布。本断裂形成于晋宁期，多次活动，燕山运动仍在加深扩大。沿断裂带历史上有小震活动记载，为活动性断裂带。距离本工点20 km，对工程影响较小
F2	新干—湖口深断裂（赣江大断裂）	NNE	NW/SE	高倾角	燕山期前为正断层	>500	该断裂多被第四系所覆盖，晚更新世末—全新世初活动较强烈，历史上沿该断裂发生过中强地震，20世纪70年代以来仍有小震活动。所有迹象表明，该断裂带属微弱全新活动断裂，但南昌地区赣江中支以南段未出现对红盆地明显切错。距离本工点5 km，对工程影响微弱
					燕山期后为逆断层		
F3	黎川—南昌大断裂（抚河断裂）	NW	NE	30~70	正断层	>220	沿该断裂分布河谷、盆地，掩盖严重，地表地貌反应明显，深部断距较大，浅部未见明显切错情况
F4	瀛上—西河砖瓦厂断层	NE	NW	60~70	逆断层	约20	该断层为第三系紫红色砂砾岩层与前震旦系双桥山群千枚岩的接触带，断层带宽度较大，局部达200 m以上，断层带内存在宽度不等的泥砾带。沿断层局部形成了北东向延伸的直线状山脊及断层陡崖，而且局部控制了湖泊、洼地和河流流向。总之该断层不仅规模大，而且甚为复杂，且经过多次活动，断层产状及其力学性质几经更迭，挽近世仍有活动迹象
F5	赣江北东向隐伏断裂带	NE	NW/SE	高倾角	逆断层	>25	该断裂带为"赣江大断裂"分支，沿赣江河流呈北东向分布，下部红层由于受隐伏断裂影响，岩石裂隙发育，岩石极破碎。第四纪以来无强烈活动

2.4.3 工程地质

红谷中大道站—阳明公园站区间地层上部主要为人工填土 $<Q_4^{al}>$ 、第四系全新统冲击层 $<Q_4^{al}>$ 、更新统冲积层 $<Q_3^{al}>$ ，下伏基岩主要为第三系新余群(Ex)泥质粉砂岩等。根据岩性及工程地质特征，场地地层自上而下划分为<1-1>杂填土、<1-2>素填土、<2-1>粉质黏土、<2-2>淤泥、<2-3>细砂、<2-4>中砂、<2-5>粗砂、<2-6>砾砂、<2-7>圆砾、<3-1>粉质黏土层、<3-3>细沙、<3-4>细砂层、<3-5>粗砂、<3-6>砾砂层、<3-7>圆砾层、<3-8>卵石、<5-1>泥质粉砂岩层、<5-2>砂砾岩、<5-3>泥岩。本区间隧道的管片顶板埋深为15.45~24.87 m，标高为6.06~8.72 m；管片底板埋深为21.45~30.87 m，标高为2.73~-12.06 m。盾构隧道多穿越第四系覆盖土层，围岩类别为Ⅳ~Ⅵ类，详见表 2 -2。地质剖面图见图 2 -3。

表 2 -2　盾构隧道区间围岩分级表

线别	岩土围岩分级			隧道综合围岩分级	隧道穿越地层
	洞顶	洞壁	洞底		
左线	Ⅵ	Ⅵ~Ⅳ	Ⅳ	Ⅳ	洞顶：<2 -1>、<2 -2>、<2 -3>、<2 -4>、<2 -5>、<2 -6>、<2 -7>　洞壁：<2 -4>、<2 -6>、<2 -7>　洞底：<2 -4>、<2 -6>、<2 -7>、<5 -1 -1>、<5 -1 -2>
右线	Ⅵ	Ⅵ~Ⅳ	Ⅳ	Ⅳ	洞顶：<2 -1>、<2 -2>、<2 -3>、<2 -4>、<2 -5>、<2 -6>、<2 -7>　洞壁：<2 -4>、<2 -6>、<2 -7>　洞底：<2 -4>、<2 -6>、<2 -7>、<5 -1 -1>、<5 -1 -2>

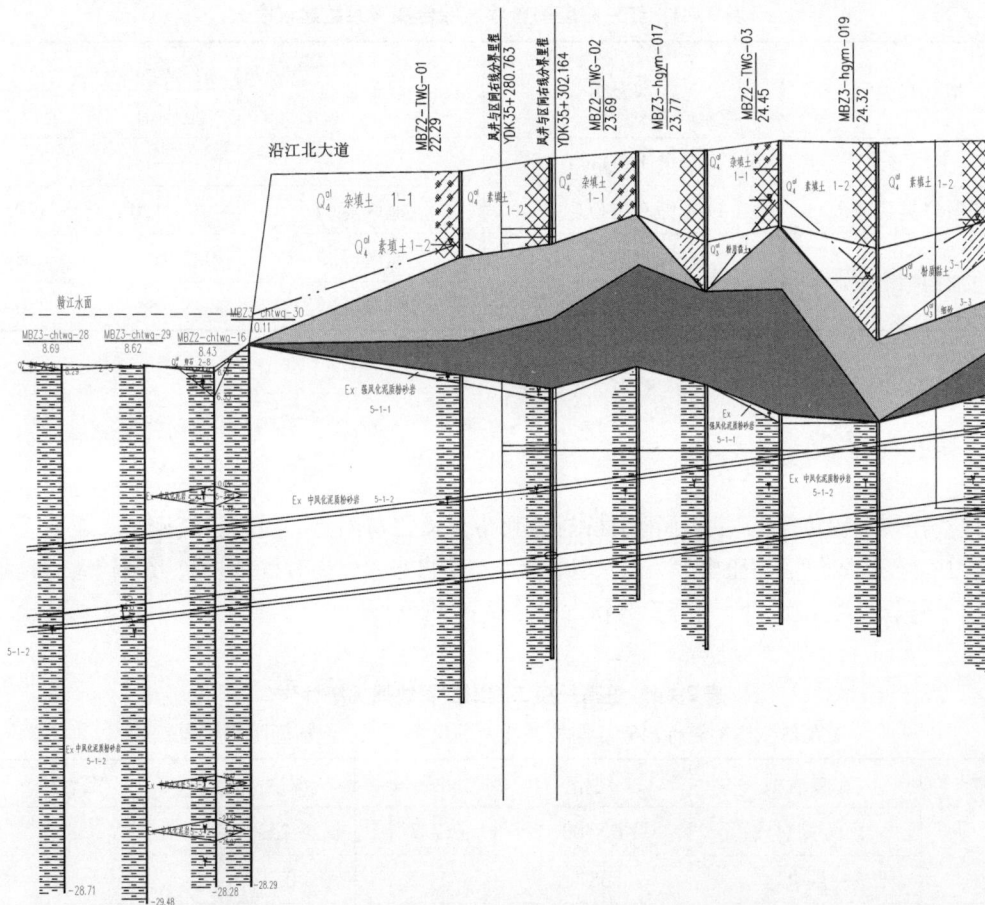

图 2 -3　红谷中大道站—阳明公园站区间地质剖面图

2.4.4 水文地质

1. 地表水

场区地表水主要为赣江水源,地表水位高程为 15.50 ~ 19.60 m。

2. 地下水

场地浅层地下水属上层滞水、孔隙性潜水、孔隙微承压水,主要赋存于表层填土及砂土、砾砂、圆砾中;深部基岩裂隙水,主要分布于第三系新余群泥质粉砂岩、砂砾岩内;孔隙性潜水主要赋存于表层填土以及第四系上更新统冲积层的砂砾石层中;孔隙微承压水主要赋存于第四系上更新统冲积层的砂砾石层中;基岩裂隙水主要赋存于场地第三系新余群泥质粉砂岩、砂砾岩的岩层裂隙中,主要受上部第四系松散层中的孔隙水或微承压水的补给。

地下潜水、微承压水对混凝土结构有弱腐蚀性,局部工点侵蚀 CO_2 对混凝土结构有中等腐蚀性;对在长期浸水和干湿交替环境下的钢筋混凝土结构中的钢筋无腐蚀性,对钢结构有弱腐蚀性。地下水位以上场地土的 PH 指标对钢结构有弱腐蚀性,场地土对混凝土、钢筋混凝土结构中的钢筋无腐蚀性。红–阳区间含水层综合渗透系数经验取值范围如表 2 – 3 所示。

表 2 – 3 红–阳区间含水层综合渗透系数建议表

地下水类型	含水岩组	取值依据	渗透系数/(m·d⁻¹)	
			范围值	建议值
上层滞水	杂填土(Qm^1)		—	—
松散岩类孔隙水	砂砾卵石层(Q_4^{al})	地区经验	70 ~ 120	120
基岩裂隙溶隙水	一般地段	地区经验	0.2 ~ 0.5	0.5
	破碎带、蚀孔发育段	实测与地区经验	1 ~ 5	3.0

2.5 地下管线

桩基托换工程位于八一大桥南引桥与胜利路交叉路口附近,周围建筑密集,地下管线众多,其中主要管线包括高压电缆、雨水管、污水管、自来水管,对桩基托换影响较大的是雨水管和污水管,桩基托换工程周围管线情况如表 2 – 4 所示。

表 2 – 4 桩基托换工程周围管线情况统计表

(在备注栏补充标出管线与桩基托换的位置关系,包括间距和走向)

桩号	主要管线	规格	间距/m	深度/m	备注
C15	雨、污混合管	DN400	7.7	2.3	
	供电	0.38 kV	11.8	0.73	
F5	电信	断面尺寸 300 mm × 200 mm	9.5	0.71	

续表 2 - 4

桩号	主要管线	规格	间距/m	深度/m	备注
C18	供电		4.19	1.63	
F7 - 1	雨、污混合管	DN500	2.16	2.18	
F8	雨、污混合管	DN500	2.79		
F9	雨、污混合管	DN500	5.03		

2.6 地面交通

八一大桥南引桥桩基托换区域位于八一大桥与阳明路交叉口处，该处为八一大桥、阳明路、胜利路、爱国路、下正街五条道路交叉口，交通流量与人行流量大。

2.7 八一大桥概况

2.7.1 八一大桥简介

八一大桥(图2-4)是南昌市的重要交通枢纽，桥身为双独塔双索面扇形密索体系钢筋混凝土预应力斜拉桥，于1997年9月29日建成通车。该桥由主桥、引桥、引道三部分组成，全长约为6 km，其中主桥长为1040 m，南引桥长为2017 m，北引桥长为1314 m。八一大桥南引桥为城市互通式立体交叉系统，其中涉及的桩基托换工程分别为C匝道、F匝道。C匝

图 2 - 4　八一大桥现状图

道桥梁上部结构为多跨钢筋混凝土连续箱梁桥(两箱),桥面宽 11 m;F 匝道桥梁上部结构为多跨钢筋混凝土连续箱梁桥(单箱),桥面宽 7 m。

2.7.2　桥桩参数

本标段共涉及托换桩基 7 根,编号分别为 C15、C17-2、C18、F5、F7-1、F8、F9,桩基为单桩单柱钻孔灌注桩。C 类桩基对应的双箱连续梁断面如图 2-5 所示。F 类桩基对应的单箱边疆梁断面如图 2-6 所示。

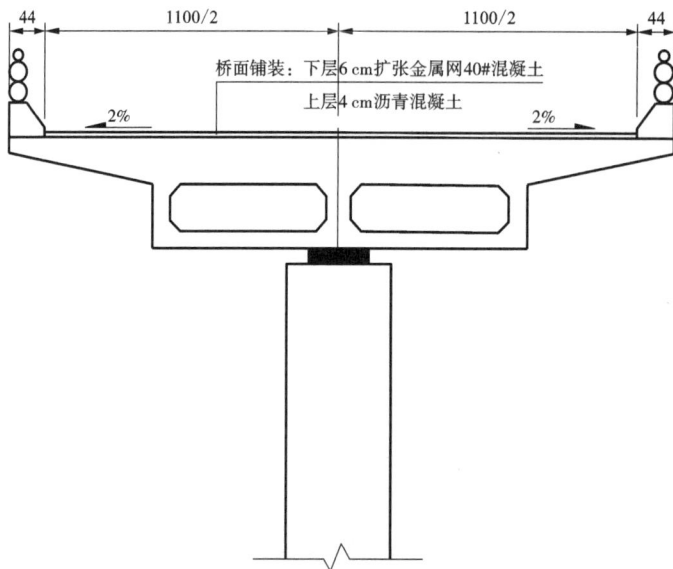

图 2-5　F 类桩基对应单箱连续梁断面图

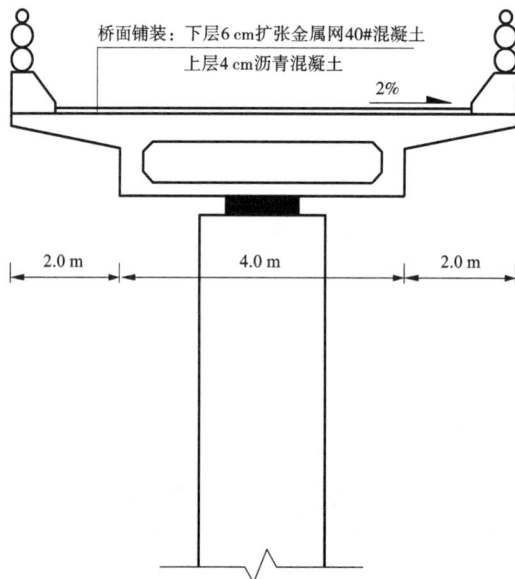

图 2-6　C 类桩基对应双箱连续梁断面图(单位:cm)

2.8　桥桩与隧道的关系

八一大桥南引桥有 7 根大直径钻孔灌注桥桩基础侵入隧道限界内，在盾构直接切削桩基前需要进行托换处理，这 7 根桩基全部为钻孔灌注桩，编号分别为 C15、C17 - 2、C18、F5、F7 - 1、F8、F9，其中 C17 - 2、F7 - 1 为双柱墩，桥面板处设置有牛腿伸缩缝，其他各柱均为独柱墩。左线隧道需要穿过 C17 - 2、C18、F7 - 1、F8、F9 五根桩基，右线隧道需要穿过 C15、F5 两根桩基。

区间盾构穿越八一大桥桩基示意图如图 2 - 7 所示。

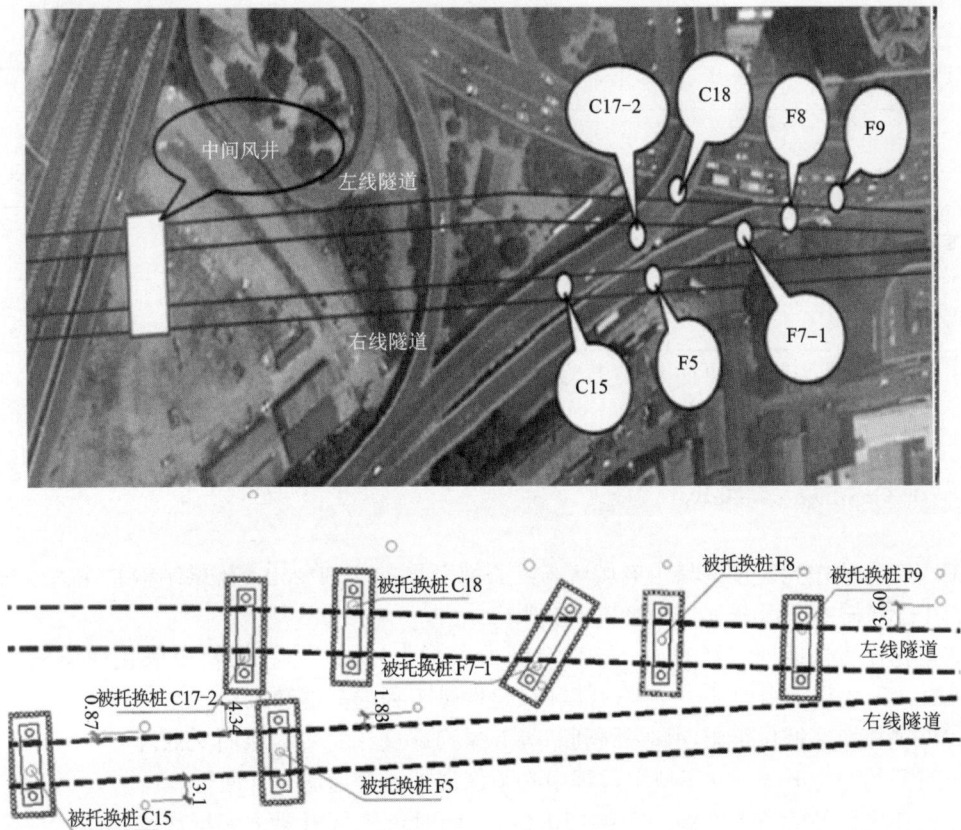

图 2 - 7　区间盾构过八一大桥桩基示意图

八一大桥南引桥托换桩基与隧道位置关系统计表如表 2 - 5 所示。

表2－5　八一大桥南引桥托换桩基与隧道位置关系统计表

桩号	桩径/m	柱高/m	桩径/m	桩长/m	支座类型/kN	桩基配筋/mm	桩与隧道位置关系
C15	1.5	9.7	1.5	24.9	GPZ6000	16φ25	侵入右线隧道3.5 m
C17－2	1.5	10.9	1.5	24.6	GPZ4000 GPZ4000	19φ22	近临或局部侵入左线隧道
C18	1.5	11.2	1.5	24.0	GPZ6000	17φ32	近临或局部侵入左线隧道
F5	1.2	6.0	1.2	25.4	GPZ4000	13φ22	侵入右线隧道5.9 m
F7－1	1.2	5.0	1.2	25.2	GPZ2500 F4.600×300	8φ18	近临或局部侵入隧道
F8	1.2	4.5	1.2	24.9	GPZ6000	13φ20	侵入左线隧道6.3 m
F9	1.2	4.0	1.2	25.0	GPZ6000	13φ20	侵入左线隧道4.8 m

注：桥下净空高度为柱高减0.6 m；GPZ为桥梁盆式橡胶支座。

2.9　工程特点及难点

①八一大桥作为连接南昌市老城区与红谷滩新区的交通要道，桥梁结构自重大、交通流量大，其桩基托换过程中对变形控制要求严格。

②被托换桥桩地处赣江东岸，桩身范围内以富水砂层、卵石层及中风化泥质粉砂岩为主，托换过程中基坑围护结构止水性能和稳定性是工程的关键和难点。

③桩基托换区域位于阳明路、胜利路等五条道路交叉口处，地面交通疏导、围挡施工受地面交通制约尤为明显，方案拟定过程中必须保证地面交通的正常通行。

④被托换桩基的桥下净高为3.4～10.6 m，同时该区域桥梁为多层次立交桥，对托换方案、新桩成桩设备、旧桩处理设备的选择影响较大。

⑤因部分新桩距离原有桥梁桩基较近，桩基施工过程及托换过程中要采取有效措施减少对原有桩基的扰动。

⑥桩基托换施工完成后，对侵入隧道的废桩进行切削需结合工程环境的特点进行盾构刀盘、刀具的改造。

⑦盾构隧道左右线从中间风井出发后沿阳明路敷设，穿越八一大桥桩基，到达阳明公园站，其中安全穿越八一大桥的入侵隧道桩基群并减小对周围建筑物的影响是盾构掘进的重点。

⑧在每次盾构机切桩完成后，应组织人员进舱检查刀盘、刀具的磨损情况，并清理舱内

残余钢筋，避免后续掘进过程中泥水舱门堵塞与排浆不畅，保障开舱安全。

⑨盾构切除 F8、F9 桥桩时地层为上软下硬地层，刀盘转动对原桩基造成扰动，有可能造成上部圆砾地层损失、地面沉降甚至坍塌、桥梁受损等严重后果。

⑩盾构下穿八一大桥南引桥，周边建筑物距离隧道较近，在盾构切桩过程中，减小桥梁及建筑物基础的沉降、倾斜为工程重点。

2.10 本章小结

①工程区间始于红谷中大道站，穿过赣江后沿阳明路止于阳明公园站，沿线地面地势平坦，平均海拔约为 21 m，有较多高层建筑物，地下管线沿道路两侧分布密集。

②八一大桥南引桥有 7 根大直径钻孔灌注桥桩基础侵入隧道限界内，在盾构直接切削桩基前需要进行托换处理，这 7 根桩基全部为钻孔灌注桩，编号分别为 C15、C17-2、C18、F5、F7-1、F8、F9，其中 C17-2、F7-1 为双柱墩，桥面板处设置有牛腿伸缩缝，其他各柱均为独柱墩。左线隧道需要穿过 C17-2、C18、F7-1、F8、F9 五根桩基，右线隧道需要穿过 C15、F5 两根桩基。

③此次盾构切桩工程存在较多的工程技术难点，对桩基托换施工、盾构机刀盘、刀具改造和施工过程中周边建筑的安全与稳定都有着较高的要求。

本章较为全面地介绍了南昌市地铁 2 号线红谷中大道站—阳明公园站区间的工程地质、水文地质及周边环境概况，主要包括地质构造及区域稳定性、地层岩性及土性、地下水分布、地下管线分布、地面交通等；详细地阐述了八一大桥南引桥侵入隧道限界的 7 根桩基的分布和与隧道的位置关系；最后总结了工程的特点与施工过程中的关键及难点。

第3章

盾构下穿八一大桥的方案分析

盾构下穿八一大桥南引桥时，将穿过 7 根桥梁桩基，其中 4 根桩基全部侵入区间隧道，3 根桩基局部侵入区间隧道。

3.1 桩基托换技术方案分析

3.1.1 八一大桥南引桥结构概述

本工程涉及八一大桥南引桥 C 匝道及 F 匝道，被托换桩上部均为多跨钢筋混凝土箱梁结构，桥面铺装由下层 6 cm 厚扩张金属网 40# 混凝土和上层 4 cm 厚沥青混凝土组成，两侧护栏横宽均为 0.44 m。下部结构为圆形单桩单柱结构。C 匝道上部结构为双箱钢筋混凝土连续梁桥，桥面宽度为 11.88 m；F 匝道上部结构为单箱钢筋混凝土连续梁桥，桥面宽度为 7.88 m。C 匝道及 F 匝道桥面布置分别如图 3-1 和图 3-2 所示。

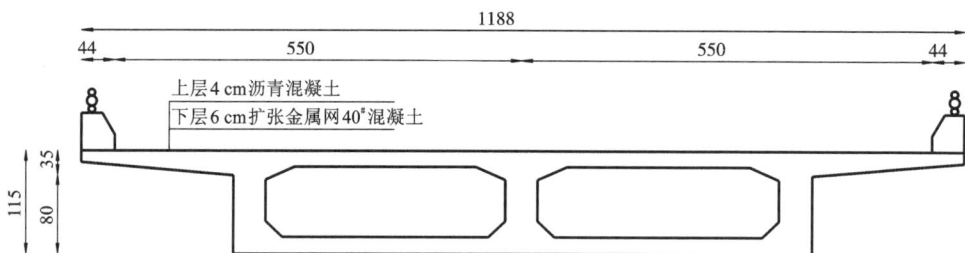

图 3-1 C 匝道桥面布置图（单位：cm）

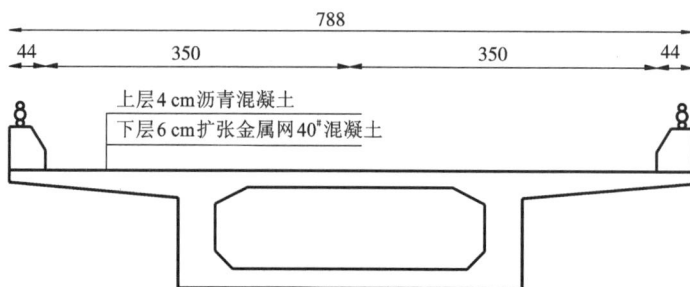

图 3-2 F 匝道桥面布置图（单位：cm）

3.1.2　托换结构概述

本工程涉及托换桩基 7 根，编号分别为 C15、C17 - 2、C18、F5、F7 - 1、F8、F9，桩基为单桩单柱钻孔灌注桩。因盾构隧道与原桥桩基平面冲突位置均不相同，各托换结构（桩基与托换梁）与原桥桩基的位置关系也不相同。各桩基托换结构立面布置如图 3 - 3 ～ 图 3 - 9 所示。

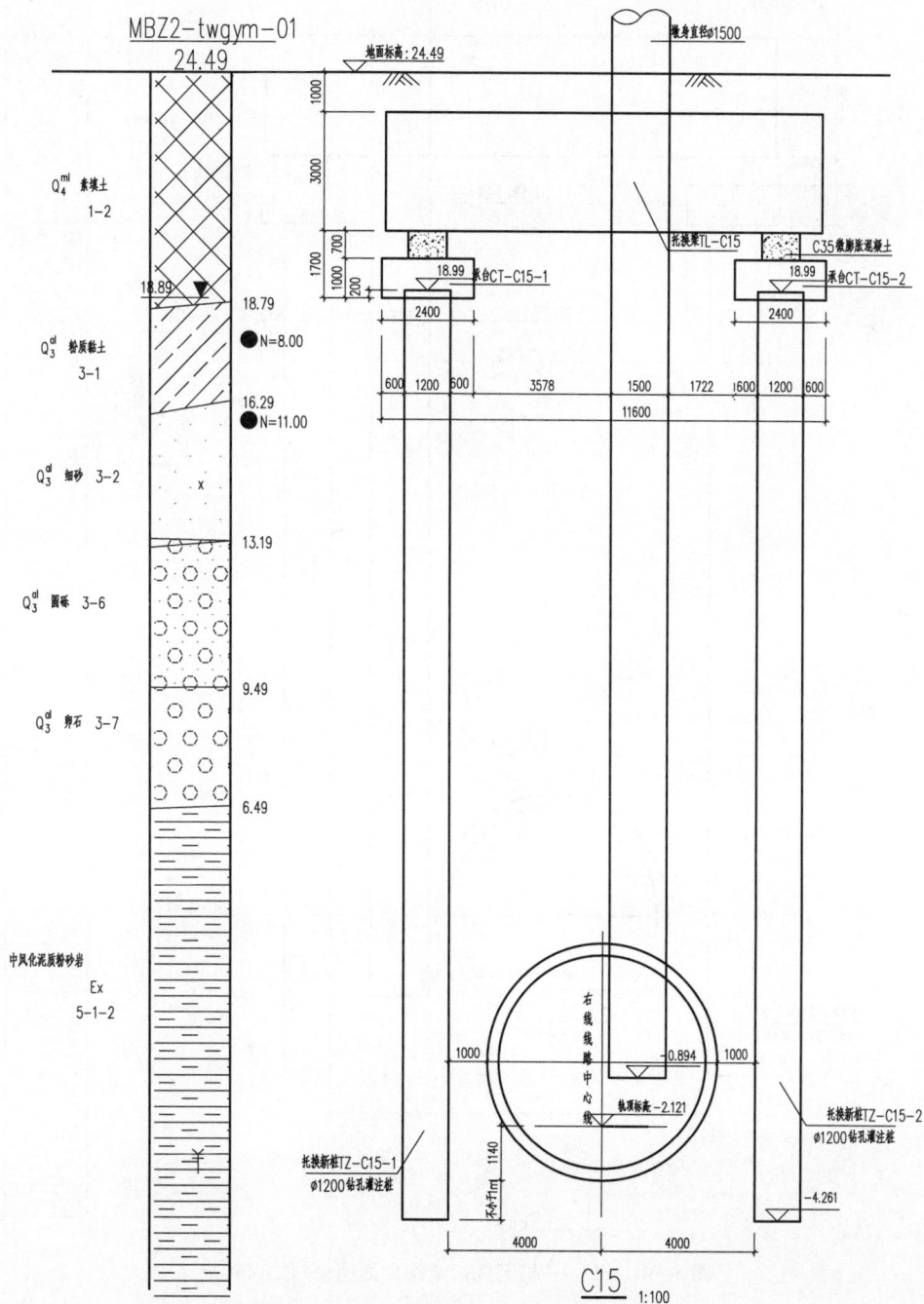

图 3 - 3　C15 桩基托换结构立面图（单位：cm）

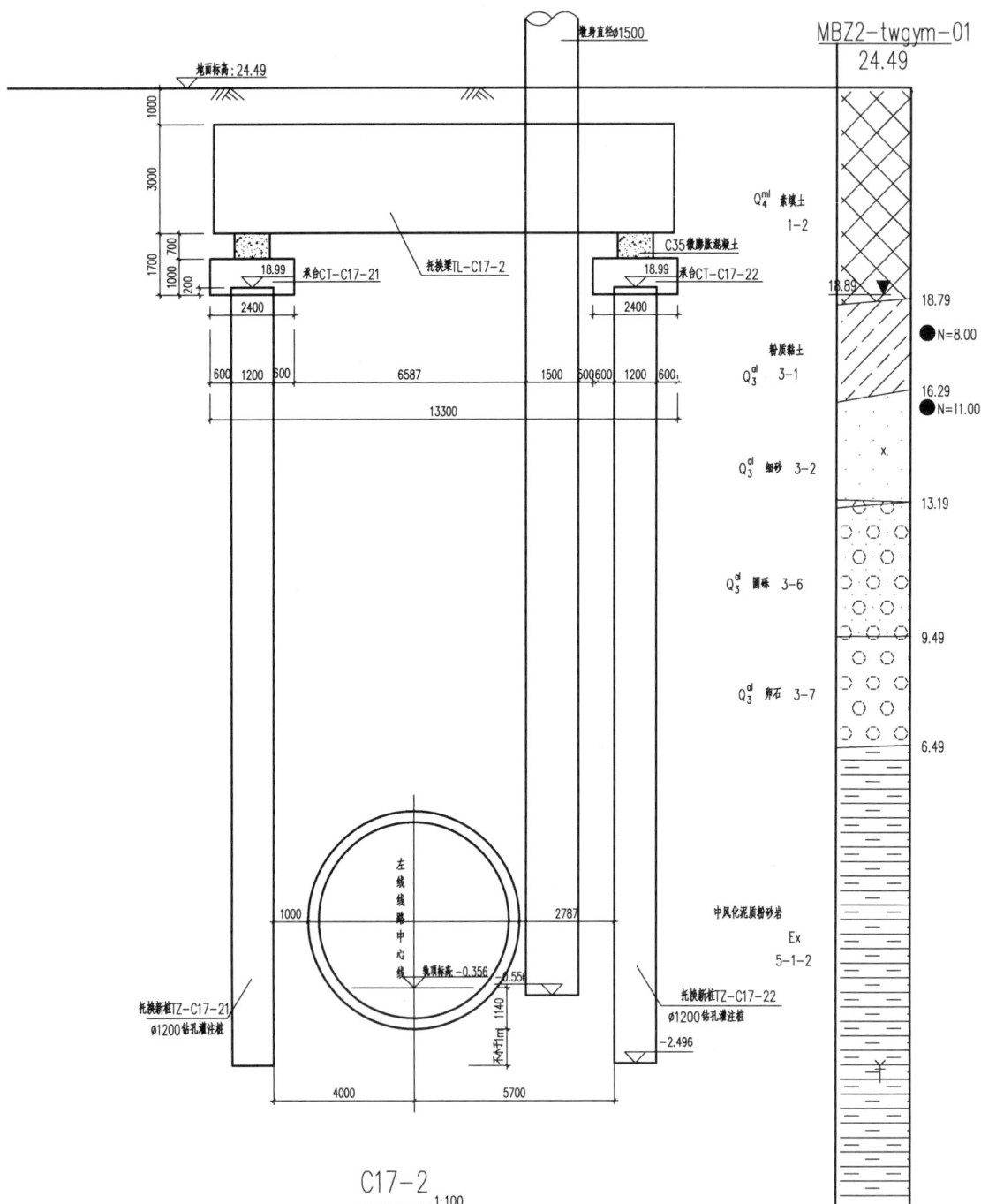

图 3 - 4　C17 - 2 桩基托换结构立面图(单位：cm)

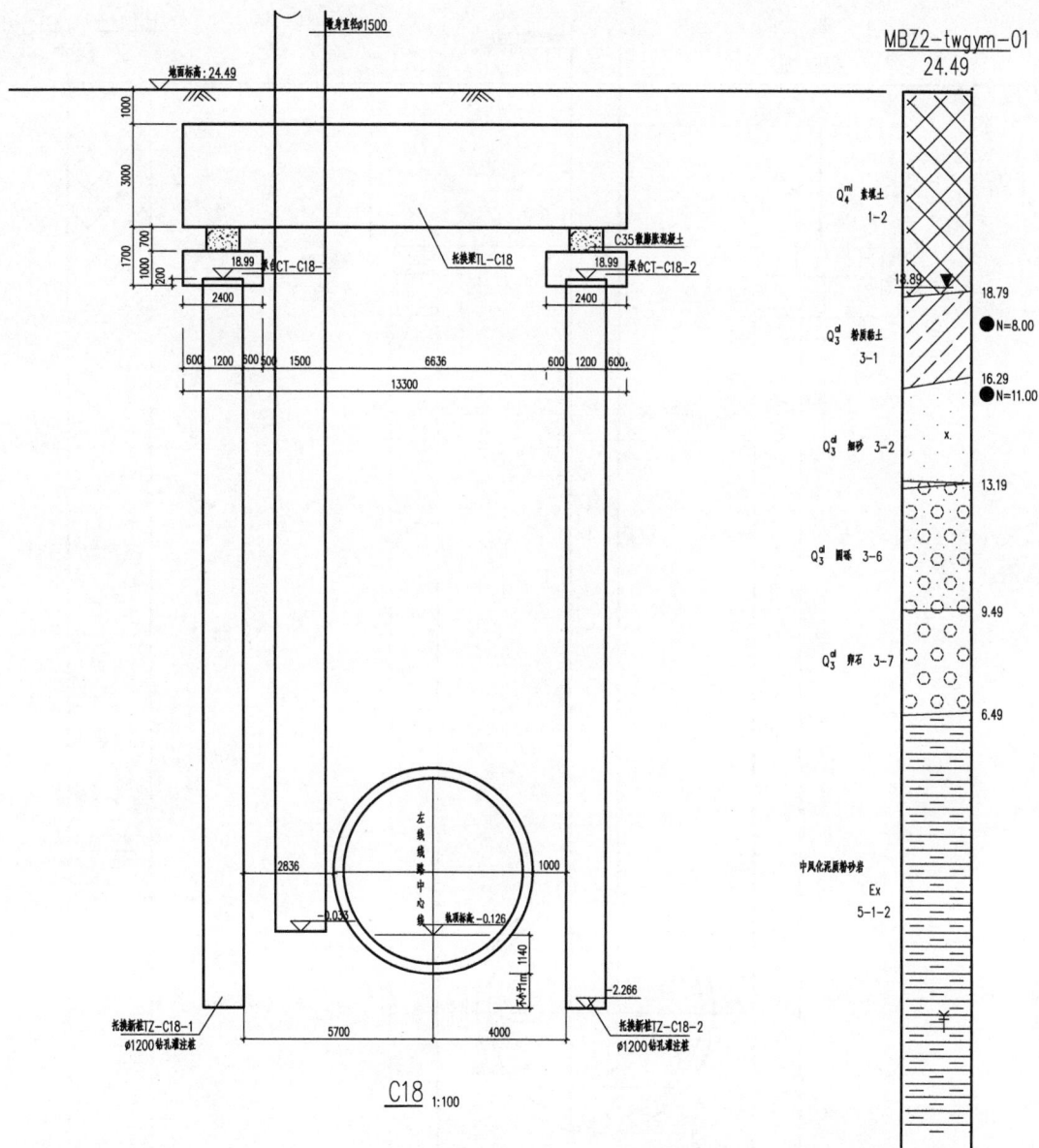

图 3-5　C18 桩基托换结构立面图(单位: cm)

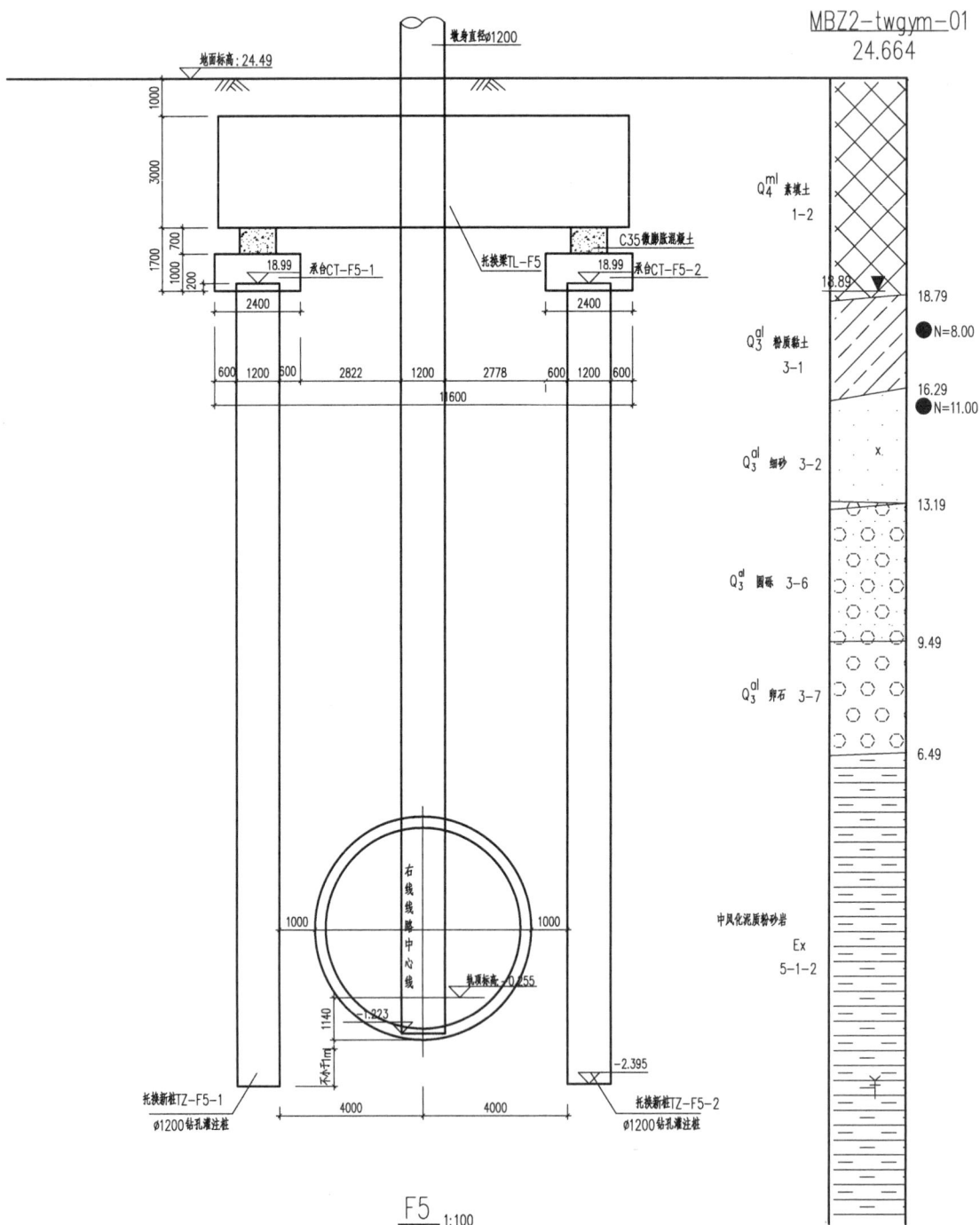

图 3-6　F5 桩基托换结构立面图 (单位 : cm)

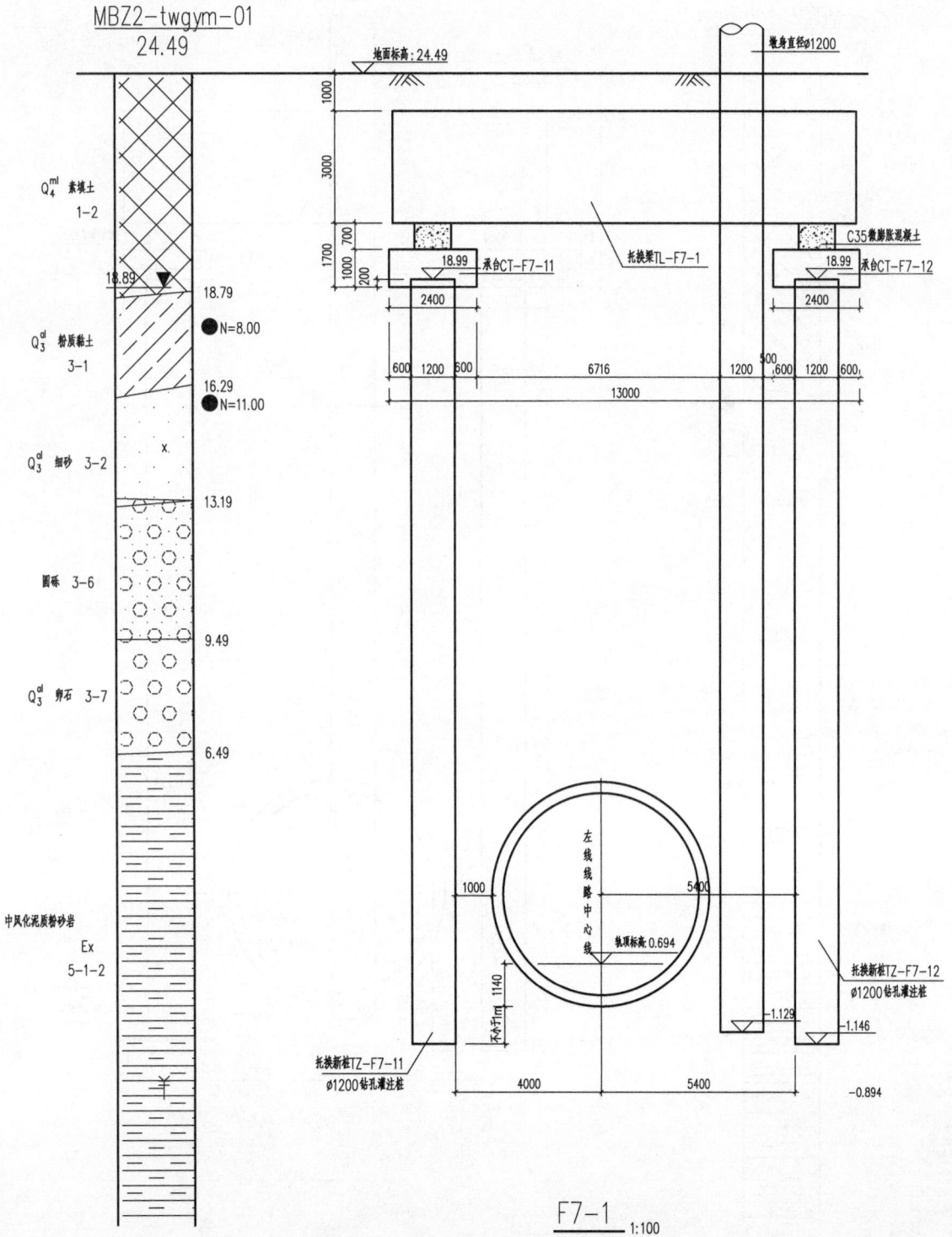

图 3 - 7　F7 - 1 桩基托换结构立面图(单位: cm)

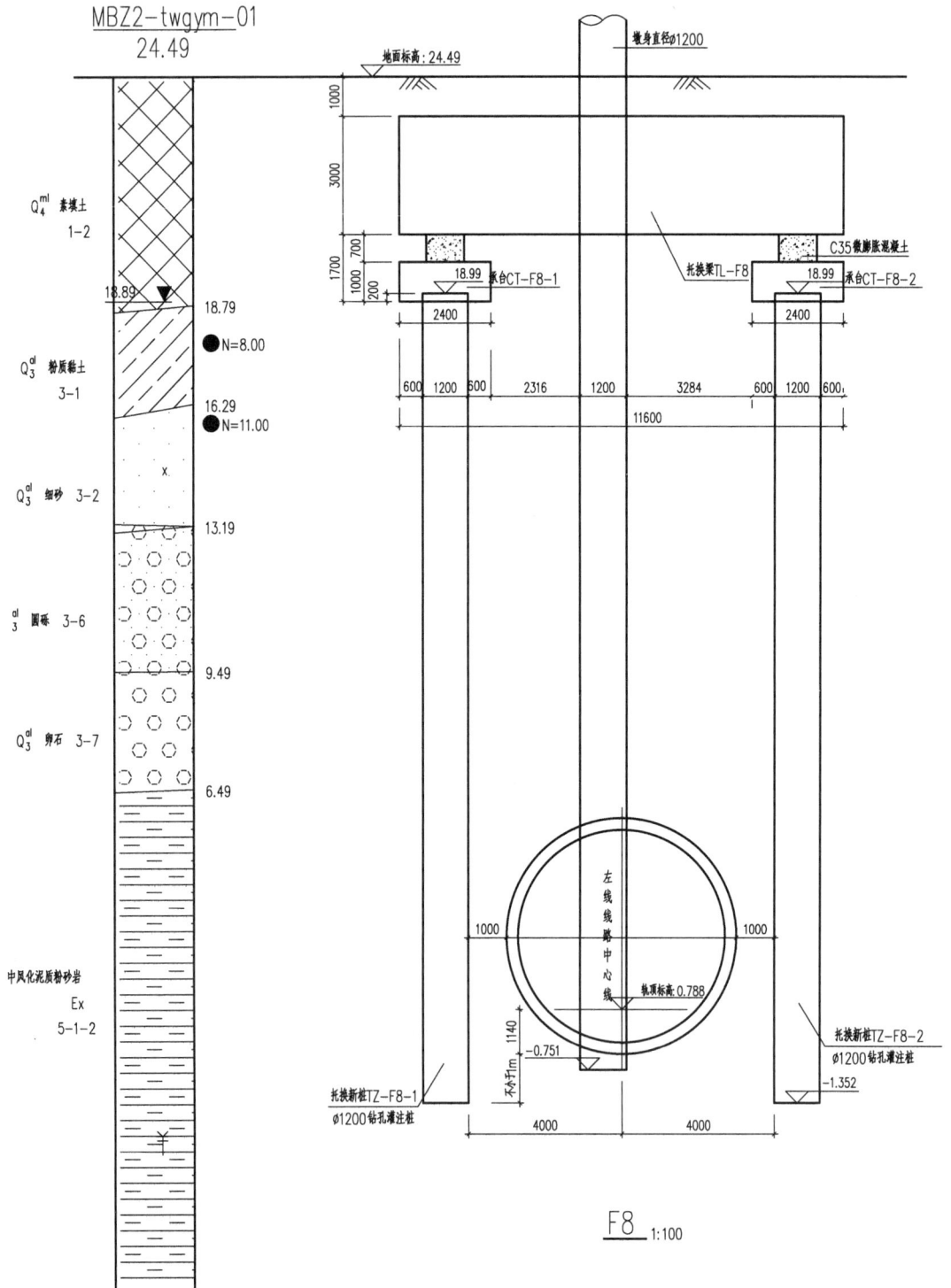

图 3-8　F8 桩基托换结构立面图(单位: cm)

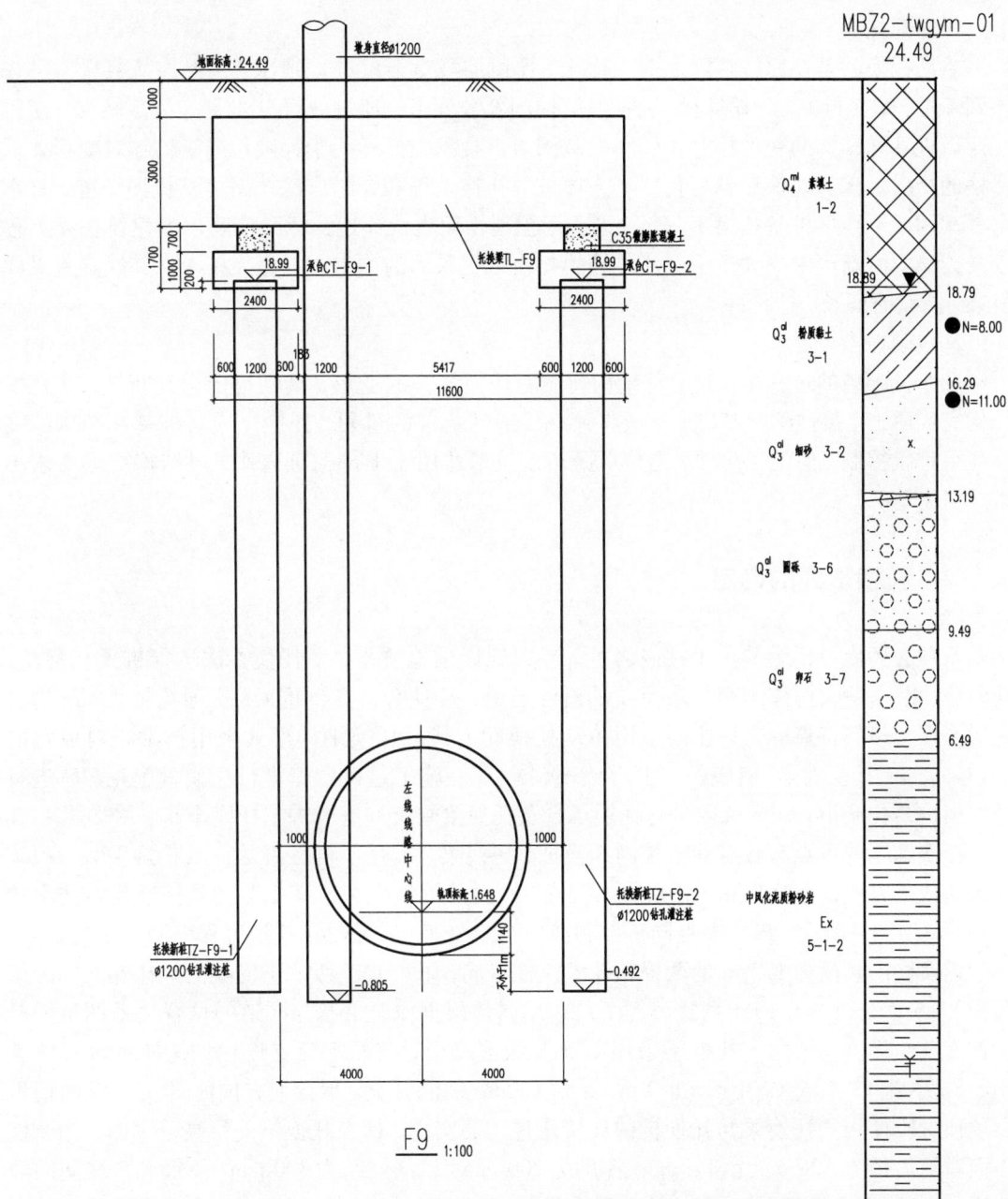

图 3-9 F9 桩基托换结构立面图(单位：cm)

3.1.3　托换形式的分类

1. 主动托换

主动托换就是在原桩切除之前，通过千斤顶加载对新桩进行预压，将上部荷载从原桩传递到新桩，以消除新桩(托换桩)和托换结构的部分变形，通过分级分步实施荷载转移，使得托换后桩基和结构的变形控制在较小的范围。该技术主要运用于大吨位或结构物对变形要求严格的情况。深圳地铁穿越百货广场大厦桩基托换工程和穿越广深铁路桩基托换工程、日本京都车站新干线区桩基托换工程、德国慕尼黑地铁双轨快速地铁线路依萨尔门建筑托换工程以及天津滨海新区中央大道下穿津滨轻轨托换工程采用的均为主动托换技术。其缺点是操作复杂，持续时间长，造价高。

2. 被动托换

在原桩卸载的过程中，其上部结构荷载随托换结构的变形，被动地传递到新桩，在托换结构完成后，直接截除原基础，完成将荷载传递到新桩的过程，托换完成后桩基和结构的变形往往难以控制，但施工简便、造价低廉。该技术适用于上部荷载较小，对结构变形要求不太严格的情况。

3.1.4　托换形式的确定

八一大桥南引桥为单桩单柱嵌岩桩，考虑到周围地质条件，托换方法选择桩式托换法。同时，考虑八一大桥作为南昌市重要的过江通道，且具有桥身自重大、交通流量大、结构对变形要求严格等特点，桩基托换采用主动托换的方式。托换结构形式采用技术相对成熟的"托换新桩＋托换大梁"组成的"门字架托换体系"。施工过程中先进行托换桩施工，后进行基坑围护结构施工，在基坑内进行托换承台及托换梁施工并进行桩基托换作业。

托换施工的重点和难点在于控制托换桩、托换梁、被托换桩三者的荷载传递关系；预顶加载和截桩阶段，托换新桩与托换梁的沉降、倾斜及桩顶水平位移的监测是桩基托换技术的核心；预顶加载阶段，PLC多点同步控制液压系统突变、失效更是托换过程中的重中之重。

托换桩由直径为 1.2 m 的两根钻孔灌注桩组成，采用 C35 级水下混凝土。托换梁标准截面为 11.6 m(长)×2.4 m(宽)×3.0 m(高)，具体根据原有桩基与隧道的位置关系调整托换梁长度及与隧道的夹角。托换梁采用 C35P8 级混凝土，按两端简支设计。托换承台尺寸为(长×宽×高)2.4 m×2.4 m×1.0 m，采用 C35P8 级混凝土，承台上方预埋 20 mm 厚的钢板供预顶阶段使用。托换梁与托换桩的连接通过植筋实现，即在托换梁的梁高范围内，把原桩表面凿毛后植入 $\phi20$ mm 钢筋，植入深度为 200 mm，植筋间距为 300 mm，钢筋和桩之间的缝隙用锚固胶(A 级植筋胶)充填，植筋后采用界面剂对旧桩表面进行界面处理。托换梁及托换承台在约 5.0 m 深的基坑内施工，基坑支护结构形式采用 $\phi600$ mm×750 mm 的 C35 钻孔灌注桩，桩长为 11 m，具体布置如图 3－10、图 3－11 所示。基坑开挖过程中辅以围护桩周围网喷支护及基坑降水等措施，确保基坑自身稳定性。

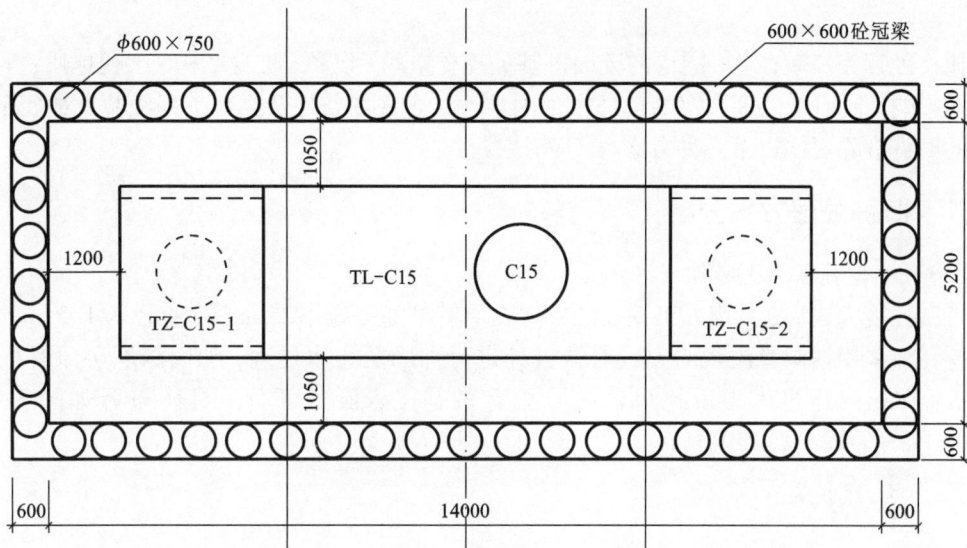

图 3 - 10　桩基托换平面图

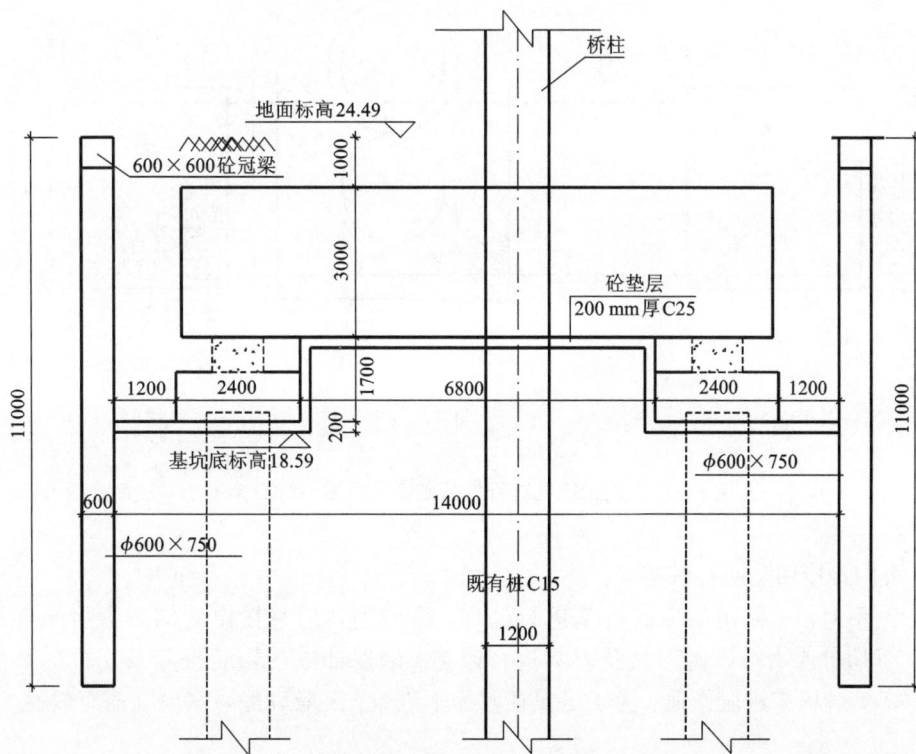

图 3 - 11　桩基托换断面图

3.2　旧桩处理方案分析

托换工程完成后,侵入隧道的废旧桩基处理受空间、设备、桩身结构、工程地质、工期等方面的影响,使旧桩处理方案的选择较为困难。结合现场条件及类似工程经验,对全部侵入隧道的旧桩破除提出以下几种方案。

3.2.1　旧桩处理方案分析

(1)人工挖孔 + 人工破除

桩基托换完成后,采用人工挖孔的方式在原有桩基旁施作 25 m 深,直径为 1.5 m 的截桩孔。挖孔前采用袖阀管注浆的方式对截桩处进行加固及止水处理,加固深度至原有桩基底部,然后在孔内通过人工手持风镐破除原有桩基侵入隧道部分。具体布置如图 3 – 12、图 3 –13所示。

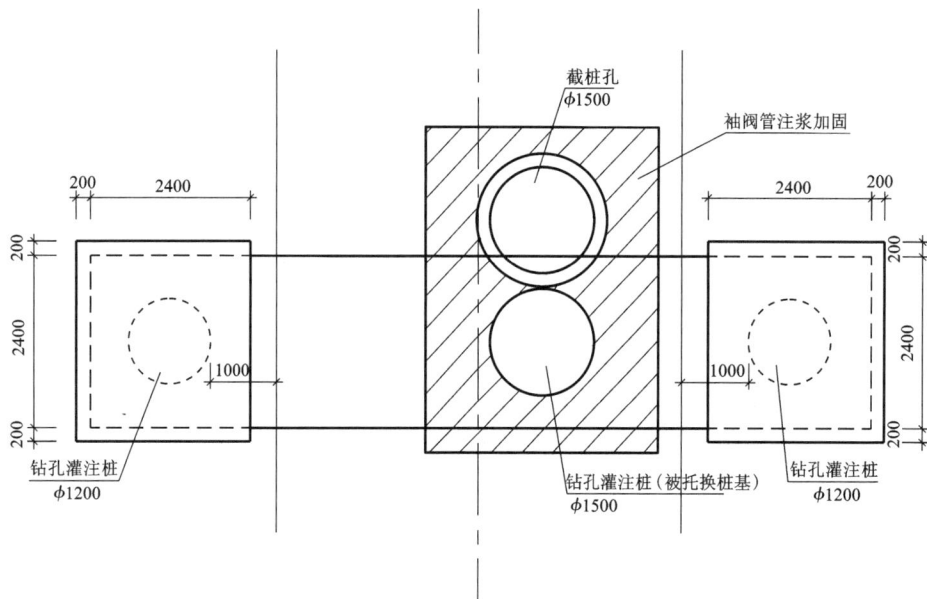

图 3 – 12　人工挖孔进行桩基破除平面图(单位: cm)

(2)盾构直接切除原有桩基

该方案不对侵入隧道的原有桩基进行处理,盾构到达后直接由盾构刀盘将原有桩基切除。盾构机切桩前需对盾构刀盘及刀具进行改造,以保证成功切断桩基及切桩的效率。同时,盾构切桩过程需进舱作业,为了尽量在常压下进舱,还应确保降水措施的有效性。

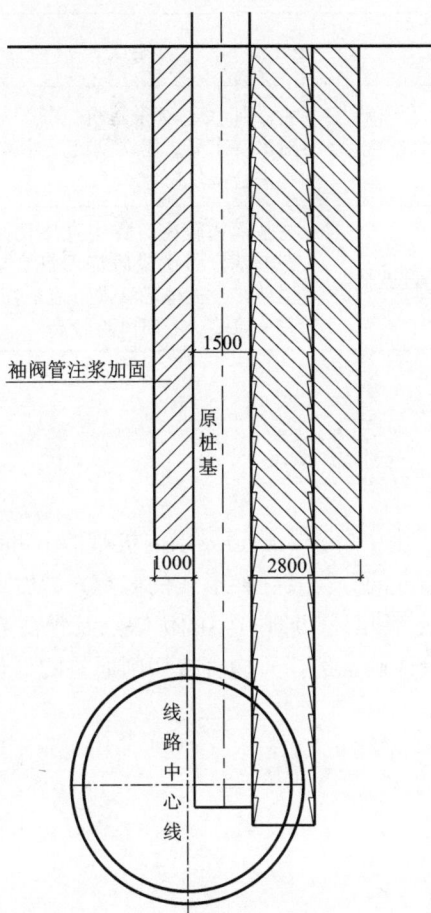

图 3 - 13　人工挖孔进行桩基破除断面图

3.2.2　旧桩处理方案确定

上述旧桩处理方案的优缺点及预估造价如表 3 - 1 所示。综合分析并对比以上方案，以安全第一、技术可靠为原则，同时兼顾其经济性及对周边环境的影响小，最终选择方案三，即直接切除原桩基的方案。

表 3 - 1　旧桩破除方案优缺点对比表

编号	关键词	优点	缺点	造价估算 /万元	备注
方案一	人工挖孔	工艺简单，造价较低，桩基可以在盾构达到前处理，不影响总体工期	富水沙层中进行人工挖孔风险较大，富水地层中施工安全可靠程度低	928	原投标价

续表 3 – 1

编号	关键词	优点	缺点	造价估算/万元	备注
方案二	套管钻拔桩	施工工艺成熟，套管施工对周围土体及桥桩影响小	需做加大、较深基坑，围护结构防水要求高，建立基坑支撑系统，并进行基坑降水	1300	
方案三	盾构切除	施工方便，施工进度快	桩基钢筋较密，盾构直接切除原有桩基容易造成盾构刀盘磨损甚至破坏，需对刀盘进行地下修复，安全风险、工期风险较高	1250	

3.3　本章小结

　　本章首先介绍了八一大桥南引桥侵入隧道界限内桩基的上部结构形式和各桩基与隧道的位置关系；然后阐述了托换形式的分类及托换形式的确定；最后通过对比人工挖孔 + 人工破除、套管拔桩、盾构直接切削三种旧桩处理方案的优缺点及预估造价，在考虑安全、经济、对环境的影响等因素的影响，最终确定选择盾构直接切削原桩的处理方案。

第 4 章

盾构切桩对桥梁及管片的安全性分析

4.1　引言

很多城市的早期布局未考虑到地铁线路的规划，造成地铁选线时可能出现必须下穿市区高大建筑物、桥梁等结构物的情况，隧道掘进线上可能存在既有桥梁桩基、建筑物桩基、地下连续墙等障碍物。通常在线路走向可调的情况下，一般采取避让绕离的方式绕开障碍物。然而，在某些特殊情况下，线路走向受到周围环境因素的制约而无法避开障碍物，此时必须对侵入隧道的障碍物进行处理。常用的措施有盾构到达前进行基础托换，然后凿除或拔除障碍物等。这些方法虽然设计上相对简单，且施工方法比较成熟安全，但其存在着成本高、工期长等弊端，且施工期间需封闭道路，会对附近的公共交通产生影响。鉴于上述工法的局限和不足，随着盾构施工技术的日益成熟，采用盾构机直接切削穿越桩基的施工方法逐渐得到应用。盾构机直接切削原有桩基，主要包括两个工序：一是盾构到达前对原桩进行托换，二是托换完成后盾构直接切削桩基。

本章以南昌市地铁 2 号线某区间隧道盾构切桩工程为背景，运用 ABAQUS 有限元软件分析盾构切桩对上部桥梁、托换新桩以及盾构隧道管片安全性的影响，以此分析盾构切桩方案的可行性。

4.2　工程概况

南昌市地铁 2 号线区间隧道下穿八一大桥南引桥，其中该桥有 7 根桩基侵入隧道。本章以 F5 桩基为例，该桩基为直径 1.2 m 的钻孔灌注桩，竖向主筋为直径 25 mm 的三级钢，侵入隧道的长度为 5.8 m，隧道直径为 6.6 m（含衬砌），桩基与隧道的位置关系如图 4 - 1 所示。该隧道采用泥水平衡盾构机掘进，其刀盘转速为 1.7 r/min、推进速度为 13 mm/min、扭矩为 2005 ~ 2020 kN·m、推力为 1259 ~ 1268 kN；切桩时刀盘的平均转速为 0.5 r/min，平均推进速度为 4 mm/min，平均扭矩为 1400 kN·m，平均推力为 1116 kN。

盾构穿越地层主要为中风化泥质粉砂岩，少部分为强风化泥质粉砂岩，主要地层参数如表 4 - 1 所示。

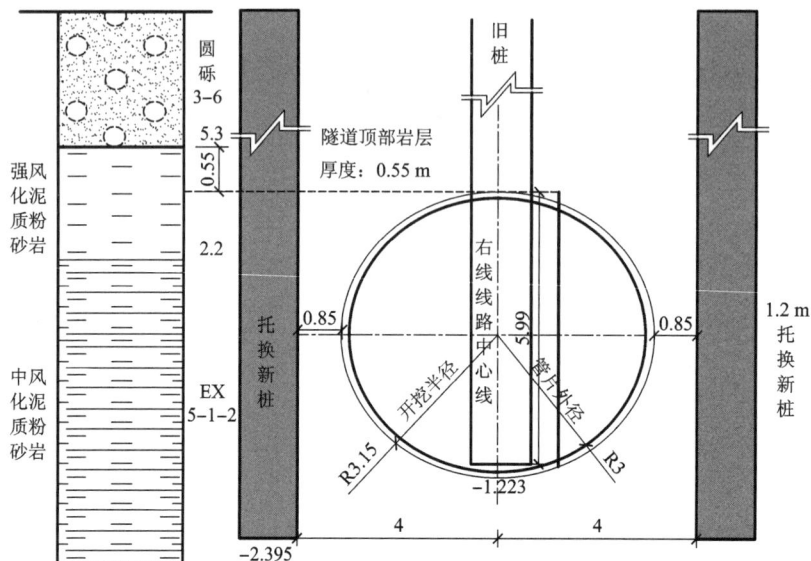

图 4 – 1　桩基与隧道位置关系图

表 4 – 1　地层参数表

土层	土层厚度 /m	黏聚力 /kPa	内摩擦角 /(°)	重度 /(kN·m⁻³)	变形模量 /MPa	泊松比
素填土	3.8	15	10	16	3	0.41
粉质黏土	4.2	25	15	18	6	0.36
圆砾	5.6	5	34	19	25	0.32
强风化泥质粉砂岩	0.9	40	28	21	36	0.30
中风化泥质粉砂岩	33	—	45	24	400	0.24

4.3　研究内容

　　为研究盾构切桩方案的可行性，利用 ABAQUS 有限元软件建立三维实体模型，简化分析施工过程中盾构切桩对上部桥梁、托换新桩以及管片安全性的影响。通过提取桥墩的水平位移和沉降变形、新托换桩的变形和弯矩，对切桩部位盾构隧道管片与一般地段管片的变形和应力区别进行分析，对盾构直接切桩掘进方案的可行性进行验证。

4.4　模型简介

　　土体模型尺寸为 50 m×40 m×50 m(长×宽×高)，桥梁承台区域尺寸为 12 m×5.5 m×3 m。

为满足计算精度要求并节约计算成本,对隧道周边的土体进行网格加密,计算单元为 C3D8R 单元,土体四周约束其法向位移,底部约束其竖向与水平位移。模型透视图和网格图如图 4 – 2 所示。

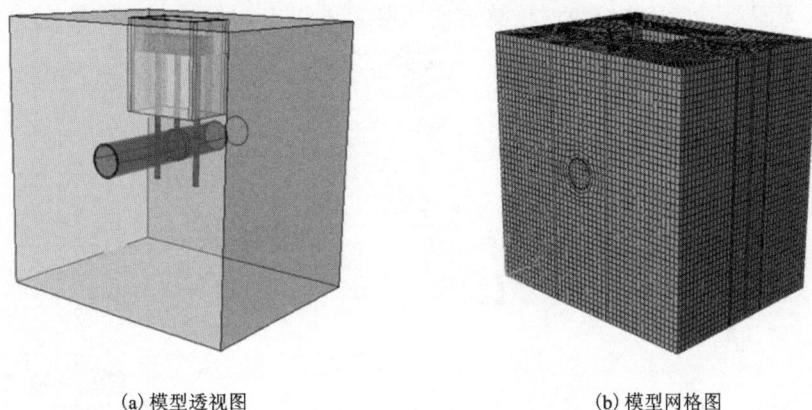

(a) 模型透视图　　　　　　　　　(b) 模型网格图

图 4 – 2　模型透视图和网格图

土体本构模型采用 Mohr-Coulomb 模型。衬砌、承台及桩基假设为均质各向同性的线弹性体。根据实际地质情况将土体分为三层,土体和衬砌的物理参数见表 4 – 2。

表 4 – 2　模型材料参数表

材料类型	重度/(kN · m^{-3})	弹性模量/MPa	泊松比	厚度/m
粉质黏土	1800	6	0.36	8
砾砂层	1900	25	0.32	7
中风化泥质粉砂岩	2400	400	0.24	35
衬砌	2400	30000	0.23	0.3

模拟隧道掘进过程时,设置了切除旧桩前(Ⅰ)、刚切除旧桩后(Ⅱ)以及切除旧桩并向前掘进一定距离(Ⅲ)三种工况。整个模型分析过程共设置 4 个分析步骤,即地应力平衡;掘进 19 m 到达旧桩;截断 1.2 m 旧桩;截断旧桩后继续向前掘进 12 m。

4.5　盾构切桩对上部桥梁的影响分析

4.5.1　桥墩的水平和沉降变形分析

将桥墩方向定义为 Z 轴方向,隧道掘进方向定义为 Y 轴方向。沿桥墩轴线分别提取桥墩 Z 轴方向和 Y 轴方向的变形。

由图 4 – 3 可知,随着盾构的推进,桥墩在 Z 轴方向上的竖向位移慢慢增大,并在盾构切桩时达到最大值6.74 mm。隧道穿过该区域后桥墩的竖向位移又慢慢减小，而后趋于稳定。

图4-4为隧道开挖方向(Y轴方向)上桥墩的情况。由图4-4可知，在隧道开挖以后至快结束时，桥墩的水平位移方向与隧道掘进方向相反，并在盾构切桩附近达到最大值-1.62 mm(图例中正号表示位移方向与隧道掘进方向相同，负号表示位移方向与隧道掘进方向相反)。而后慢慢减小，直至快结束时位移方向与隧道掘进方向相同并趋于稳定。总体来看桥墩的竖向和水平变形较小，相对安全，符合要求。

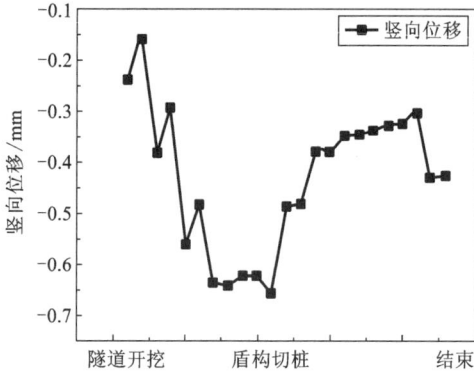

图4-3　Z轴方向桥墩变形

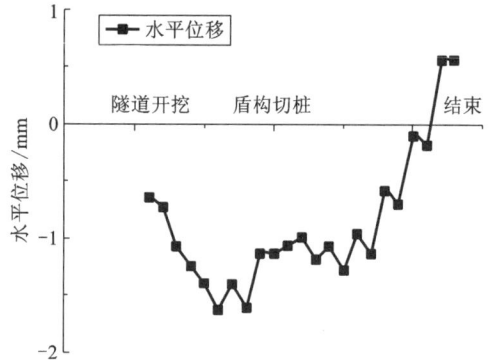

图4-4　Y轴方向桥墩变形

4.5.2　路面的沉降变形分析

图4-5为前述三种工况下路面的沉降变形云图，由图4-5可知，随着盾构机的掘进，路面的沉降逐渐变大，且对两边托换新桩的影响最大。

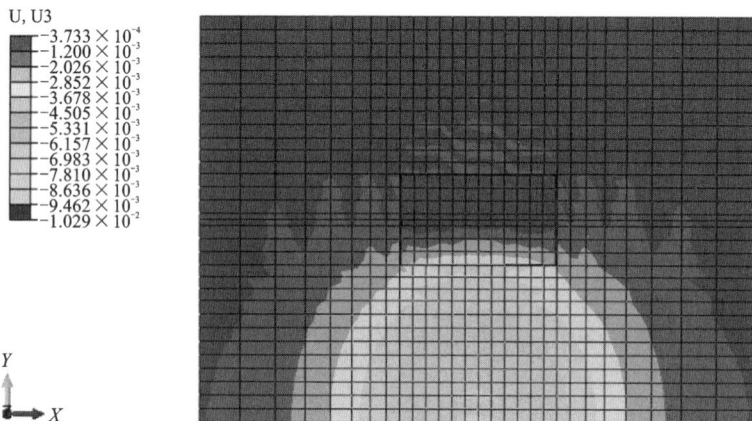

(a)工况 I

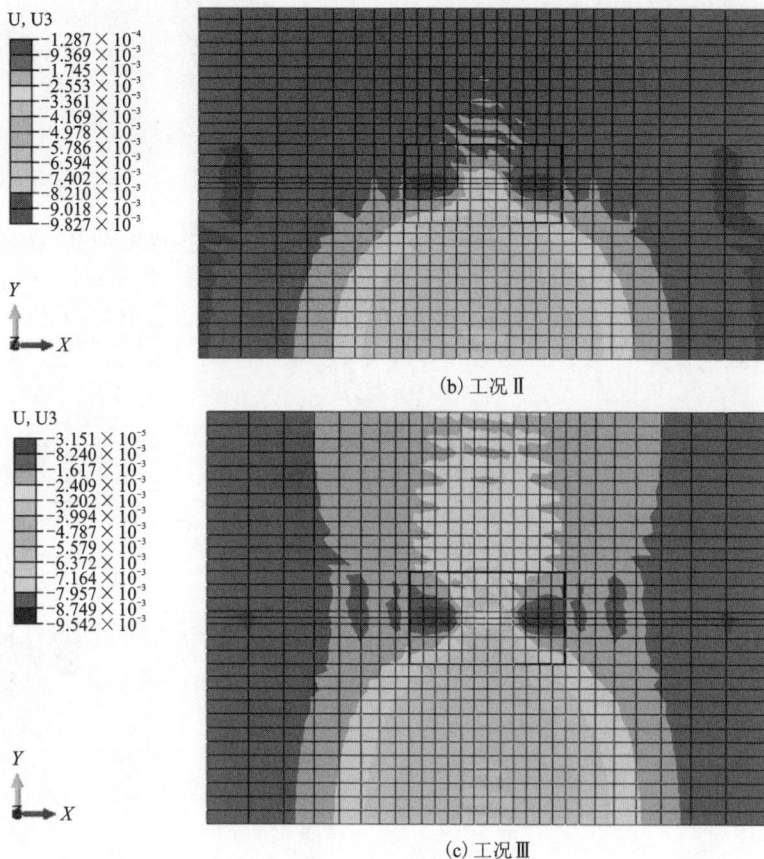

U, U3

-1.287 × 10⁻⁴
-9.369 × 10⁻³
-1.745 × 10⁻³
-2.553 × 10⁻³
-3.361 × 10⁻³
-4.169 × 10⁻³
-4.978 × 10⁻³
-5.786 × 10⁻³
-6.594 × 10⁻³
-7.402 × 10⁻³
-8.210 × 10⁻³
-9.018 × 10⁻³
-9.827 × 10⁻³

(b) 工况 Ⅱ

U, U3

-3.151 × 10⁻⁵
-8.240 × 10⁻⁴
-1.617 × 10⁻³
-2.409 × 10⁻³
-3.202 × 10⁻³
-3.994 × 10⁻³
-4.787 × 10⁻³
-5.579 × 10⁻³
-6.372 × 10⁻³
-7.164 × 10⁻³
-7.957 × 10⁻³
-8.749 × 10⁻³
-9.542 × 10⁻³

(c) 工况 Ⅲ

图 4 − 5　沉降变形云图

图 4 − 6 表示隧道掘进过程中被托换桩处参考点的地面沉降的变化情况。由图 4 − 6 可知，在隧道开挖后，地面缓慢沉降，在盾构切桩时沉降速度显著加大，并达到最大值 −6.87 mm（图例中负号表示沉降），通过此区域后，路面沉降趋于稳定。最终的路面沉降值较小，相对安全，符合要求。

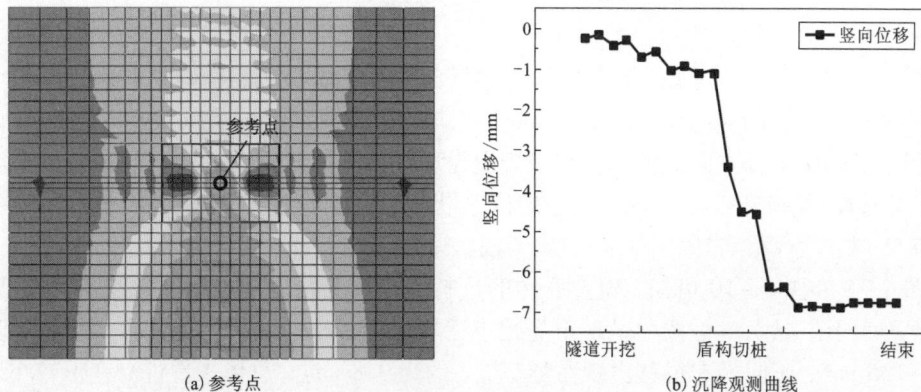

(a) 参考点

(b) 沉降观测曲线

图 4 − 6　参考点处地面沉降

4.6　盾构切桩对托换新桩的影响分析

4.6.1　托换新桩的水平变形分析

　　将垂直于隧道掘进方向定义为 X 轴方向,隧道掘进方向定义为 Y 轴方向。按照切除旧桩前(Ⅰ)、刚切除旧桩后(Ⅱ)以及切除旧桩并向前掘进一定距离(Ⅲ)三种工况,沿桩轴线分别提取托换新桩 X 轴方向和 Y 轴方向的变形。X 轴方向位移云图如图4-7所示,Y 轴方向位移云图如图4-8所示。

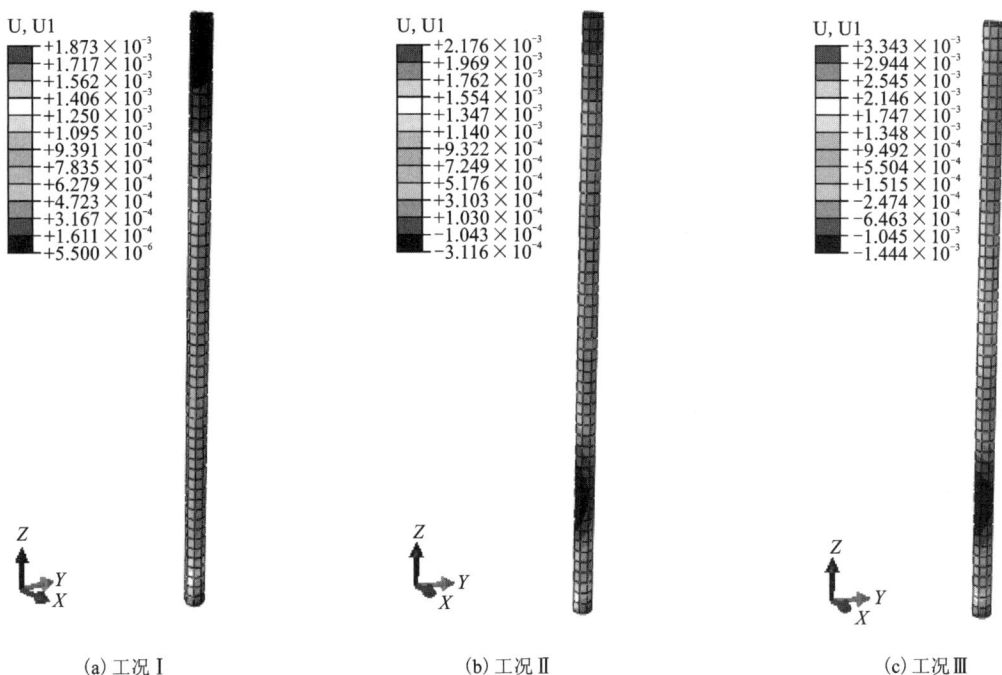

(a) 工况Ⅰ	(b) 工况Ⅱ	(c) 工况Ⅲ

图 4-7　X 轴方向位移云图

　　由图4-7和图4-9可知,随着盾构的进行,桩身 X 轴方向的侧向位移值逐渐增大,且靠近隧道区域和桩底的侧向位移较大,而隧道区域内和桩顶的侧向位移较小。在整个盾构开挖的过程中,桩身 X 轴方向的侧向位移呈现出先增大后减小再增大的趋势。其中,挖除原旧桥桩后(工况Ⅲ)托换新桩在 X 轴方向上的位移最大,最大侧向位移为2.44 mm,出现在距离桩顶约12 m处。

　　由图4-8和图4-10可知,随着盾构的进行,桩身 Y 轴方向位移在工况Ⅱ与工况Ⅲ接近,且显著大于工况Ⅰ。桩位移呈现出先减小后增大再减小的趋势,反向最大位移出现在桩顶,为-1.5 mm,正向最大位移出现在隧道处,约为0.8 mm。总体来看桩身变形较小,相对安全。

(a) 工况 I　　　　　　　　(b) 工况 II　　　　　　　　(c) 工况 III

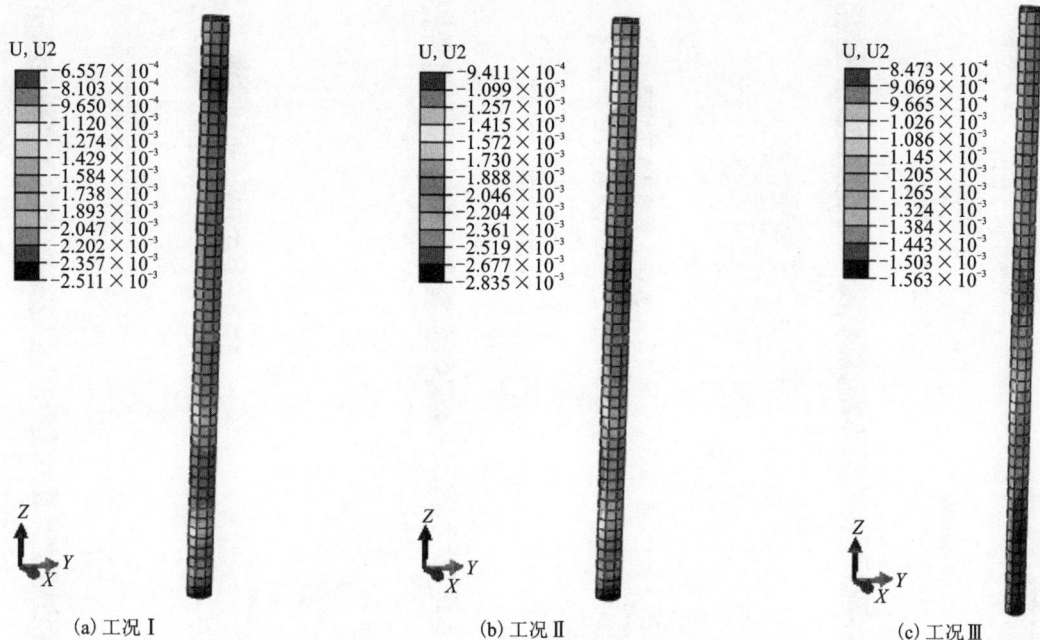

图 4-8　Y 轴方向(开挖方向)位移云图

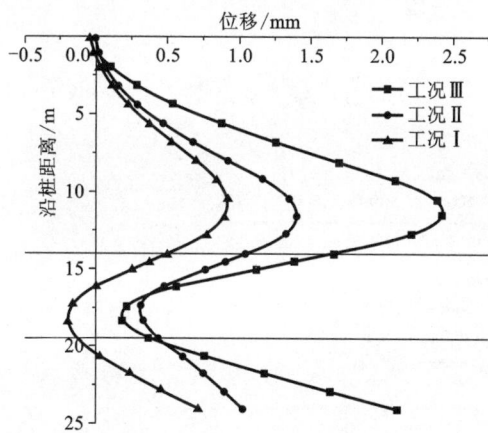

图 4-9　X 轴方向桩身变形　　　　　　**图 4-10　Y 方轴向(开挖方向)桩身变形**

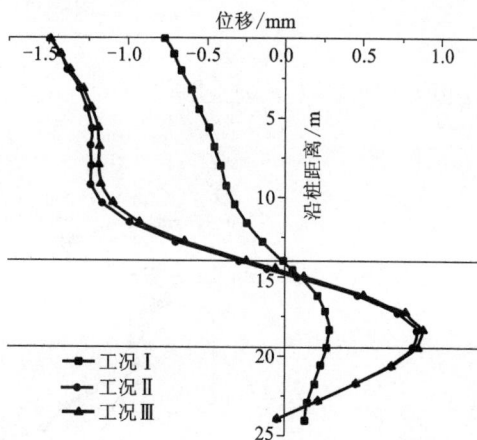

4.6.2　托换新桩的内力分析

图 4-11 为三种工况下托换新桩的应力云图。由图 4-11 可知,盾构掘进对隧道区域和桩底部分的影响较大,且随着盾构的向前掘进,影响程度越来越大,应力也在逐渐变大,在工况 III 中影响最为明显。

图 4-12 为三种工况下托换新桩的弯矩分布图。由图 4-12 可知,三种工况下,桩身最大弯矩均发生在隧道范围内。截桩前(工况 I)最大弯矩为 501 kN·m,截桩后(工况 II)最大

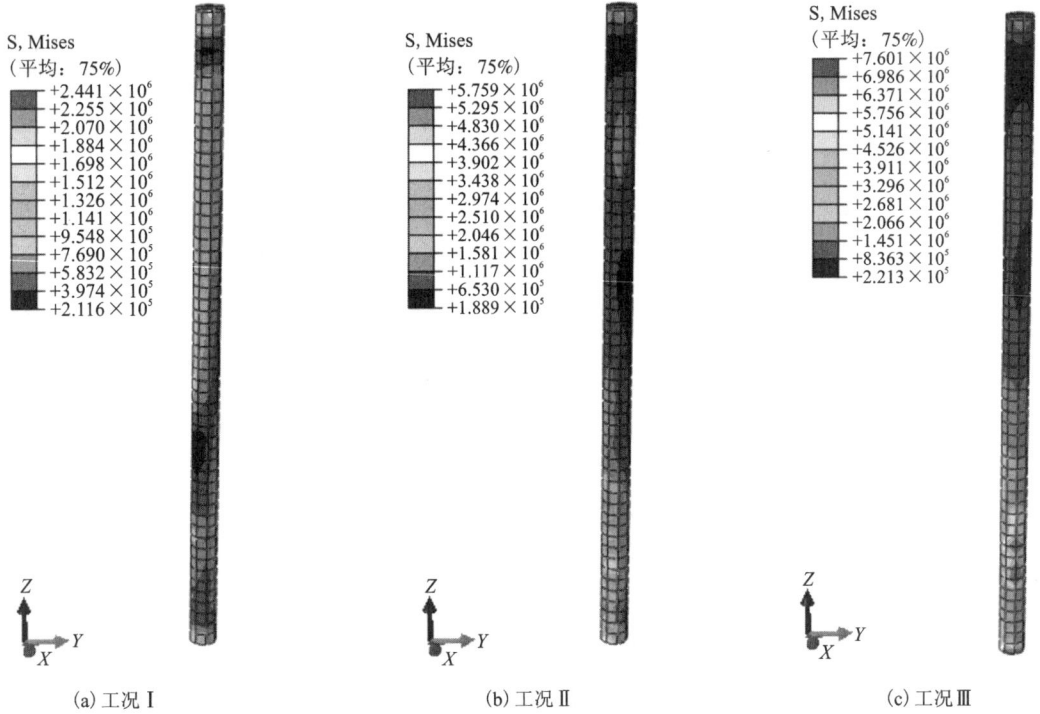

(a) 工况 Ⅰ　　　　　　　　　　(b) 工况 Ⅱ　　　　　　　　　　(c) 工况 Ⅲ

图 4 - 11　桩身应力云图

弯矩值为 476 kN・m，通过原旧桥桩一定距离后(工况Ⅲ)的弯矩最大，达到了 618 kN・m。

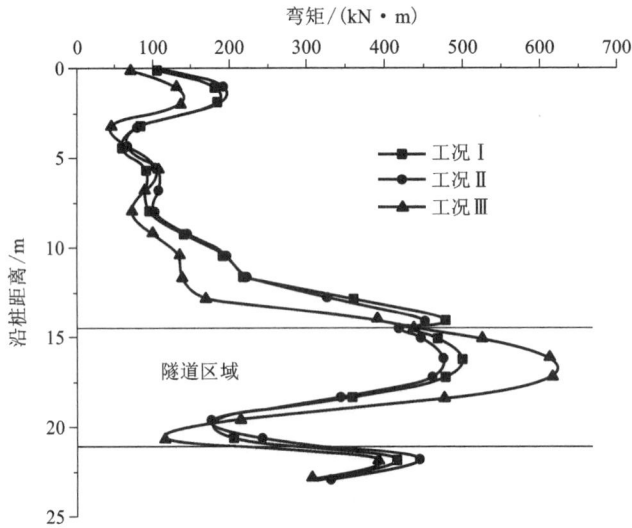

图 4 - 12　桩身弯矩

4.7　盾构切桩对管片安全性的影响分析

在盾构过程中，每开挖一部分土体便会施作一部分衬砌，在此过程中，后续的盾构会对之前的衬砌产生一定的影响。本节选取开挖至旧桩处的衬砌与盾构开始处的衬砌进行对比，分析盾构切桩对管片变形与内力的影响。管片相对位置如图 4 – 13 所示。

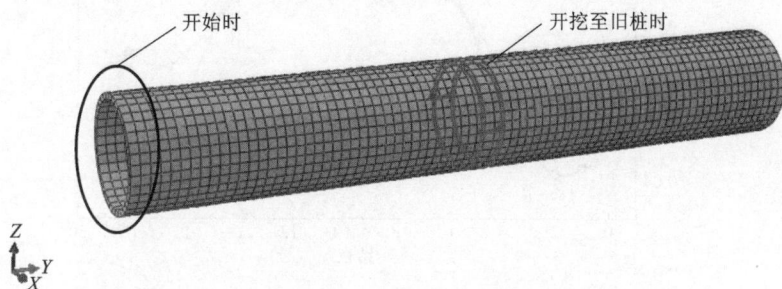

图 4 – 13　管片相对位置图

4.7.1　切桩部位管片与正常地层管片的变形区别

图 4 – 14、图 4 – 15 分别为隧道沉降云图和切桩处与正常管片的竖向位移分布图。切桩处管片的竖向位移在各个结点处均小于正常管片的竖向位移，正常管片竖向位移最大值为 54.00 mm，切桩处管片最大位移为 26.00 mm。正常管片与切桩处管片的最大位移均相对较小，较为安全，符合要求。

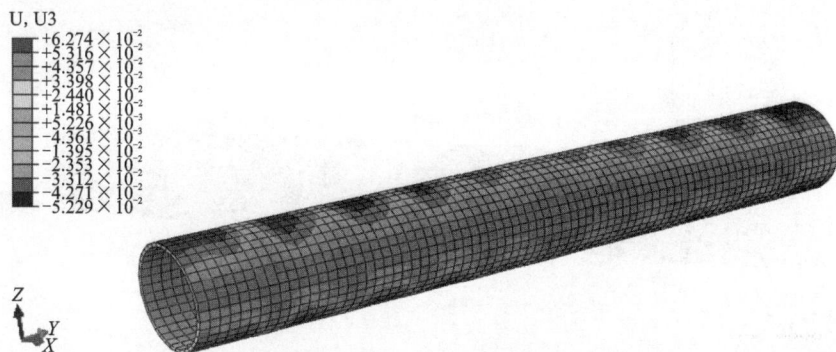

图 4 – 14　管片沉降云图

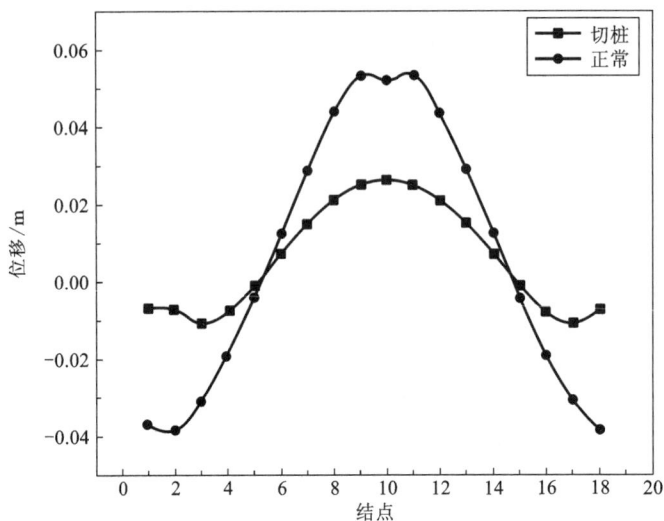

图 4 - 15　管片的竖向位移分布图

4.7.2　切桩部位管片与正常地层管片的内力区别

图 4 - 16 所示为隧道开挖完成后隧道的应力云图。由图 4 - 16 可知管片整体应力分布较为均匀，但切桩处的管片应力明显大于正常管片的应力。

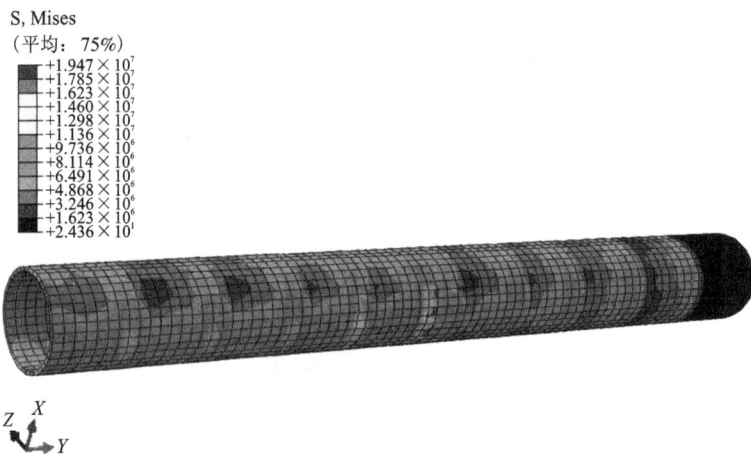

图 4 - 16　管片应力云图

提取正常管片与切桩处管片的应力数据进行对比，如图 4 - 17 所示。由图 4 - 17 可知，切桩处管片在各个结点处的应力值均大于正常管片，其中切桩处管片的应力最大值为 11.55 MPa，正常管片的应力最大值为 8.25 MPa，且两管片的应力最大值均出现在管片底部。

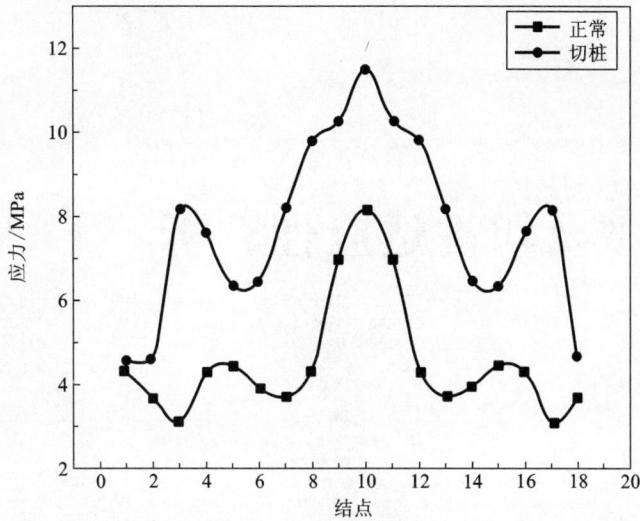

图 4 – 17　管片应力

4.8　本章小结

　　本章利用 ABAQUS 有限元软件建立了隧道开挖及切削桩基的三维数值模型，研究了盾构切桩施工过程对上部桥梁、托换新桩及管片安全性的影响，主要包括桥墩的水平和竖向变形、路面的沉降变形、托换新桩的水平变形及内力、切桩部位管片在正常管片的变形及内力对比分析。结果表明各项指标均符合要求，较为安全。

第 5 章

盾构机选型及切桩适应性分析

5.1　盾构机选型

　　盾构机是一种使用盾构法施工的隧道掘进机。盾构机的"盾"是指保持开挖面稳定性的刀盘和压力舱及支护围岩的盾构钢壳,"构"是指构成隧道衬砌的管片和壁厚注浆体。所以盾构机在掘进时,可以一边控制开挖面及围岩不发生坍塌失稳,一边进行隧道掘进、出渣,并在尾盾内拼装管片形成衬砌、实施壁后注浆,使隧道一次成形。

　　盾构机按开挖面与作业面之间隔板构造不同可分为全敞开式、半敞开式和闭胸式三种。目前全敞开式和半敞开式盾构机已逐步被淘汰,国内地铁盾构应用最广的为泥水平衡盾构机(图 5 – 1)和土压平衡盾构机(图 5 – 2)。

图 5 – 1　泥水平衡盾构

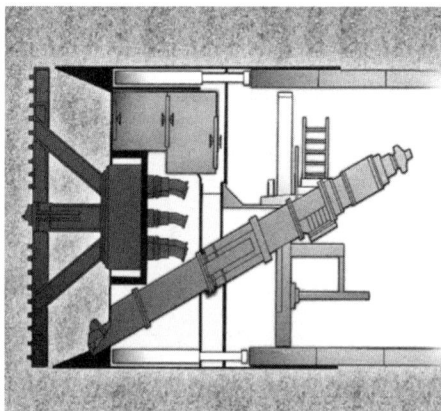

图 5 – 2　土压平衡盾构

5.1.1　盾构机选型的基本依据

　　盾构机选型的基本依据主要包括:

　　①场地工程地质及水文地质条件(包括颗粒级配、抗压强度、含水率、渗透系数、地下水位、孔隙水压等)。

　　②隧道长度、平纵断面及横断面形状和尺寸等设计参数。

　　③周围环境条件(包括地上及地下建构筑物分布,地下管线埋深及分布,沿线河流、湖泊、海洋的分布,沿线交通情况、施工场地条件,气候条件,水电供应情况等)。

　　④隧道施工的工程筹划及节点工期要求。

　　⑤拟用的辅助工法。

　　⑥技术经济性。

5.1.2　盾构机选型的方法

1.根据地层的渗透系数进行选型

　　渗透系数 K 是土体渗透性强弱的定量指标,定义为单位水力梯度下的单位流量,表示水通过土体孔隙的难易程度,量纲为距离/时间,常用 m/s,即水每秒钟流过土体孔隙的距离。

　　渗透系数越大,土体透水性越强,即土中孔隙越大,土体越松散;反之土体越密实。通常,渗透系数越大,地层含水量也越大,即为富水地层。常见地层的渗透系数经验值如表 5 – 1 所示。

　　一般来说,当地层的渗透系数小于 10^{-7} m/s 时,可以选用土压平衡盾构机;当地层的渗透系数在 10^{-7} m/s 和 10^{-4} m/s 之间时,既可以选用土压平衡盾构机也可以选用泥水平衡盾构机;当地层的透水系数大于 10^{-4} m/s 时,宜选用泥水平衡盾构机。图 5 – 3 所示为根据地层渗透系数选择盾构机类型示意图。

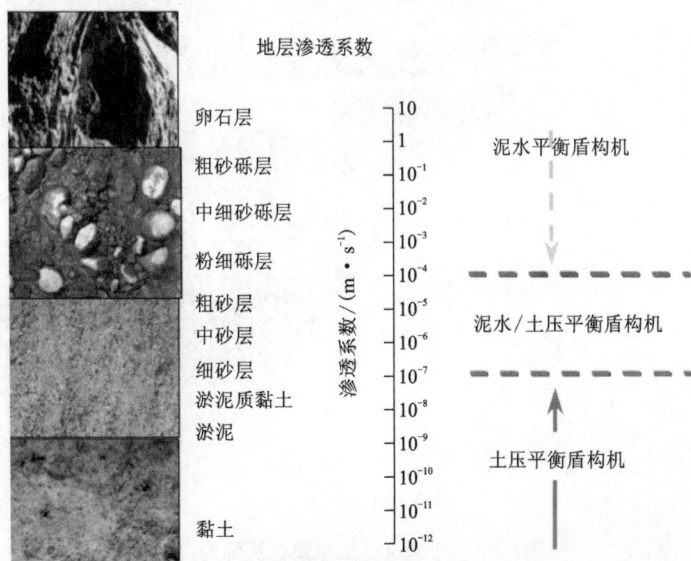

图 5 – 3　根据地层渗透系数选择盾构示意图

表 5-1　常见地层的渗透系数经验值

土质类别	$K/(\text{cm} \cdot \text{s}^{-1})$	岩石类别	$K/(\text{cm} \cdot \text{s}^{-1})$
粗砾	$1 \sim 0.5$	砂岩	0.01
砂质砾	$1 \sim 0.01$	泥岩	1×10^{-4}
粗砂	$0.01 \sim 0.05$	鳞状片岩	$1 \times 10^{-4} \sim 1 \times 10^{-2}$
细砂	$0.001 \sim 0.005$	片麻岩	$1.2 \times 10^{-3} \sim 1.9 \times 10^{-3}$
黏土	$1 \times 10^{-8} \sim 1 \times 10^{-6}$	脉状混合岩	3.3×10^{-3}

2. 根据地层的颗粒级配进行选型

颗粒级配指组成土体的各种粒径颗粒所占的数量,有连续级配与间断级配之分。

一般来说,细颗粒含量多,渣土易形成不透水的塑流体,容易充满土舱的每个部位,可以在土舱中产生土压力,平衡开挖面的土体,此时,选择土压平衡盾构机比较合适。

相反,砂卵石等粗颗粒含量多的地层,土渣无法均布于土舱中,不宜建立土压平衡模式,此时宜采用泥水平衡盾构机。

盾构机类型与颗粒级配的关系详见图 5-4,左边白色区域为卵石砾石粗砂区,为泥水平衡盾构机适用的颗粒级配范围。右边黑色区域为土压平衡盾构机适用的颗粒级配范围。

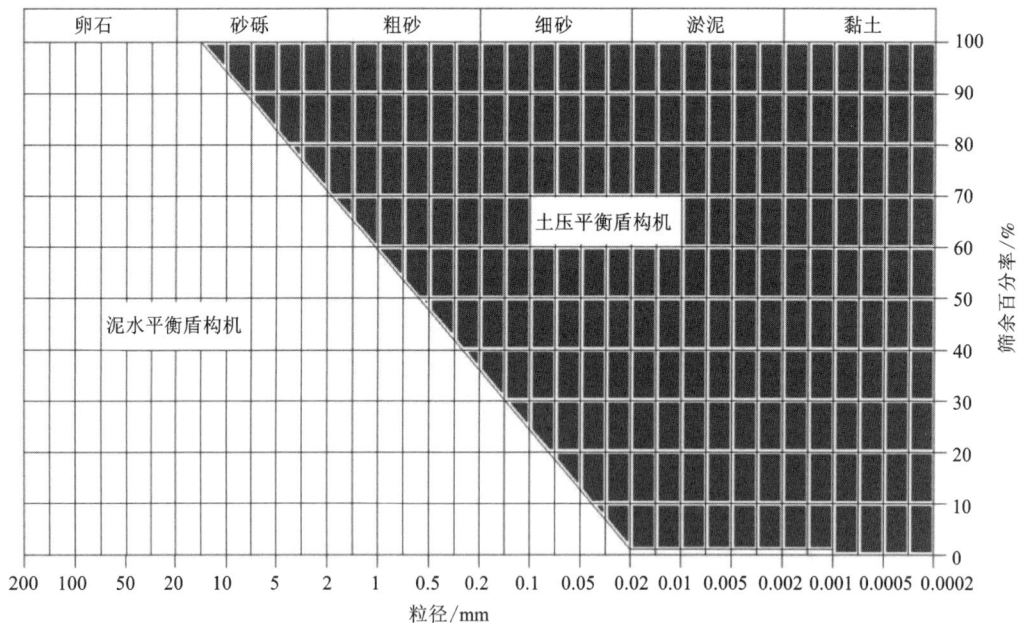

图 5-4　盾构机类型与颗粒级配的关系

3. 根据水压进行选型

当水压大于 0.3 MPa 时,宜采用泥水平衡盾构机。若采用土压平衡盾构机,螺旋输送机难以形成有效的土塞效应,排土闸门处易发生渣土喷涌现象,引起土舱中土压力下降,导致开挖面坍塌，引起地表沉降甚至塌陷。如因地质原因需采用土压平衡盾构机时，应增大螺旋输送机的长度，或采用二级螺旋输送机。

4. 泥水平衡盾构机和土压平衡盾构机的性能比较

泥水平衡盾构机和土压平衡盾构机的性能比较如表 5-2 所示。

表 5-2　泥水平衡盾构机和土压平衡盾构机的性能比较

对比项目	泥水平衡盾构机	土压平衡盾构机
适应地层	适应的地层范围有限，但对地下水压较大、渗水系数大的砂层适应性好	能够适应的地层范围比较广，但在水压大、渗水系数大的地层施工有难度
开挖面平衡	利用泥浆提供全断面的压力支撑，易于平衡开挖面，地表沉降较小	可以根据需要利用塑性土及添加材料提供全断面的压力平衡，能有效减少地表沉降，但成本提高
地下水损失	全封闭系统，无地下水损失	可以封闭，能够控制地下水损失程度
盾构尺寸	所需刀盘驱动扭矩比较小，可能做成较大尺寸的盾构；对盾构刀盘的磨损也比较小	刀盘驱动所需的扭矩和渣土改良性能关系很大，当盾构尺寸大时难以提供较大扭矩；对刀盘及螺旋输送机的磨损较大
配套设备	需要泥水分离和运输设备	需要不同种类的渣土改良设备
出渣	渣土直径受破碎机和管路影响，可以破碎较大粒径卵石，但一般不大于 500 mm	采用螺旋输送机出渣，出渣尺寸受螺旋输料机尺寸限制，一般不大于 350 mm
掘进速度	盾构掘进速度和地面泥水处理速度之间的关系密切，相互影响比较大	盾构掘进速度和添加剂的效果及隧道运输能力有关
渣土处理方式	施工渣土不能立即运走，直接泵出到地面处理系统，对地面环境污染严重	渣土直接经渣车运出地面并立即运走，对环境基本无污染
施工场地	需要的工作场地较大，施工能耗高，成本较高	需要施工的场地比较小，施工成本相对较低
刀具更换	施工中更换刀具相对容易	施工中不易更换刀具

5.1.3　盾构机选型结果

由以上分析可以总结出切削桥梁盾构机选型有以下限制因素：

①红谷中大道站—中间风井区间需穿越赣江，承受水压大，且区间存在断层、破碎带，宜选择泥水平衡盾构机进行施工。

②盾构机需要切削的桥桩所处位置为临江区，承受水压大。

③中间风井—阳明公园站区间无始发场地，若采用土压平衡盾构机，则需要将中间风井改为始发接收井，不仅对周边环境影响较大，且耽误工期。

④中间风井—阳明公园站区间隧道需下穿八一大桥南引桥(在用)、侧穿多座建筑物(在用),对地表沉降要求较高,而泥水平衡盾构机易于平衡开挖面,且成本比土压平衡盾构机低。

综合以上四点因素,结合国内外类似工程盾构机选型经验,本工程区间隧道切削独柱独桩桥桩的盾构机宜选用泥水平衡盾构机。

5.2 泥水平衡盾构机的工作原理及施工工艺流程

5.2.1 泥水平衡盾构机工作原理

南昌市地铁 2 号线一期 4 标采用的气垫式泥水平衡盾构机结构如图 5 - 5 所示。

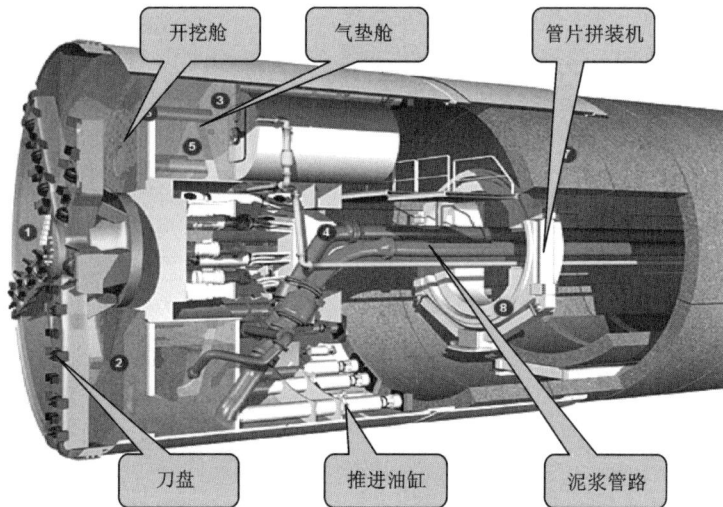

图 5 - 5 气垫式泥水平衡盾构机结构

气垫式泥水平衡盾构机的工作原理是利用地面制浆站按一定要求配制的泥浆液,通过进浆泵、泥浆管以一定的压力从洞外送到开挖面,并通过气垫舱加气压,使泥浆压力稍高于开挖面土压和水压。泥浆在开挖面上形成不透水的泥膜,能够有效地隔离地下水。开挖面前方地层不会因地下水位的下降而引起地表的前期沉降,泥膜能够最大限度地保持未开挖地层的原始状态,以减少盾构推进对土体的扰动,从而控制地表沉降。

此外,刀盘从工作面切削下来的渣土与泥浆混为一体,通过排浆泵和泥浆管送往地面泥水处理站。再通过泥水处理系统有效分离出泥浆所带的砾石、黏土和淤泥结块等粒径较大的粗粒成分,保留微细黏土颗粒,使流入调浆池的泥浆能够尽量满足盾构掘进的要求。

5.2.2 泥水平衡盾构机施工工艺流程

泥水平衡盾构机施工工艺流程如图 5 -6 所示。

施工准备 ← 泥水处理站安装 ← 三通一平
施工准备 ← 其他配套设备安装

盾构机就位 ← 后盾支撑布置 ← 盾构机安装调试 ← 始发架安置

盾构机始发 ← 始发（防水）装置安装就绪
盾构机始发 ← 始发并排水装置安装就绪 ← 洞门处理，土体加固

盾构机推进 → 施工参数测量采集 → 数据反馈
盾构机推进 → 轴线控制 → 施工参数调整
盾构机推进 → 注浆 → 浆液车送浆 ← 地面浆液站排浆
盾构机推进 → 盾尾油脂加注

出土 → 浆液通过进浆管路进入
出土 → 泥浆 → 通过排泥管路排出

管片拼装 ← 管片运输 ← 成环测量 ← 泥水处理站

盾构机到达 ← 接收并排水装置安装就绪 ← 接收架安装 ← 贯通测量
盾构机到达 ← 隧道端头封墙 ← 洞门处理，土体加固

拆吊盾构，车架及其他设备

盾构区间完成

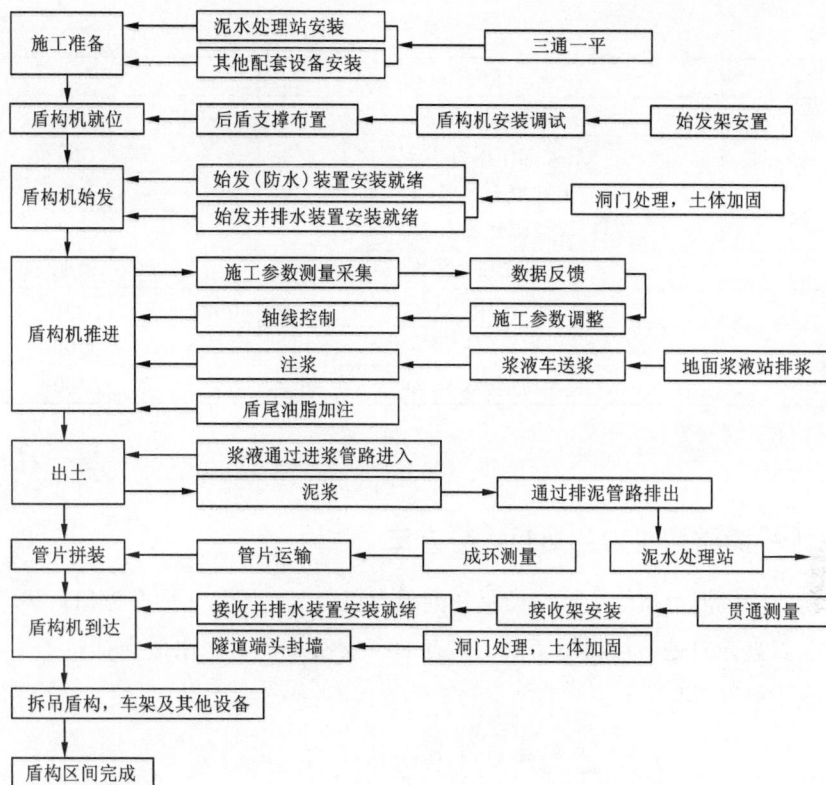

图 5-6 泥水平衡盾构机施工工艺流程图

5.3 泥水平衡盾构机的组成及性能参数

5.3.1 泥水平衡盾构机的组成

泥水平衡盾构机主要由开挖系统、刀盘驱动系统、盾体、推进系统、环流系统、管片拼装系统、铰接装置、导向系统、注脂系统、液压系统、注浆系统、电气系统、后配套系统（设备桥和拖车）、通风系统、泥水处理设备（地面配套设备）组成。

5.3.2 泥水平衡盾构机的性能参数

南昌市地铁2号线一期4标采用的气垫式泥水平衡盾构机的主要性能参数如表5-3所示。气垫式泥水平衡盾构机型号为CTS6270H-0630。

表 5-3 气垫式泥水平衡盾构机的主要性能参数

序号	部位	参数
1	开挖直径/mm	φ6300
2	刀盘转速/(r·min^{-1})	0～4.5
3	最大推进速度/(mm·min^{-1})	60

序号	部位	参数
4	最大推进力/N	3991
5	最大工作压力/bar[①]	6
6	水平转弯半径/m	250
7	纵向爬坡能力/‰	± 50
8	驱动形式	液驱
9	驱动功率/kW	630
10	额定扭矩/(kN·m)	4500
11	脱困扭矩/(kN·m)	5500

注：1 bar = 1 kPa。

5.3.3　泥水平衡盾构机刀盘扭矩计算方法

泥水平衡盾构机刀盘扭矩主要由刀具切削阻力扭矩 T_1、刀盘正面摩擦扭矩 T_2、刀盘侧面摩擦扭矩 T_3、刀盘开口处剪切扭矩 T_4、刀盘背面摩擦扭矩 T_5、泥水舱搅拌扭矩 T_6 这 6 部分组成。刀盘总扭矩可表示为：

$$T = \sum_{i=1}^{6} T_i = T_1 + T_2 + T_3 + T_4 + T_5 + T_6$$

1. 刀具切削阻力扭矩 T_1

盾构推进过程中，因刀具切削土体所产生的阻力扭矩为：

$$T_1 = \int_0^{R_0} q_u h_{max} r \mathrm{d}r = 0.5 q_u h_{max} R_0^2$$

式中：q_u 为土体无侧限抗压强度；h_{max} 为刀盘每转的最大切削深度；r 为刀盘半径；R_0 为最外圈刀具的半径。

2. 刀盘正面摩擦扭矩 T_2

盾构掘进时，刀盘正面与土体之间发生摩擦，产生的摩擦扭矩为：

$$T_2 = (1 - \xi) \int_0^{2\pi} \int_0^{\frac{D_c}{2}} p_0 \mu r^2 \mathrm{d}r \mathrm{d}\theta = (1 - \xi)\mu p_0 \frac{\pi D_c^3}{12}$$

式中：ξ 为刀盘开口率；μ 为刀盘与土体间的摩擦系数，取值为 0.07 ~ 0.1；p_0 为刀盘中心处泥水压力；D_c 为刀盘直径；θ 为盾构机开口率。

3. 刀盘侧面摩擦扭矩 T_3

在刀盘转动过程中，其外周与土体发生摩擦，刀盘侧面的摩阻扭矩为：

$$T_3 = 2\pi \left(\frac{D_c}{2}\right)^2 t p_r \mu = \frac{1}{2}\mu p_r t D_c^2$$

式中：t 为刀盘轴向宽度；p_r 为作用在刀盘周边的平均压力。

4. 刀盘开口处剪切扭矩 T_4

盾构掘进时，刀盘切削下来的渣土从刀盘开口处进入土舱，随着刀盘的转动，开挖面土体被剪坏破坏，剪切渣土所需扭矩为：

$$T_4 = \xi \int_0^{2\pi} \int_0^{\frac{D_c}{2}} Q_u r^2 \mathrm{d}r\mathrm{d}\theta = \frac{\xi Q_u \pi D_c^3}{12}$$

式中：Q_u 为渣土的抗剪强度，$Q_u = c + p_0 \tan\varphi$，$c$ 为土的黏聚力，φ 为土的内摩擦角。

　　泥水平衡盾构切削下来的渣土与泥浆混合在一起，渣土的特性可按优质泥浆来考虑，研究成果取 $c = 0$，$\varphi = 6°$。

　　5. 刀盘背面摩擦扭矩 T_5

　　盾构掘进时，随着刀盘的旋转，刀盘背面与泥浆相互摩擦产生摩擦扭矩。刀盘背面与泥浆的摩擦扭矩为：

$$T_5 = (1 - \xi) \int_0^{2\pi} \int_0^{\frac{D_c}{2}} \mu_s p_0 r^2 \mathrm{d}r\mathrm{d}\theta = (1 - \xi) \mu_s p_0 \frac{\pi D_c^3}{12}$$

式中：μ_s 为泥浆与刀盘背面的摩擦系数，$\mu_s = 0.02$ 或 $\mu_s = 0.25\mu$，本次计算取 $\mu_s = 0.25\mu$。

　　6. 泥水舱搅拌扭矩 T_6

　　泥水舱搅拌扭矩由刀盘背面搅拌棒搅拌扭矩 T_{61} 和刀盘支撑梁搅拌扭矩 T_{62} 组成，计算公式为：

$$T_{61} = n_a A_a r_a p_0 \mu_s$$
$$T_{62} = n_T A_T r_T p_0 \mu_s$$
$$T_6 = n_a A_a r_a p_0 \mu_s + n_T A_T r_T p_0 \mu_s$$
$$= p_0 \mu_s (n_a A_a r_a + n_T A_T r_T)$$

式中：n_a 为搅拌棒个数；A_a 为搅拌棒断面面积；r_a 为搅拌棒到刀盘中心的平均距离；n_T 为支撑臂个数；A_T 为支撑臂断面面积；r_T 为支撑臂到刀盘中心的平均距离。

　　盾构机的推力主要由以下 4 部分组成：

$$F = F_1 + F_2 + F_3 + F_4 \tag{5 - 1}$$

式中：F_1 为盾构外壳与土体之间的摩擦力；F_2 为刀盘上的水平推力引起的推力与切土所需要的推力；F_3 为盾尾与管片之间的摩阻力（铰接拉力）；F_4 为后方拖车的阻力（拖车牵引拉力）。

　　根据具体机械及施工情况选取以上因素相加，再考虑一定的安全系数即可求出盾构所需的总推力。下面针对实际情况对盾构所需的总推力进行计算。

　　1. 盾构机外围（壳体）与土体之间的摩擦力 F_1

　　在黏性土中：

$$F_1 = \frac{p_1 + p_2 + q_1 + q_2}{4} + \pi D L \mu_1 \tag{5 - 2}$$

　　在砂性土中：

$$F_1 = \pi D L C \tag{5 - 3}$$

式中：D 为盾构机壳体外径，m；L 为盾构机壳体长度，m；p_1 为盾构机顶部的均布压力，kPa，$p_1 = \gamma h + P_0$，γ 为盾构机顶部土层的平均重度，h 为盾构机顶部土层的高度，p_0 为地面荷载，kPa；p_2 为盾构机底部的均布压力，kPa，$p_2 = p_1 + \dfrac{W}{DL}$，$W$ 为盾构机自重，kN；q_1 为盾构机顶部的侧向主动水土压力，kPa；q_2 为盾构机底部的侧向主动水土压力，kPa；μ_1 为盾构机壳体与土体之间的摩擦系数（一般取 $0.3 \sim 0.5$）。

2. 刀盘上水平推力(作用在盾构机刀盘的正面阻力)F_2

该阻力是盾构推进中作用在盾构机正面的土压力和水压力,考虑阻力最大值的情况,即盾构推进中受到的阻力是被动土压力。

$$F_2 = \frac{\pi D^2}{4}\left(\frac{q_{s1}+q_{s2}}{2}\right)(1-\theta)$$

$$k_p = \text{tg}^2\left(45° + \frac{\varphi}{2}\right)$$

$$(5-4)$$

式中:D 为盾构机刀盘最大外径,m;q_{s1} 为盾构机顶部的侧向被动水土压力,kPa;q_{s2} 为盾构机底部的侧向被动水土压力,kPa;θ 为盾构机开口率;k_p 为被动水土压力系数。

3. 管片与盾尾之间的摩擦力 F_3

管片在脱出盾尾过程产生的摩擦力,由下式计算:

$$F_3 = W_p \cdot \mu_2 \tag{5-5}$$

式中:W_p 为盾尾内管片的重量,kN;μ_2 为盾尾与管片之间的摩擦系数(一般取 0.3~0.5)。

4. 后方拖车牵引阻力 F_4

$$F_4 = G_1 \cdot \mu_3 \tag{5-6}$$

式中:G_1 为后方拖车质量,t;μ_3 为拖车的车轮与钢轨之间的摩擦系数。

根据施工过程中的计算以及实际参数统计,在准备掘进过程中,刀盘克服所有力之和为 650~750 t,切桩时在同样地层掘进且处于爬坡段,盾构机推力基本一致,应在盾构切除每一根桩前,根据桩基侵入隧道的长短并结合掘进速度确定盾构机推力。

5.4　盾构机刀盘设计参数及适应性分析

5.4.1　刀盘设计参数

盾构机刀盘配置复合式刀盘,采用 4 主梁 +4 副梁结构,开挖直径为 6300 mm,具有较大的开口率,开口在整个面板均匀分布,保证掘进过程中渣土顺利进入泥水舱,同时开口尺寸适中,能够防止大块岩石进入舱内。具体参数如表 5-4 所示。

表 5-4　盾构机刀盘设计参数

序号	项目	参数
1	刀盘规格(直径×长度)/(mm×mm)	ϕ6300×1530
2	旋转方向	正/反
3	开口率/%	40
4	结构总质量/t	约 56
5	主要结构件材质	Q345B
6	主动搅拌臂数量/根	4

5.4.2　刀盘受力分析

1. 刀盘全载受力分析

刀盘模型采用 ANSYS WORKBENCH 有限元分析软件进行分析。曲线边界进行了优化分析，生成了 50581 个六面体单元，154731 个节点，有限元模型如图 5－7 所示。刀盘所用材料为 Q345B，具体物理参数如下：弹性模量 200 GPa，泊松比 0.3，密度 7850 kg/m³；计算时施加的扭矩为 5500 kN·m，推力为 700 kN，并且约束刀盘法兰连接面的全部自由度作为位移边界条件。

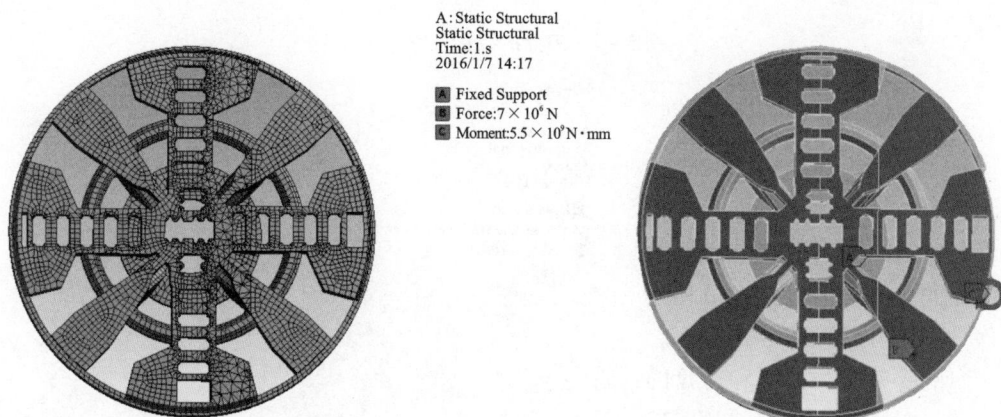

图 5－7　刀盘全载施加外力有限元模型

刀盘的等效应力云图和综合位移云图如图 5－8 和图 5－9 所示，由图 5－8 和图 5－9 可知，在该边界条件下刀盘结构的最大等效应力为 181 MPa，刀盘绝大部分区域的等效应力小于 141 MPa。刀盘结构的最大综合位移为 2.7 mm。刀盘设计所用材料为 Q345B，该材料的许用应力为 295 MPa，因此刀盘的结构设计满足强度要求。

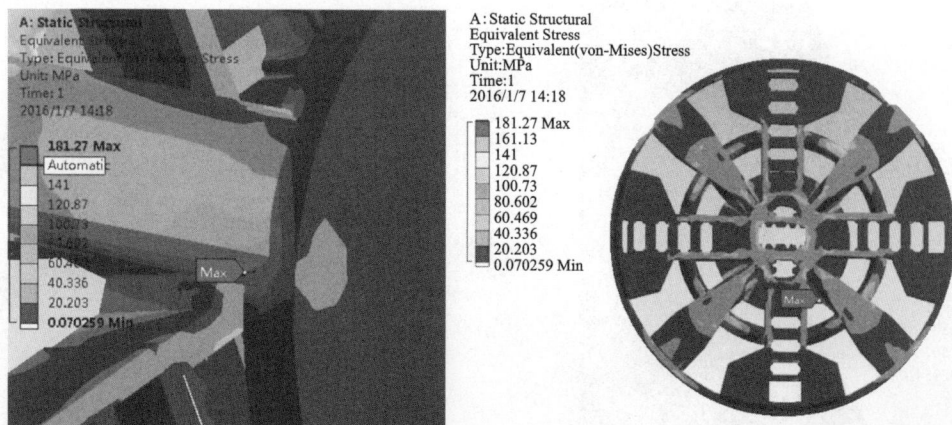

图 5－8　等效应力云图

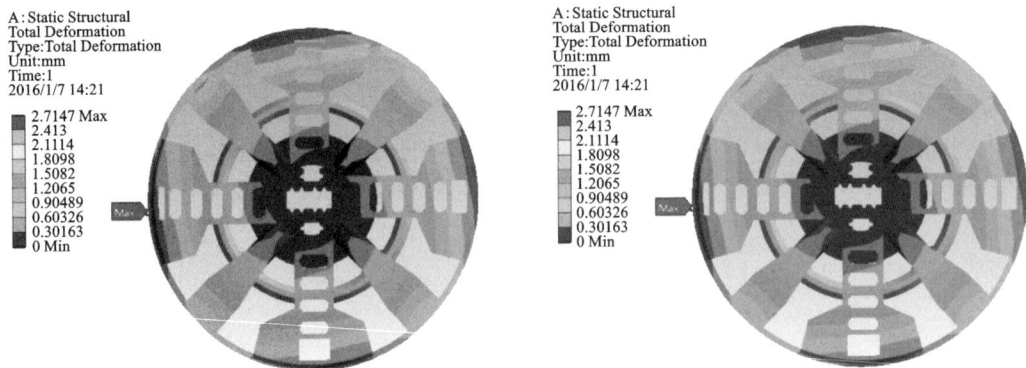

图 5-9　刀盘的综合位移云图

2. 刀盘 1/2 偏载受力分析

刀盘 1/2 结构受偏载计算时施加的扭矩为 5500 kN·m，施加于刀盘的推力为 350 kN，并且约束刀盘法兰连接面的全部自由度作为位移边界条件，边界条件如图 5-10 所示。

刀盘的等效应力云图和刀盘的综合位移云图如图 5-11 和图 5-12 所示。由图 5-11 和图 5-12 可知，该边界条件下刀盘结构的最大等效应力为 222 MPa，刀盘绝大部分区域的等效应力小于 172 MPa，刀盘结构的综合最大位移为 3.4 mm。

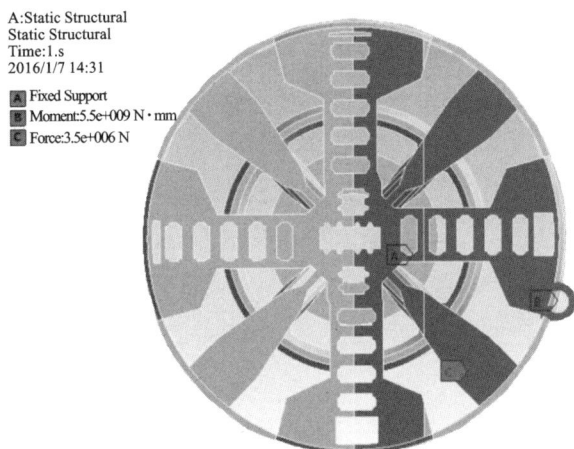

图 5-10　刀盘 1/2 施加外力有限元模型边界条件

刀盘材料的许用应力为 295 MPa，因此刀盘的结构设计满足强度要求。

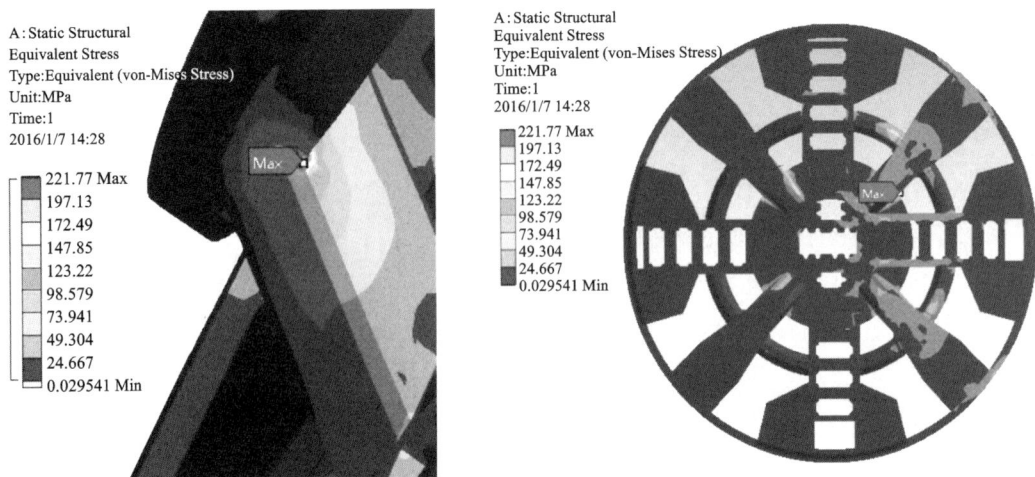

图 5-11　刀盘的等效应力云图

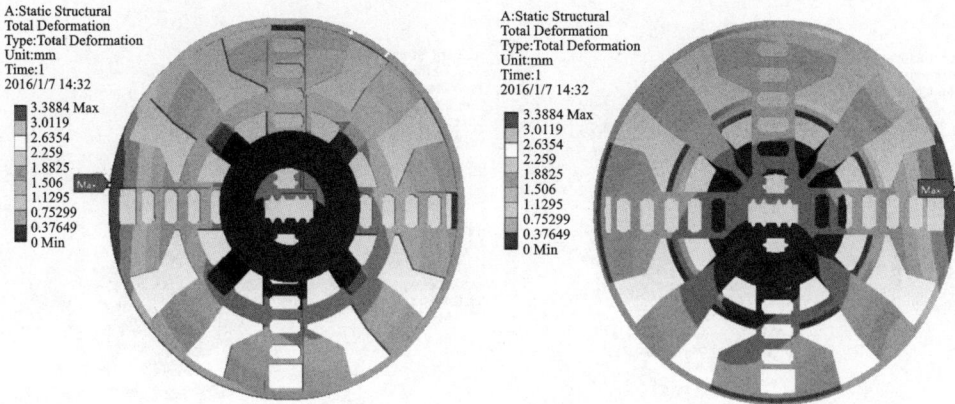

图 5 – 12　刀盘的综合位移云图

3. 刀盘 1/3 偏载受力分析

刀盘 1/3 结构受偏载计算时施加的扭矩为 5500 kN·m，施加于刀盘的推力为 233 kN，并且约束刀盘法兰连接面的全部自由度作为位移边界条件。边界条件如图 5 – 13 所示。

刀盘的等效应力云图和综合位移云图如图 5 – 14 和图 5 – 15 所示。由图 5 – 14 和图 5 – 15 可知，边界条件下刀盘结构的最大等效应力为 216 MPa，刀盘绝大部分区域的等效应力小于 168 MPa，刀盘结构的最大综合最大位移为 4 mm。刀盘材料的许用应力为 295 MPa，因此刀盘的结构设计满足强度要求。

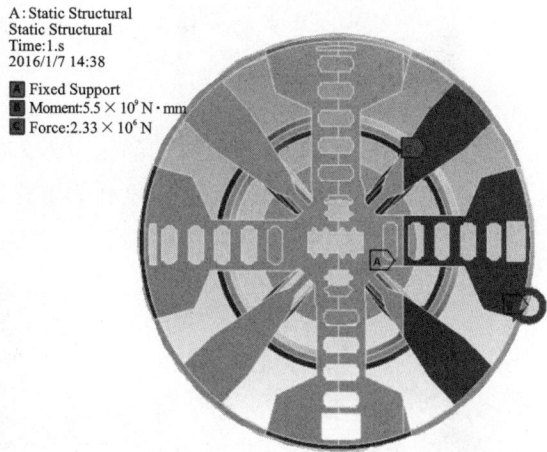

图 5 – 13　刀盘 1/3 结构施加外力有限元模型边界条件

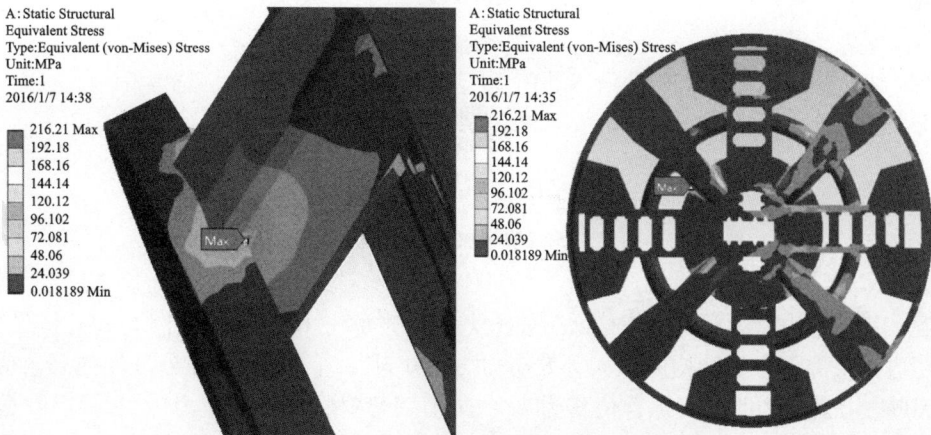

图 5 – 14　刀盘的等效应力云图

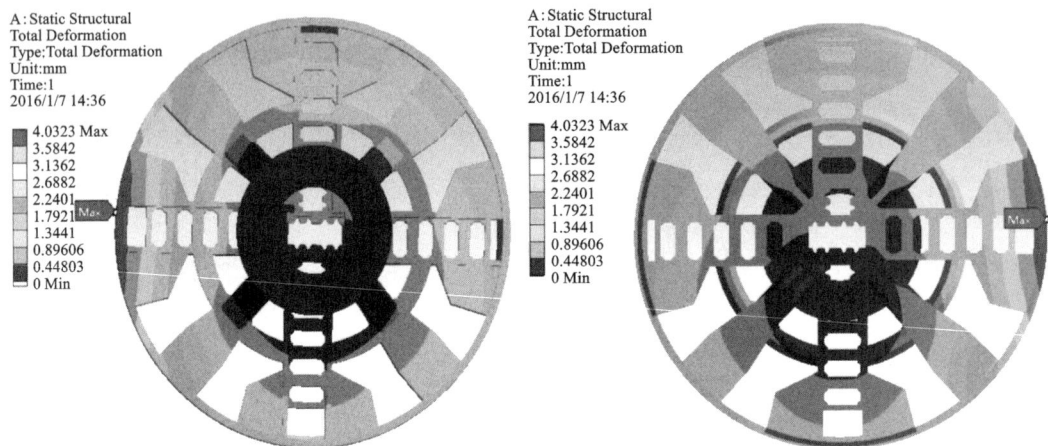

图 5 - 15　刀盘的综合位移云图

4. 刀盘 1/5 偏载受力分析

刀盘 1/5 结构受偏载计算时施加的扭矩为 5500 kN·m，施加于刀盘的推力为 140 kN，并且以约束刀盘法兰连接面的全部自由度作为位移边界条件。边界条件如图 5 - 16 所示。

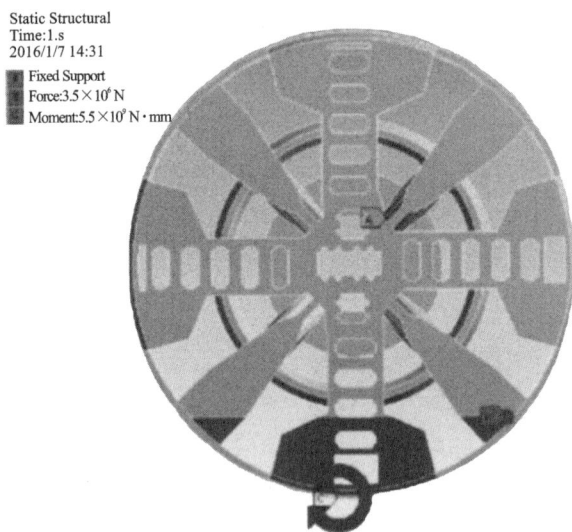

图 5 - 16　刀盘 1/5 结构施加外力有限元模型边界条件

刀盘的等效应力云图和综合位移云图如图 5 - 17 和图 5 - 18 所示。由图 5 - 17 和图 5 - 18 可知，在边界条件下刀盘结构的最大等效应力为 180 MPa，刀盘绝大部分区域的等效应力小于 140 MPa，刀盘结构的最大综合位移为 4.2 mm。刀盘材料的许用应力为 295 MPa，因此刀盘的结构设计满足强度要求。

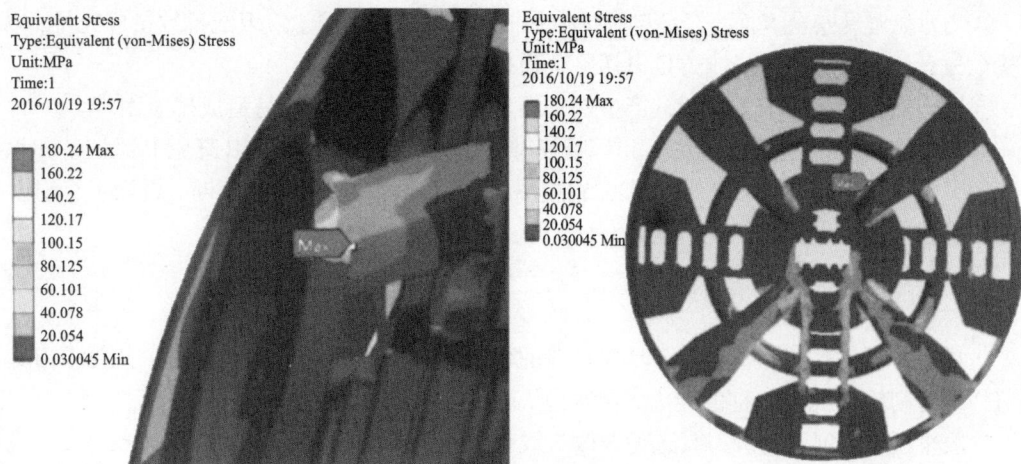

图 5 - 17　刀盘的等效应力云图

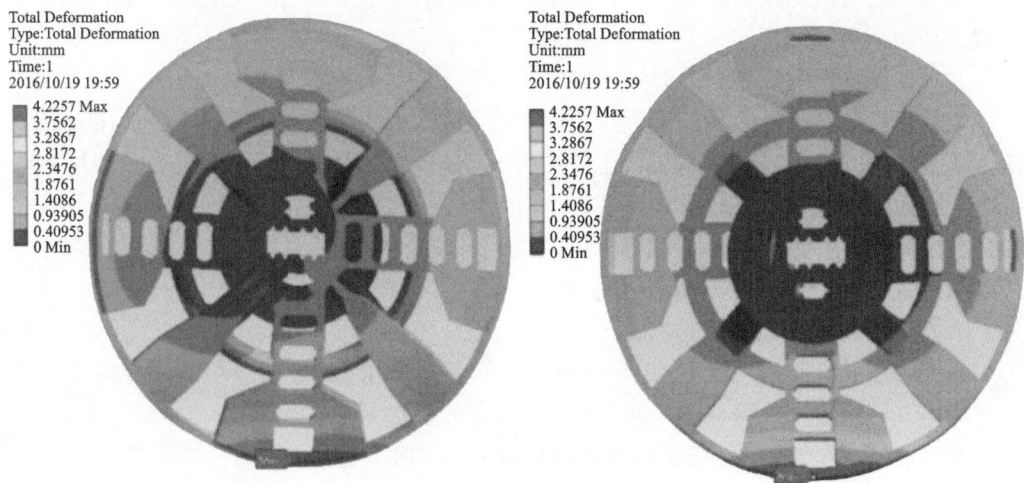

图 5 - 18　刀盘的综合位移云图

5.5　盾构机刀具配置及适应性分析

5.5.1　刀具配置依据

为确保盾构机切桩能够安全顺利地进行,盾构机刀具配置应满足以下几点要求:

①刀具的地质适应性:桩基所在地层为中风化和强风化泥质粉砂岩,配置的刀具不仅需要在破桩时具有较好的工作性能,而且需要在非切桩区段不影响盾构机正常掘进施工。

②切除混凝土方面:单把刀具应具有足够的刚度、硬度等,群刀布置应使刀头全轨迹覆盖整个切削面,因为现有的刮刀基本不具有破除混凝土的能力。

③切断钢筋方面:单把刀具的合金配备应对钢筋具有足够的切削能力,群刀布置应便于在筋身的若干个切削点集中连续切削以切断钢筋。

④刀盘、刀具安全方面：刀具自身抗损伤能力应较强，刀具、刀刃配备数量应充足，以确保整个刀盘、刀具的总切削能力足以切除7根桥桩。

⑤盾构机掘进安全方面：切桩产生的钢筋应较短，钢筋较长容易造成排渣困难。

⑥上部结构安全方面：刀盘、刀具对桩基的推力和扭矩应较小，以避免上部桩基和承台产生较大水平位移或扭曲变形。刀具配置应尽可能使钢筋被切断而非拉断，否则将会对上部桥桩产生较大的向下拉拽力。

5.5.2 刀具选型

盾构机刀具的选择，既要求刀具在一般的软土地层中具有一定的适应性，又要求刀具具有切削或磨削钢筋混凝土桩的能力，对盾构机刀盘、刀具的配置要求较高。

一般来说，决定盾构机刀具选型及改进设计的主要因素有地质条件、隧道条件、环境条件和桩体的情况，应在综合分析各影响因素的基础上，确定刀具的选型与合理配置。目前，盾构机还没有切削桩基的专用刀具。

从切桩或磨切桩的角度看，一般以先行刀的形式切桩或磨切桩。先行刀中有滚刀、贝壳形撕裂刀和切刀可供选用。

1. 滚刀作为先行刀切削钢筋混凝土桩

滚刀一般是在硬岩地层中使用，不适用于软土地层。但以本次盾构切桩或磨切桩来看，由于滚刀刚度较大、刀刃坚固，压碎混凝土并切割钢筋较容易。所以，以滚刀作为先行刀，磨切钢筋混凝土桩，以切刀辅助切削，滚刀高度大于切刀，适当保护切刀，是一个可选方案。在广州的盾构切削桩基的成功案例中基本都是采用滚刀先行的复合式刀盘、刀具配置的方案。

盾构掘进过程中，滚刀以一定的刀间距排列并随刀盘旋转，绕刀盘中心公转同时绕刀轴自转。滚刀作用在混凝土桩基时，在推力作用下挤压破碎混凝土外层，在刀尖下部和刀具侧面形成高应力压碎区和放射状裂纹，同时在推力和扭矩作用下连续滚压混凝土破裂面，扩大压碎区并使其产生裂纹扩展，当其中的多条裂纹交叉时就形成混凝土碎片。

钢筋被混凝土包裹，当外部混凝土被挤压破碎后，滚刀直接作用于钢筋(图5-19)，依靠钢筋两端的混凝土包裹施加固定约束作用，通过环压切割的方式进行挤压切割破碎，配备的刮刀依靠刀盘施加的扭矩对未完全切断的钢筋进行无序缠拉破坏，实现钢筋的有效破除。

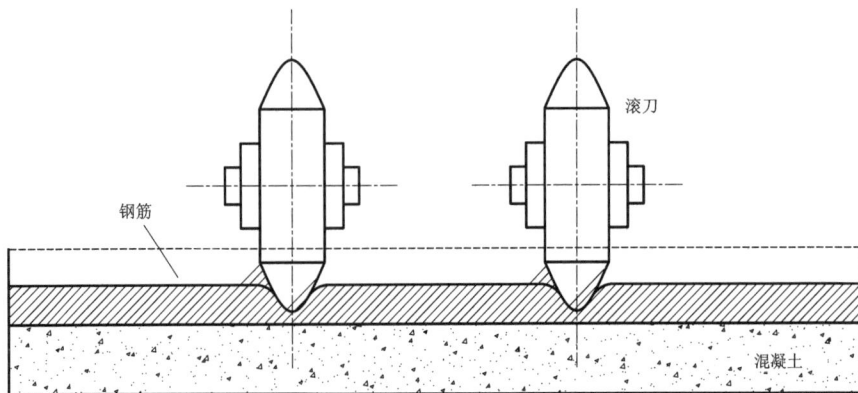

钢筋

滚刀

混凝土

图5-19 切刀切削钢筋混凝土桩示意图

2. 贝壳形撕裂刀作为先行刀切削钢筋混凝土桩

贝壳形撕裂刀形如贝壳,其特点是具有较大的抗折能力和抗冲击能力。切削桩基时,采用贝壳形撕裂刀作为先行刀并与切刀高低配置,其工作原理是以有较大刚度、刀身并不锋利但较粗的贝壳形撕裂刀磨削钢筋混凝土桩。同时,贝壳形撕裂刀作为先行刀,其切削力大于切刀,对切刀起到一定的保护作用。贝壳形撕裂刀作为先行刀在切刀切削之前先行破除。贝壳形撕裂刀及切削钢筋混凝土桩示意图如图 5 - 20 所示。

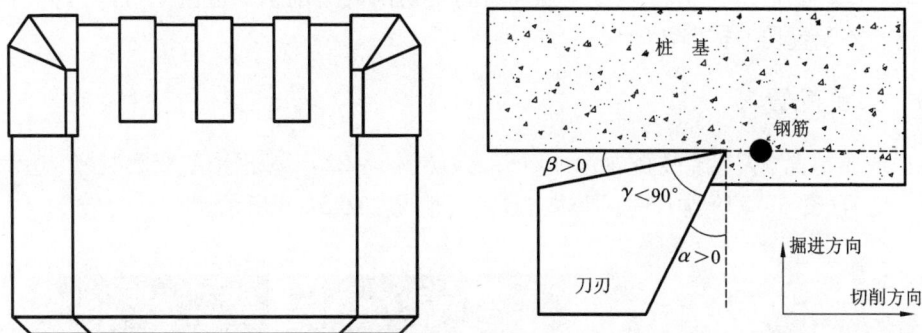

图 5 - 20 贝壳形撕裂刀及切削钢筋混凝土桩示意图

3. 切刀切削混凝土桩

切刀切削钢筋混凝土与切削一般岩层机理有很大不同,如图 5 - 21 所示:

①刀具并非连续性切削钢筋混凝土,而是以间断的方式对钢筋混凝土进行冲击切削。

②钢筋的有效切削需要受到混凝土的良好保护,否则剥离出来的长钢筋将很难被刀具磨削。

③实际切桩过程中,为了使钢筋及混凝土块顺利被泥浆带出,对切削下的钢筋长度及混凝土块体积有较严格的要求。

值得注意的是,刀具对钢筋的磨削作用是钢筋在桩基内混凝土的有效包裹下进行的,一旦钢筋剥离出混凝土,刀具将很难对钢筋进行磨削,而是以一定冲击速度、以拉断的方式将整根钢筋截断。这种情况不仅造成了大量长钢筋的出现,而且对刀具合金的保护极为不利,绝大部分合金块在受到较强的冲击荷载作用下,会产生应力集中并发生脆性断裂。

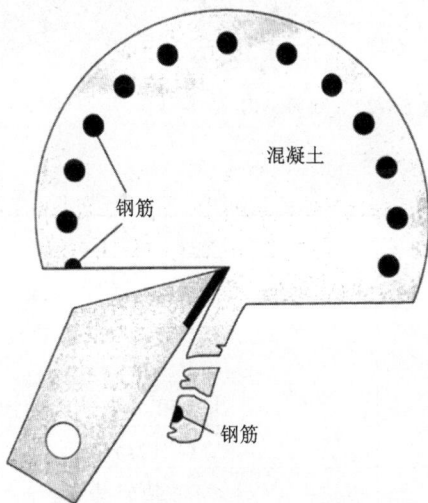

图 5 - 21 切刀切削钢筋混凝土桩示意图

4. 刀具对比

刀具对比情况如表 5 - 5 所示。

表 5－5 刀具对比

刀具种类	适用地层	破岩能力	破岩方式	备注
双刃滚刀	软硬岩	大于 30 MPa，小于 80 MPa	挤压破碎	
贝壳形撕裂刀	松散体地层	—	—	
切刀	软土	20 MPa	切削和剥离土体	

由表 5－5 可知，既适用于软土地层，又满足切削或磨削钢筋混凝土桩能力的刀具为滚刀，此外还需配置切刀辅助切削。

5.5.3 刀具配置

根据地质情况、刀盘主要配置标准双刃滚刀（图 5－22）、标准中心双联滚刀、边刮刀（图 5－23）、切刀（图 5－24）等刀具，具体刀具配置情况如表 5－6 所示。

图 5－22 双刃滚刀

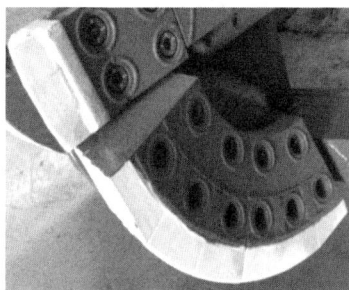

图 5－23 边刮刀

图 5－24 切刀

表 5－6 刀具配置

序号	名称	数量
1	结构形式	复合式（辐条＋面板）
2	开口率/%	40
3	质量/t	56
4	17 寸中心双联滚刀/把	6
5	17 寸双刃滚刀/把	16
6	边刮刀/把	8
7	切刀/把	44
8	撕裂刀/把	6
9	保径刀/把	8
10	大圆环耐磨保护刀/把	32
11	超挖刀/把	1
12	12.5＋12.5 复合钢板/m²	11
13	6.4＋6.4 复合钢板/m²	6

1. 滚刀

标准双刃滚刀和中心双联滚刀的刀圈采用圆弧刃(刃宽为 23 mm),刀圈的机械性能为:抗拉强度为 2000 MPa,冲击韧性为 25 J/cm^2,刀高为 175 mm,刀间距为 100 mm,形式如图 5 – 25 所示。

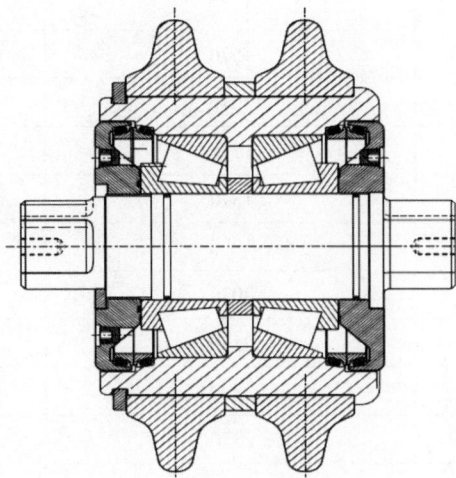

图 5 – 25　标准双刃滚刀

滚刀安装定位如表 5 – 7 所示。

表 5 – 7　滚刀安装定位

刀号	运行半径/mm	所处区域
#1	70	Arm3
#2	160	Arm7
#3	250	Arm3
#4	340	Arm7
#5	430	Arm1
#6	520	Arm5
#7	610	Arm1
#8	700	Arm5
#9	790	Arm3
#10	880	Arm7
#11	970	Arm3
#12	1060	Arm7
#13	1165	Arm1

续表 5 - 7

刀号	运行半径/mm	所处区域
#14	1265	Arm1
#15	1370	Arm5
#16	1470	Arm5
#17	1570	Arm3
#18	1670	Arm3
#19	1770	Arm7
#20	1870	Arm7
#21	1970	Arm1
#22	2070	Arm1
#23	2170	Arm5
#24	2270	Arm5
#25	2370	Arm3
#26	2470	Arm3
#27	2570	Arm7
#28	2670	Arm7
#29	2707	Arm5
#30	2757	Arm3
#31	2806	Arm5
#32	2854	Arm3
#33	2911	Arm7
#34	2957	Arm1
#35	2996	Arm7
#36	3036	Arm1
#37	3067	Arm1/Arm5
#38	3100	Arm3/Arm7
#39	3126	Arm1/Arm5
#40	3150	Arm3/Arm7

注：Arm1 ~ Arm12 分别代表各刀梁中心线。刀具的安装位置与刀梁中心的夹角逆时针为正。

2. 切刀和边刮刀

刀盘共配置 44 把切刀和 8 把边刮刀。切刀的刀高为 140 mm，对称布置在 Arm2、Arm6 上各 12 把，对称布置在 Arm4、Arm8 辐条上各 10 把，轨迹半径覆盖在 1100 ~ 2600 mm；边刮刀分别布置在 Arm2、Arm4、Arm6、Arm8 辐条上，采用分块设计，更换方便。切刀具体位置及轨迹布置见表5-8和图5-26。

表5-8 切刀安装定位表

刀号	运行半径/mm	所处区域的数量/把			
		Arm2	Arm4	Arm6	Arm8
G1	1100	2		2	
G2	1250		2		2
G3	1400	2		2	
G4	1550		2		2
G5	1700	2		2	
G6	1850		2		2
G7	2000	2		2	
G8	2150		2		2
G9	2300	2		2	
G10	2450		2		2
G11	2600	2		2	

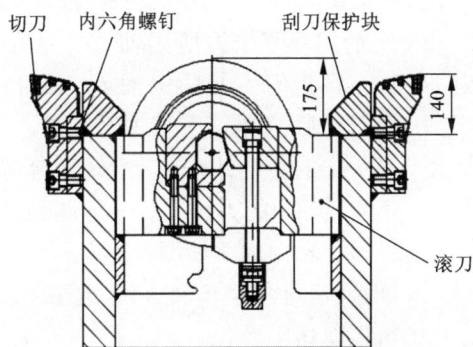

图5-26 刮刀、滚刀安装位置示意图

3. 焊接撕裂刀

刀盘外圈根据每一把双刃滚刀的轨迹，增设6把焊接撕裂刀，刀高为150 mm，与滚刀的刀高差为25 mm(滚刀为175 mm)。小贯入度掘进过程中，当刀盘周边滚刀出现问题时，焊接撕裂刀起到一定的作用。具体位置及轨迹布置见表5-9。

表5-9　焊接撕裂刀安装定位表

轨迹半径	撕裂刀编号	所处区域					
		Arm2	Arm3	Arm4	Arm6	Arm7	Arm8
3119	S30						#
3069	S28		#				
3007	S26	#					
2928	S24				#		
2831	S22					#	
2734	S20			#			

5.5.4　刀具受力分析

切桩时刀具主要采用标准圆弧刃双刃滚刀(刃宽为 23 mm)(图 5 - 27)，以下是对滚刀刀圈及受力情况进行的具体分析。

1. 标准圆弧刃滚刀性能

滚刀在静态压力下刀圈材料的抗压强度非常高，远大于岩石及钢筋的强度。但刀圈材料的抗冲击性能与其硬度成反比，与刀圈截面积成正比。

2. 滚刀承载力计算

滚刀承受的压力分为两个方向，分别为径向力 F_r 及轴向力 F_a，不同的安装角度，刀刃所承受的分力不相同。如图 5 - 28 所示的双刃滚刀所用轴承型号为 HH224335/HH224310，单副轴承的径向承载力最大为 16.3 t，每把刀安装两副轴承，因此一把刀最大径向承载力为32.6 t。双刃滚刀正面刀圈受力示意图情况如图 5 - 28 所示。

安装在边缘位置的滚刀由于呈一定的角度，所以受力还需分解成径向和轴向两个方向的力，边缘部位的滚刀中所受压力分解到轴向的力较大。滚刀两副轴承轴向最大承载力为18 t。以最外圈一把刀为例计算滚刀所受最大轴向力。如图 5 - 29 所示的滚刀安装角度，此时最外圈所受轴向力 $F_a = F \cdot \cos 65°$，可得到轴向力为 10.5 kN，远小于轴承轴向极限载荷 18 t，而靠近刀盘中心位置的轴向分力则可以忽略不计。

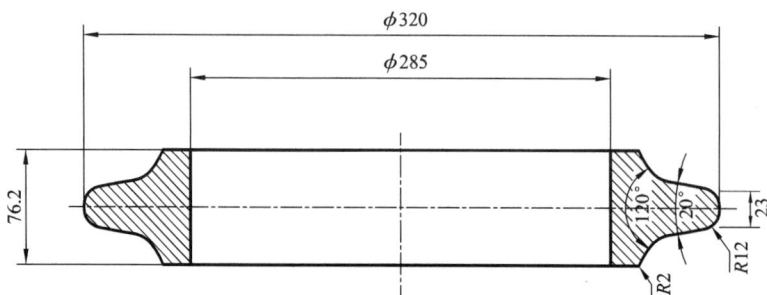

图 5 - 27　标准圆弧刃滚刀刀圈

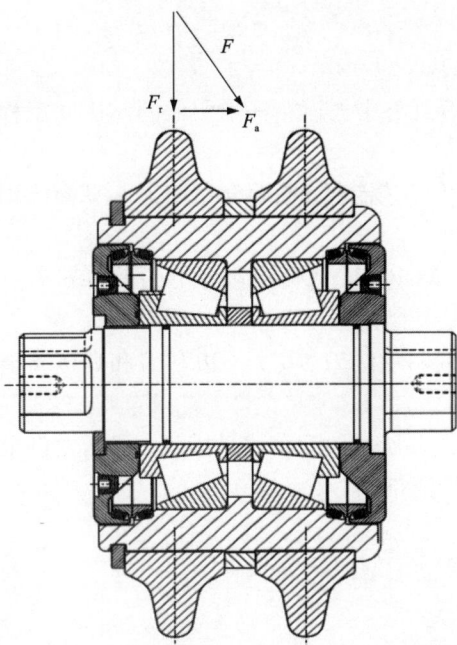

图 5 - 28　双刃滚刀正面刀圈受力示意图

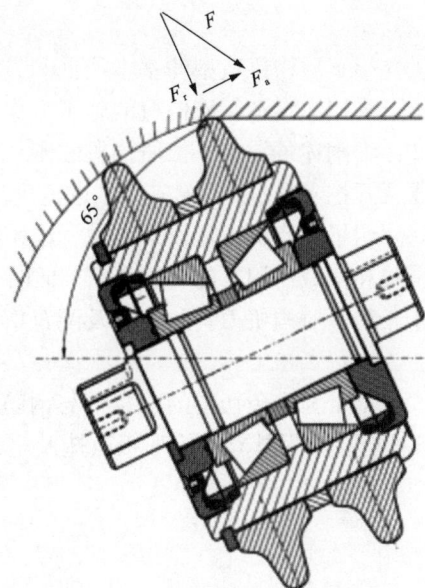

图 5 - 29　外圈滚刀刀圈受力示意图

3. 刀盘滚刀的最大承载力计算

盾构机刀盘配置正面双刃滚刀 8 把，外圈（边缘）双刃滚刀 8 把，中心双联滚刀 6 把，每把刀按 25 t 承载力计算，刀盘刀具最大承载力为 $22 \times 25 = 550(\mathrm{t})$。因此，掘进过程中应严格控制推力，防止刀具承载力过大导致轴承损坏。

5.6　盾构机配套改进

1. 增设采石箱

为了防止大块混凝土和钢筋堵塞泥浆管或对排浆泵造成损坏，在排浆泵进口增设了一个采石箱。采石箱左侧上部为进浆口，右侧下部为出浆口，箱内设置了一副 150 mm × 150 mm 的格栅，用来过滤大块渣土及钢筋异物，避免发生卡泵叶轮、堵塞管路等现象发生。

2. 开挖舱主动搅拌臂及锥形板改造

由于刀盘主动搅拌臂与前盾面板之间距离较近，在切桩时进入开挖舱的钢筋容易缠绕到搅拌臂上，计划将该主动搅拌臂割除 200 mm，以减小钢筋缠绕到搅拌臂上的风险；对泥浆门前部的锥形板进行割除处理，并加焊短圆柱式开放格栅，避免钢筋及大块渣土直接进入气垫舱排渣口发生堵塞现象。

3. 增设泥水舱挡渣格栅

为避免盾构机在磨桩过程中磨下的长条钢筋经过碎石机格栅后堵泵、堵管，在泥水舱泥舱门处加设一道格栅，其设计孔径大于碎石机格栅孔（135 mm × 135 mm 方孔），为 180 mm × 180 mm 的方孔。

5.7　本章小结

①介绍了盾构机造型的基本依据和方法，并结合红谷中大道站—阳明公园站区间工程实际确定了采用泥水平衡盾构机的施工方案。

②详细阐述了泥水平衡盾构机的工作原理及施工工艺流程，简要介绍了泥水平衡盾构机的组成及开挖直径、刀盘转速、推进速度等性能参数。

③介绍了盾构机刀盘设计参数，并利用 ANSYS WORKBENCH 有限元分析软件对刀盘进行了全载和偏载作用下的受力分析，证明了其结构设计满足强度要求。

④介绍了盾构机刀具的造型及配置情况，详细说明了滚刀、切刀、边利刀和焊接撕裂刀的安装与布置。

⑤介绍了为避免切削的混凝土与钢筋阻碍泥水循环所做的配套改进措施，包括增设采石箱、开挖舱主动搅拌臂及锥形板改造及增设泥水舱挡渣格栅。

第 6 章

桩基托换工程中的结构安全性分析

6.1　桥梁的结构验算分析

6.1.1　验算内容

验算内容包括桥梁上部结构验算和桥梁原基础结构验算两部分。根据工程施工节点等因素，所有验算内容如图 6 - 1 所示。

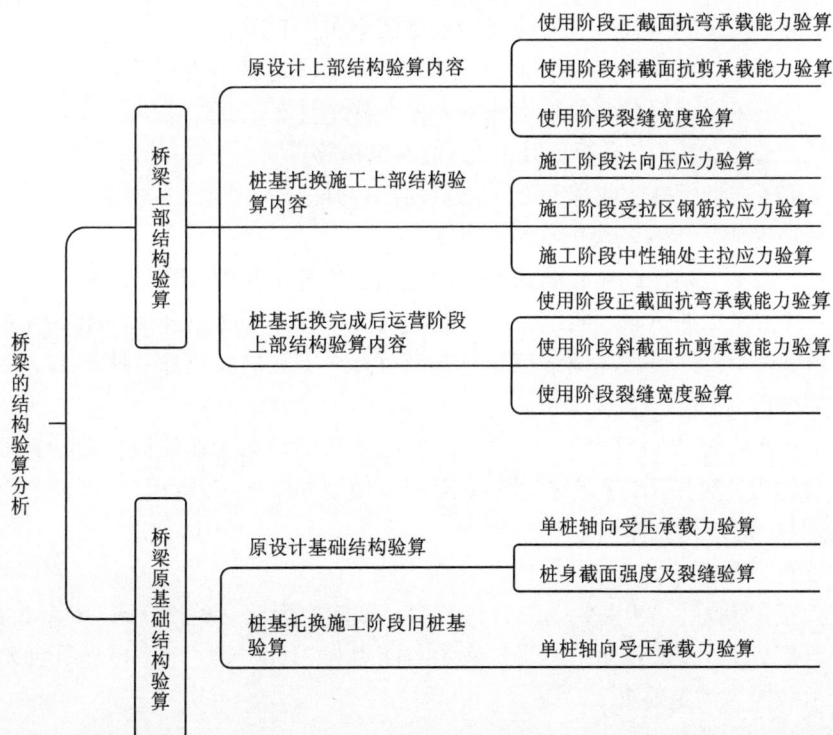

图 6 - 1　验算内容示意图

6.1.2　桥梁上部结构验算

1. 分析方法

首先采用空间杆系理论，对总体结构进行单元离散化。其次，根据原桥设计资料对桥梁结构进行 MIDAS/CIVIL 建模分析，确定原桥在运营状态下的受力状况。最后，根据桩基托换施工流程划分计算阶段，并根据规范要求的荷载组合进行内力、应力、位移计算，验算结构在施工、运营阶段的内力、应力及刚度是否符合规范要求。

2. 计算参数

（1）设计荷载

①一期恒载：考虑主梁施工时未取出内模重量，混凝土容重取为 26.5 kN/m³。

②二期恒载：包含桥面铺装、护栏等，根据桥梁横断面布置进行计算。

③温度荷载：体系升降温 ±30℃，箱梁顶板升降温 ±5℃。

④基础沉降：不均匀沉降按照隔墩 5 mm 沉降量计算。

⑤活载：汽超 20 级设计，挂车 -120 验算，冲击系数按照《公路桥涵设计通用规范》（JTJ 021—1989）进行计算。

⑥汽车制动力：汽车制动力按照《公路桥涵设计通用规范》（JTJ 021—1989）进行计算。

⑦支点局部顶升：在桩基托换施工时，按对原桩顶局部顶升 5 mm 计入对桥梁结构影响。

（2）荷载组合

①原设计上部结构验算。

组合Ⅰ：自重 + 二期恒载 + 收缩徐变 + 基础沉降 + 汽超 20。

组合Ⅱ：自重 + 二期恒载 + 收缩徐变 + 基础沉降 + 汽超 20 + 温度荷载

组合Ⅲ：自重 + 二期恒载 + 收缩徐变 + 基础沉降 + 挂车 120。

②桩基托换施工（单支点局部顶升工况）上部结构验算。

组合：自重 + 二期恒载 + 收缩徐变 + 支点局部顶升。

③桩基托换完成后运营阶段上部结构验算。

组合Ⅰ：自重 + 二期恒载 + 收缩徐变 + 支点局部顶升 + 基础沉降 + 汽超 20。

组合Ⅱ：自重 + 二期恒载 + 收缩徐变 + 基础沉降 + 支点局部顶升 + 汽超 20 + 温度荷载。

组合Ⅲ：自重 + 二期恒载 + 收缩徐变 + 基础沉降 + 支点局部顶升 + 挂车 120。

3. 桥梁曲线段计算

本工程中被托换的 C17 -2 号墩、C18 号墩桩基所在的桥梁为曲线段构造，全长为 129 m。将该曲线段简化为计算模型进行结构验算，有限元模型如图 6 -2 所示。

（1）原设计上部结构验算结果

1）正截面抗弯强度验算

跨中最大正弯矩为 13300 kN·m，容许抗弯承载能力为 16100 kN·m，安全系数为 1.21；支点最大负弯矩为 16500 kN·m，容许抗弯承载能力为 21800 kN·m，安全系数为 1.32。故正截面抗弯承载能力满足要求。

2）斜截面抗剪强度验算

斜截面最大剪力为 4500 kN，出现在中支点处，容许抗剪承载能力为 6800 kN，安全系数为 1.51。故斜截面抗剪承载能力满足要求。

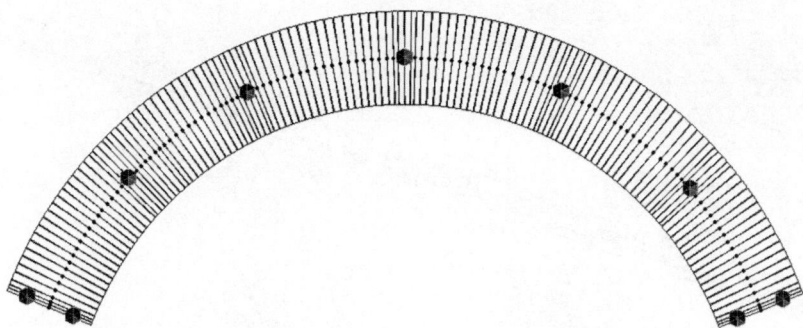

图6-2　曲线段桥面结构有限元模型

3）构件裂缝宽度验算

荷载组合Ⅰ作用下，最大裂缝宽度为0.16 mm；在荷载组合Ⅱ或组合Ⅲ作用下，最大裂缝宽度为0.15 mm。根据《公路钢筋混凝土及预应力混凝土桥涵设计规范》（JTJ 023—1985）第4.2.6条规定：在荷载组合Ⅰ作用下，最大裂缝宽度不超过0.2 mm；在荷载组合Ⅱ或组合Ⅲ作用下，最大裂缝宽度不超过0.25 mm。故裂缝宽度满足规范要求。

（2）桩基托换施工上部结构验算结果

在桩基托换施工时，需对原桩顶升5 mm将上部结构荷载传递到新桩。通过对C17-2、C18号墩支点向上顶升5 mm进行模拟，以验算结构安全。

①施工阶段法向最大压应力为5.8 MPa，小于容许值17.125 MPa，满足要求。

②施工阶段受拉区钢筋最大拉应力为100 MPa，小于容许值251.25 MPa，满足要求。

③施工阶段中性轴处最大主拉应力为1.8 MPa，小于容许值1.92 MPa，满足要求。

（3）桩基托换完成后运营阶段上部结构验算

在完成桩基托换后，考虑支点顶升对结构的影响，对桥梁运营阶段进行结构验算。

1）使用阶段正截面抗弯承载能力验算

跨中最大正弯矩为12100 kN·m，容许抗弯承载能力为16100 kN·m，安全系数为1.33；支点最大负弯矩为16800 kN·m，容许抗弯承载能力为21800 kN·m，安全系数为1.3。故正截面抗弯承载能力满足要求。

2）使用阶段斜截面抗剪承载能力验算

斜截面最大剪力为4200 kN，出现在中支点处，容许抗剪承载能力为6800 kN，安全系数为1.62。故斜截面抗剪承载能力满足要求。

3）使用阶段裂缝宽度验算

荷载组合Ⅰ作用下，最大裂缝宽度为0.17 mm；在荷载组合Ⅱ或组合Ⅲ作用下，最大裂缝宽度为0.16 mm。根据《公路钢筋混凝土及预应力混凝土桥涵设计规范》（JTJ 023—1985）第4.2.6条规定：在荷载组合Ⅰ作用下，最大裂缝宽度不超过0.2 mm；在荷载组合Ⅱ或组合Ⅲ作用下，最大裂缝宽度不超过0.25 mm。故裂缝宽度满足规范要求。

4.桥梁直线段计算

本工程中被托换的F5号墩、F7-1号墩桩基所在的桥梁为直线段构造，全长为153 m。将该段简化为计算模型进行结构验算，有限元模型如图6-3所示。

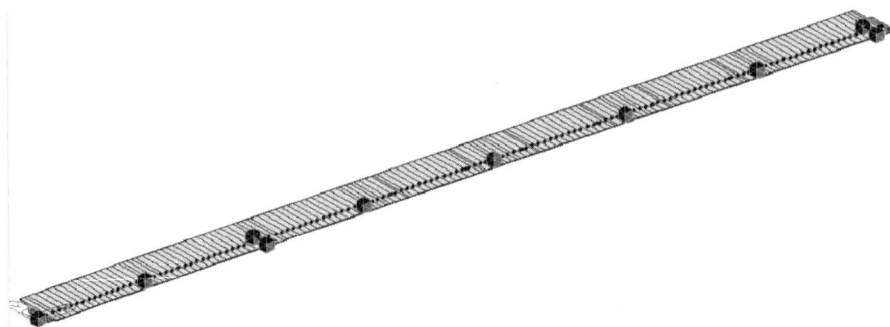

图 6 - 3　直线段桥面结构有限元模型

（1）原设计上部结构验算

1）正截面抗弯强度验算

跨中最大正弯矩为 6100 kN・m，容许抗弯承载能力为 9800 kN・m，安全系数为 1.61；支点最大负弯矩为 9800 kN・m，容许抗弯承载能力为 17000 kN・m，安全系数为 1.73。故正截面抗弯承载能力满足要求。

2）斜截面抗剪强度验算

根据计算可知斜截面最大剪力为 2490 kN，出现在中支点处，容许抗剪承载能力为 3700 kN，安全系数为 1.48。故斜截面抗剪承载能力满足要求。

3）构件裂缝宽度验算

在荷载组合 I 作用下，最大裂缝宽度为 0.15 mm；在荷载组合 II 或组合 III 作用下，最大裂缝宽度为 0.14 mm。根据《公路钢筋混凝土及预应力混凝土桥涵设计规范》（JTJ023—1985）第 4.2.6 条规定：在荷载组合 I 作用下，最大裂缝宽度不超过 0.2 mm；在荷载组合 II 或组合 III 作用下，最大裂缝宽度不超过 0.25 mm。故裂缝宽度满足规范要求。

（2）桩基托换施工上部结构验算

在桩基托换施工时，需对原桩顶升 5 mm 将上部结构荷载传递至新桩。通过对 F5、F7 - 1 号墩支点向上顶升 5 mm 进行模拟，验算结构安全。

①施工阶段法向最大压应力为 8.2 MPa，小于容许值 17.125 MPa，满足要求。

②施工阶段受拉区钢筋最大拉应力为 87 MPa，小于容许值 251.25 MPa，满足要求。

③施工阶段中性轴处最大主拉应力为 1.7 MPa，小于容许值 1.92 MPa，满足要求。

④主梁牛腿验算

经过比选，选取 F7 墩梁端部牛腿进行验算。验算内容为 F7 号桩基托换时牛腿受力情况。计算荷载工况采用：自重 + 二期恒载 + 收缩徐变 + 支点局部顶升。牛腿计算如图 6 - 4 所示。

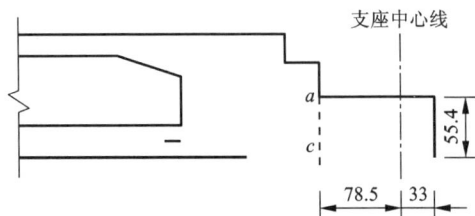

图 6 - 4　牛腿计算示意图（单位：cm）

取 $a - b$ 截面计算尺寸：55.4 cm × 194 cm，支座反力：1126 kN，按受弯构件验算强度。$M = 1126 \times 0.785 = 883.91$ kN・m。

1)正截面抗弯

根据《公路钢筋混凝土及预应力混凝土桥涵设计规范》(JTG 3362—2018),其正截面抗弯承载力应符合下列规定:

$$\gamma_0 M_d \leqslant f_{cd} b x \left(h_0 - \frac{x}{2} \right) + f'_{sd} A'_s (h_0 - a'_s) \tag{6-1}$$

式中:γ_0 为桥梁结构重要性系数;M_d 为弯矩设计值;f_{cd} 为混凝土轴心抗压强度设计值;b 为矩形截面宽度;x 为混凝土受压区高度;h_0 为截面有效高度;f'_{sd} 为纵向预应力钢筋抗压强度设计值;A'_s 为受压区纵向普通钢筋截面面积;a'_s 为受压区普通钢筋合力点至受压区边缘的距离。

混凝土受压区高度应按下式计算(不计受压区钢筋):

$$f_{sd} A_s = f_{cd} b x \tag{6-2}$$

式中:f_{sd} 为纵向普通钢筋抗拉强度设计值,$f_{sd} = 280$ MPa;$f_{cd} = 18.4$ MPa;$A_s = [12 \times \pi \times (32/2)^2 + 4 \times \pi \times (28/2)^2] = 12114$ mm^2。

计算得:$x = 184$ cm,抗力 $M = 1562$ kN·m,牛腿正截面抗弯强度满足要求。

2)45°斜截面的抗拉验算

支反力作用在斜截面上总斜拉力为:$N_d = 1126/\cos 45° = 1592.4$ kN。

近似按轴心受拉构件验算,应满足条件:

$$\gamma_0 N_d \leqslant f_{cd} (A_{sw} + A_{sh} \cos 45° + A_{sv} \cos 45°)$$

式中:A_{sw} 为斜截面上所有斜筋的截面积,$A_{sw} = 15\pi \left(\frac{25}{2} \right)^2 = 7363$ mm^2;A_{sh} 为斜截面上所有水平筋的有效截面积,$A_{sh} = 15\pi \left(\frac{32}{2} \right)^2 = 12064$ mm^2;A_{sv} 为斜截面上所有竖向筋的有效截面积,

$A_{sv} = 3 \cdot 19\pi \left(\frac{12}{2} \right)^2 = 6557$ mm^2。

$$\gamma_0 N_d \leqslant f_{cd} (A_{sw} + A_{sh} \cos 45° + A_{sv} \cos 45°) = 4663 \text{ kN}$$

牛腿 45°斜截面的抗拉强度满足规范要求。

(3)桩基托换完成后运营阶段上部结构验算

在完成桩基托换后,考虑支点顶升对结构的影响,对桥梁运营阶段进行上部结构验算。

1)使用阶段正截面抗弯承载能力验算

跨中最大正弯矩为 6200 kN·m,容许抗弯承载能力为 9800 kN·m,安全系数为 1.58;支点最大负弯矩为 9700 kN·m,容许抗弯承载能力为 17000 kN·m,安全系数为 1.75。故正截面抗弯承载能力满足要求。

2)使用阶段斜截面抗剪承载能力验算

斜截面最大剪力为 2500 kN,出现在中支点处,容许抗剪承载能力为 3700 kN,安全系数为 1.48。故斜截面抗剪承载能力满足要求。

3)使用阶段裂缝宽度验算

在荷载组合Ⅰ作用下,最大裂缝宽度为 0.15 mm;在荷载组合Ⅱ或组合Ⅲ作用下,最大裂缝宽度为 0.15 mm。根据《公路钢筋混凝土及预应力混凝土桥涵设计规范》(JTJ023—1985)第 4.2.6 条规定:在荷载组合Ⅰ作用下,最大裂缝宽度不超过 0.2 mm;在荷载组合Ⅱ或组合Ⅲ作用下,最大裂缝宽度不超过 0.25 mm。故裂缝宽度满足规范要求。

6.1.3　桥梁原基础结构验算

1. 分析方法

采用"m"法对桩进行分析,根据《桩基托换设计图纸》及《公路桥涵地基与基础设计规范》(JTGD 3363—2019)有关条款进行计算参数取值,并适当考虑桩身自由长度进行验算。

2. 桥梁曲线段 C18 号墩桩基计算

根据计算模型提取桩顶竖向力、相关地质资料,对桩基竖向承载能力进行验算。水平力按最大值取,竖向力按最小内力组合计,对桩身截面强度及裂缝进行验算。

(1)原设计基础结构验算

1)单桩轴向受压承载力验算

提取标准组合最大支反力,如图 6 – 5 所示。

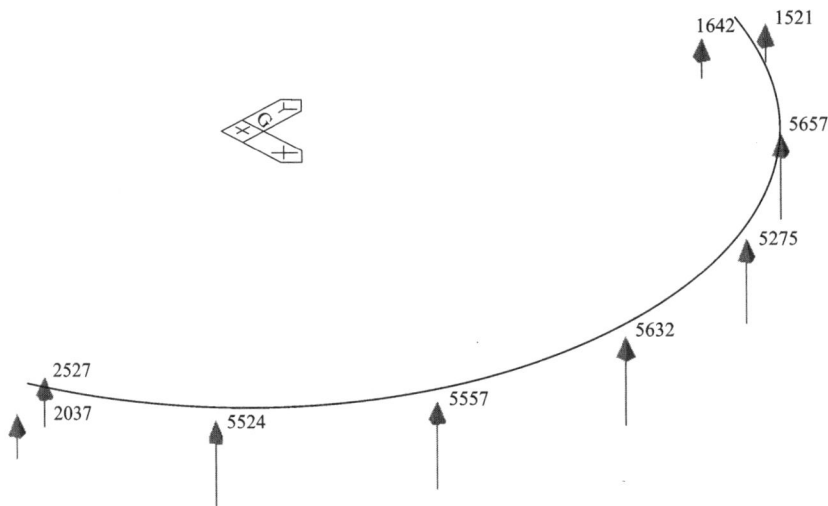

图 6 – 5　标准组合最大支反力(kN)

由计算可知 C18 号墩最大支反力为 5524 kN。根据地质资料对桩基竖向承载能力进行验算,如表 6 – 1、表 6 – 2、表 6 – 3 所示。

表 6 – 1　C18 墩桩基土材料参数表

桩长 /m	孔口标高 /m	地面标高 /m	沉淀土层厚度 /m	桩顶标高 /m	成孔直径 /m	桩径 /m	透水性	m_0	λ	$[f_{a0}]$ /kPa	k_2 /(kN·m^{-3})	γ_2	q_r /kPa
24	0	0	0.05	0	1.5	1.5	透水性土	1	0.70	1500	6	9	1000.0

注:m_0 为清孔系数;λ 为修正系数;$[f_{a0}]$ 为桩底处土的容许承力;k_2 为桩端以上各层土的加权容重;γ_2 为换算重度系数;q_r 为桩端土层承载力容许值。

表6-2　C18号墩桩基土层特性表

土层层序	土层特性	层底标高/m	地基容许承载力/kPa	桩底标高/m	土层厚度/m	提供摩擦力土层厚度/m	τ_i/kPa	桩周长 u/m	桩侧摩阻力 q/kN
1	素填土	-5.7	0		5.7	5.7	0	4.712	0.000
2	粉质黏土	-8.2	160		2.5	2.5	60	4.712	353.4
3	细砂	-11.3	120		3.1	3.1	40	4.712	292.1
4	圆砾	-15	220		3.7	3.7	90	4.712	784.5
5	卵石	-18	300		3	3	120	4.712	848.2
6	中风化泥质粉砂岩	-30	1500	-24	12	6	400	4.712	5654.4

注：τ_i 为各土层与桩壁的极限摩擦阻力。

表6-3　C18号墩桩基承载力验算表

是否考虑桩尖处土极限承载力	是
桩顶反力/kN	5940.8
桩底土层	粉砂
桩土承载力容许值	1000.0
桩底支承力/kN	1767.1
桩自由长度/m	0.000
桩自由重量/kN	0.0
桩容重/($kN \cdot m^{-3}$)	16
桩土重量差/kN	296.9
反力合计/kN	6237.7
桩侧摩阻力所占比例	0.82
桩端承载力所占比例	0.18
承载力富余比例	0.36
承载力富余值/kN	3462.0
单桩承载力容许值$[R_a]$/kN	9699.7
满足	

2）桩身截面强度及裂缝验算

①桩身截面强度验算。

C18号墩桩基最大水平力为117 kN，基本组合作用下最小支反力为2461 kN。根据最大水平力、最小竖向力、桩基相关参数及地质条件计算桩身最大弯矩值为2730 kN·m。该截面处的内力：$N = 3190$ kN，$Q = 152$ kN，$M = 2730$ kN·m。

截面抗力 $N_R = 7200$ kN,大于等于 N,满足要求。

最小配筋面积 $A_{gmin} = 2650$ mm²,小于实际配筋面积 A_g($A_g = 27300$ mm²),满足要求。

②桩身裂缝验算。

组合 I 作用下:

C18 号最大水平力为 117 kN,最小支反力为 3496 kN。根据最大水平力、最小竖向力、桩基相关参数及地质条件计算桩身最大弯矩值为 2100 kN·m。

对桩身裂缝进行验算:

长期荷载弯矩 $M = 2100$ kN·m;

长期荷载裂缝宽度 $d_f = 0.099$ mm,小于容许裂缝宽度 d_f($d_f = 0.2$ mm),满足抗裂性验算。

组合 II 或 III 作用下:

C18 号最大水平力为 117 kN,最小支反力为 3386 kN。根据最大水平力、最小竖向力、桩基相关参数及地质条件计算桩身最大弯矩值为 2100 kN·m。

对桩身裂缝进行验算:

长期荷载弯矩 $M = 2100$ kN·m;

长期荷载裂缝宽度 $d_f = 0.104$ mm,小于容许裂缝宽度 d_f($d_f = 0.25$ mm),满足抗裂性验算。

(2)桩基托换施工阶段旧桩基验算

1)单桩轴向受压承载力验算

C18 号墩最大支反力为 5524 kN,在施工托换梁后,根据地质资料对桩基竖向承载能力进行验算,如表 6-4、表 6-5、表 6-6 所示。

表 6-4 C18 墩桩基土材料参数表

桩长 /m	孔口标高 /m	地面标高 /m	沉淀土层厚度 /m	桩顶标高 /m	成孔直径 /m	桩径 /m	透水性	m_0	λ	$[f_{a0}]$ /kPa	k_2	γ_2	q_r /kPa
24	0	0	0.05	0	1.5	1.5	透水性土	1	0.70	1500	6	9	1000.0

表 6-5 C18 号墩桩基土层特性表

土层层序	土层特性	层底标高 /m	地基容许承载力 /kPa	桩底标高 /m	土层厚度 /m	提供摩擦力土层厚度 /m	τ_i /kPa	桩周长 u/m	桩侧摩阻力 q/kN
1	素填土	-5.7	0		5.7	5.7	0	4.712	0.000
2	粉质黏土	-8.2	160		2.5	2.5	60	4.712	353.4
3	细砂	-11.3	120		3.1	3.1	40	4.712	292.1
4	圆砾	-15	220		3.7	3.7	90	4.712	784.5
5	卵石	-18	300		3	3	120	4.712	848.2
6	中风化泥质粉砂岩	-30	1500	-24	12	6	400	4.712	5654.4

表6-6　C18号墩桩基承载力验算表

是否考虑桩尖处土极限承载力	是
桩顶反力/kN	8845.5
桩底土层	粉砂
桩土承载力容许值	1000.0
桩底支承力/kN	1767.1
桩自由长度/m	0.000
桩自由重量/kN	0.0
桩容重/(kN·m⁻³)	16
桩土重量差/kN	296.9
反力合计/kN	9142.4
桩侧摩阻力所占比例	0.82
桩端承载力所占比例	0.18
承载力富余比例	0.06
承载力富余值/kN	557.3
单桩承载力容许值$[R_a]$/kN	9699.7
满足	

3. 桥梁直线段 F7-1 号墩桩基计算

根据计算模型提取桩顶竖向力、相关地质资料,对桩基竖向承载能力进行验算。水平力按最大值取,竖向力按最小内力组合计,对桩身截面强度及裂缝进行验算。

(1)原设计基础结构验算

1)单桩轴向受压承载力验算

提取标准组合最大支反力,如图6-6所示。

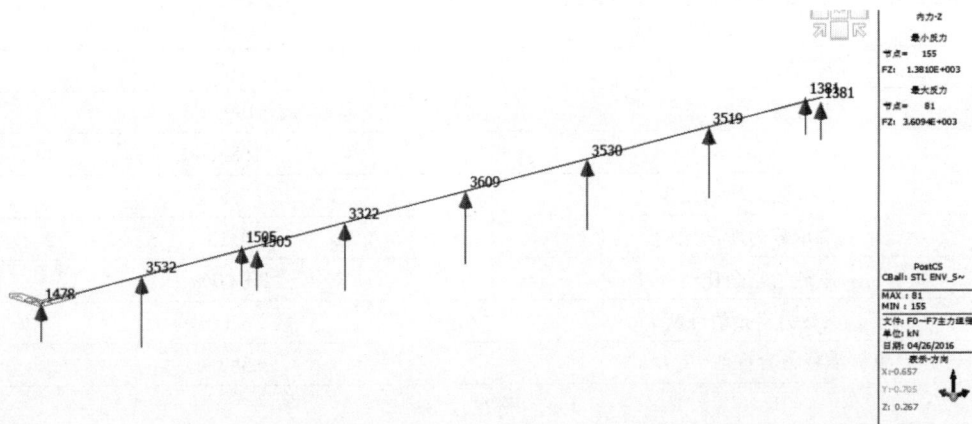

图6-6　标准组合最大支反力(kN)

由计算可知 F7-1 号墩最大支反力为 1381 kN。根据地质资料对桩基竖向承载能力进行验算,如表6-7、表6-8、表6-9所示。

表 6-7　F7-1 号墩桩基土材料参数表

桩长 /m	孔口标高 /m	地面标高 /m	沉淀土层厚度 /m	桩顶标高 /m	成孔直径 /m	桩径 /m	透水性	m_0	λ	$[f_{a0}]$ /kPa	k_2	γ_2	q_r /kPa
25.2	0	0	0.05	0	1.2	1.2	透水性土	1	0.74	1500	6	9	1000

表 6-8　F7-1 号墩桩基土层特性表

土层层序	土层特性	层底标高 /m	地基容许承载力 /kPa	桩底标高 /m	土层厚度 /m	提供摩擦力土层厚度 /m	τ_i /kPa	桩周长 u/m	桩侧摩阻力 q/kN
1	素填土	-5.7	0		5.7	5.7	0	3.770	0.000
2	粉质黏土	-8.2	160		2.5	2.5	60	3.770	282.800
3	细砂	-11.3	120		3.1	3.1	40	3.770	233.700
4	圆砾	-15	220		3.7	3.7	90	3.770	627.700
5	卵石	-18	300		3	3	120	3.770	678.600
6	中风化泥质粉中岩	-30	1500	-25.2	12	12	400	3.770	5428.800

表 6-9　F7-1 号墩桩基承载力验算表

是否考虑桩尖处土极限承载力	是
桩顶反力/kN	1483.1
桩底土层	粉砂
桩土承载力容许值	1000
桩底支承力/kN	1131
桩自由长度/m	0
桩自由重量/kN	0
桩容重/(kN·m^{-3})	16
桩土重量差/kN	199.5
反力合计/kN	1682.6
桩侧摩阻力所占比例	0.87
桩端承载力所占比例	0.13
承载力富余比例	80.00%
承载力富余值/kN	6700
单桩承载力容许值 $[R_a]$/kN	8382.6
满足	

2）桩身截面强度及裂缝验算

①桩身截面强度验算。

F7-1 号最大水平力为 31 kN，基本组合作用下最小支反力为 720 kN。根据最大水平力、最小竖向力、桩基相关参数及地质条件计算桩身最大弯矩值为 473 kN·m。该截面处的内力：$N = 1010$ kN，$Q = 40.3$ kN，$M = 473$ kN·m。

截面抗力 $N_R = 1810$ kN，大于 N，满足要求。

最小配筋面积 $A_{gmin} = 1700$ mm^2，小于实际配筋面积 A_g（$A_g = 4020$ mm^2），满足要求。

②桩身裂缝验算。

组合 I 作用下：

F7-1 号最大水平力为 31 kN，最小竖向支反力为 1355 kN。根据最大水平力、最小竖向力、桩基相关参数及地质条件计算桩身最大弯矩值为 364 kN·m。

对桩身裂缝进行验算：

长期荷载弯矩 $M = 364$ kN·m；

长期荷载裂缝宽度 $d_f = 0.001$ mm，小于容许裂缝宽度 d_f（$d_f = 0.2$ mm），满足抗裂性验算。

组合 II 或 III 作用下：

F7-1 号最大水平力为 31 kN，最小支反力为 1381 kN。根据最大水平力、最小竖向力、桩基相关参数及地质条件计算桩身最大弯矩值为 364 kN·m。

对桩身裂缝进行验算：

长期荷载弯矩 $M = 364$ kN·m；

长期荷载裂缝宽度 $d_f = 0.002$ mm，小于容许裂缝宽度 d_f（$d_f = 0.25$ mm），满足抗裂性验算。

（2）桩基托换施工阶段旧桩基验算（单桩轴向受压承载力验算）

F7-1 号墩最大支反力为 1381 kN，在施工托换梁后，根据地质资料对桩基竖向承载能力进行验算，如表 6-10、表 6-11、表 6-12 所示。

表 6-10　F7-1 号墩桩基土材料参数表

桩长 /m	孔口标高 /m	地面标高 /m	沉淀土层厚度 /m	桩顶标高 /m	成孔直径 /m	桩径 /m	透水性	m_0	λ	$[f_{a0}]$ /kPa	k_2	γ_2	q_r /kPa
25.2	0	0	0.05	0	1.2	1.2	透水性土	1	0.73	1500	6	9	1000

表 6-11　F7-1 号墩桩基土层特性表

土层层序	土层特性	层底标高 /m	地基容许承载力 /kPa	桩底标高 /m	土层厚度 /m	提供摩擦力土层厚度 /m	τ_i /kPa	桩周长 u/m	桩侧摩阻力 q/kN
1	素填土	-5.7	0		5.7	5.7	0	3.770	0.000
2	粉质黏土	-8.2	160		2.5	2.5	60	3.770	282.800
3	细砂	-11.3	120		3.1	3.1	40	3.770	233.700
4	圆砾	-15	220		3.7	3.7	90	3.770	627.700
5	卵石	-18	300		3	3	120	3.770	678.600
6	中风化泥质粉中岩	-30	1500	-25.2	12	12	400	3.770	5428.800

表 6 – 12 　 F7 – 1 号墩桩基承载力验算表

是否考虑桩尖处土极限承载力	是
桩顶反力/kN	4255
桩底土层	粉砂
桩土承载力容许值/kN	1000.0
桩底支承力/kN	1131
桩自由长度/m	0
桩自由重量/kN	0
桩容重/($kN \cdot m^{-3}$)	16
桩土重量差/kN	199.5
反力合计/kN	4454.5
桩侧摩阻力所占比例	0.87
桩端承载力所占比例	0.13
承载力富余比例	47.00%
承载力富余值/kN	3928.1
单桩承载力容许值[R_a]/kN	8382.6
满足	

6.2 　 桩基托换结构稳定性验算分析

6.2.1 　 分析方法

1. 顶升工况下桩基托换结构分析方法

建立原桩及托换梁空间杆系模型，进行结构离散。根据原桥上部结构计算结果，提取支反力。分别依据托换设计起顶力及设计审核计算起顶力作用下托换梁及梁桩结合部强度是否满足规范要求。

2. 运营阶段桩基托换结构分析方法

总体计算采用空间杆系理论，进行结构离散。

根据托换结构设计资料对托换后的桥梁结构进行建模分析，确定运营状态下的受力状况。根据桩基托换施工流程划分计算阶段，根据规范要求的荷载组合进行内力、应力、位移计算，验算结构在施工、运营阶段的内力、应力及刚度是否符合规范要求。

6.2.2 　 验算内容

对施工阶段及运营阶段新增桩基托换结构的安全性计算复核，主要内容如下：

(1)托换设计顶升力作用下托换梁及桩梁结合部验算

①托换梁中性轴处主拉应力验算。

②托换梁法向压应力验算。

③托换梁受拉区钢筋拉应力验算。

④托换梁 – 旧桩基结合部验算。

（2）设计审核计算顶升力作用下桩基托换结构验算

①托换梁中性轴处主拉应力验算。

②托换梁法向压应力验算。

③托换梁受拉区钢筋拉应力验算。

④托换梁 – 旧桩基结合部验算。

（3）运营阶段桩基托换结构验算

①托换梁正截面强度验算。

②托换新桩轴向受压承载力验算。

③托换新桩桩身截面强度及裂缝验算。

6.2.3　托换设计顶升力作用下桩基托换结构验算（C18 为例）

1.计算参数及材料特性

（1）计算参数

起顶状态下，上部结构交通管制，此状态下，下部结构仅承受永久作用及桩基起顶上部结构支反力包括恒载支反力、沉降及顶升强制位移反力。

结构自重：混凝土容重取为 26 kN/m³。

上部结构支反力：恒载反力 2765 kN。

起顶力：距 C18 桩较近端 4922 kN，距 C18 桩较远端 3987 kN。

（2）荷载组合

组合：自重 + 上部结构支反力 + 托换设计起顶力

（3）材料特性

材料特性对照表如表 6 – 13 所示。

表 6 – 13　材料特性对照表

材料参数		抗压设计值 f_c/MPa	抗拉设计值 f_t/MPa	抗拉强度设计值 f_s/MPa	弹性模量 /MPa
桩基	25#混凝土	11.9	1.27	—	2.85×10^4
托换梁	C35 混凝土	16.7	1.57	—	3.15×10^4
植筋	HRB400 钢筋	—	—	360	2.0×10^5
托换桩	C30 混凝土	13.8	1.39	—	3.0×10^4

2.C18 号桩单点顶升工况桩基托换结构验算

（1）局部顶升工况托换梁结构验算

C17 – 2 和 C18 号桩原桩与托换梁之间位置关系一致，且 C17 – 2 和 C18 号桩桩基直径均为 1.5 m，但 C18 号桩基支反力较大，故选取更不利桩基 C18 建立模型，如图 6 – 7 所示。模型共有 74 个节点，73 个单元，根据实际地质资料，采用"m"法模拟土弹簧刚度，柱顶加载恒载反力，托换梁对应位置加载起顶力。经试算，原桩在桩端消压状态下，托换梁最大剪力位于较近端起顶位置，最大剪力值为 5592 kN，最大弯矩位于桩 – 梁黏结位置，最大弯矩值为 28437 kN·m。模型计算结果如图 6 – 8 ~ 图 6 – 12 所示。

图 6 – 7　C18 号桩计算模型图

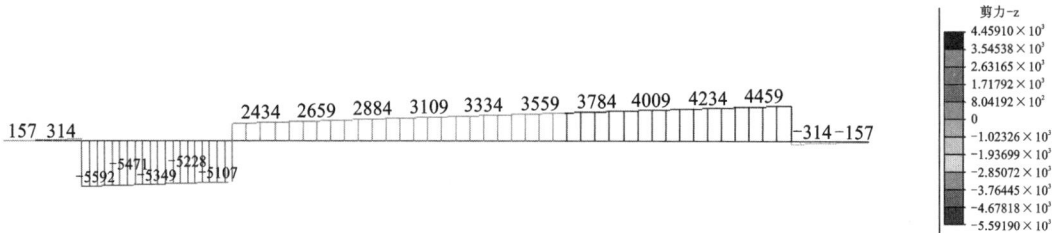

图 6 – 8　托换梁剪力图（单位：kN）

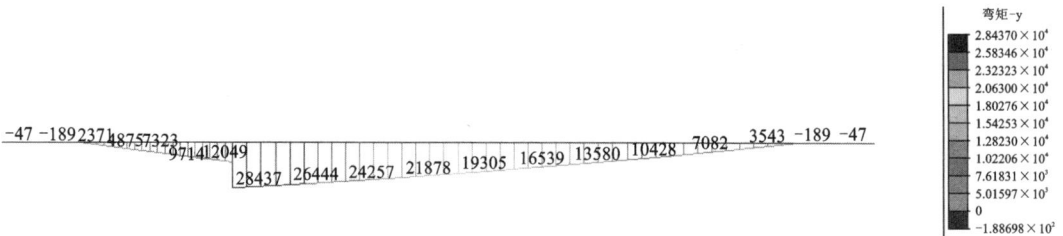

图 6 – 9　托换梁弯矩图（单位：kN·m）

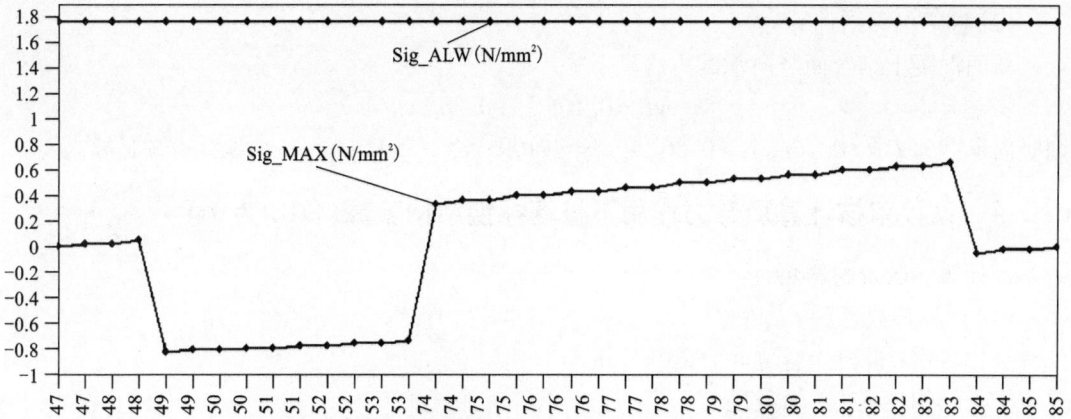

图 6 - 10　托换梁中性轴处主拉应力(单位: MPa)

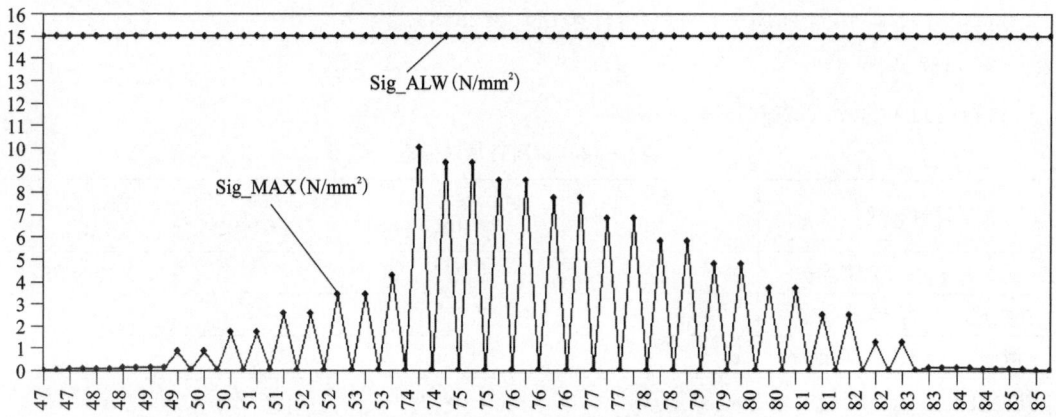

图 6 - 11　托换梁法向压应力(单位: MPa)

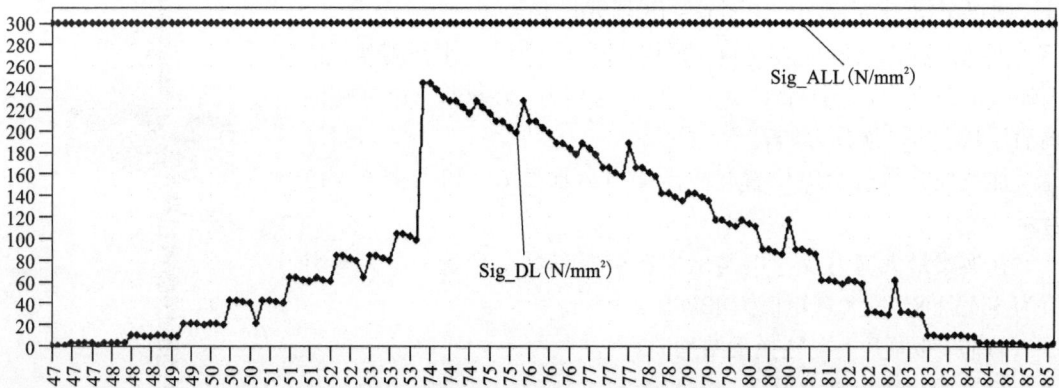

图 6 - 12　托换梁受拉区钢筋拉应力(单位: MPa)

托换梁中性轴处的主拉应力最大值为 0.83 MPa, 小于容许值 1.76 MPa; 法向压应力最大值为 10.0 MPa, 小于容许值 14.976 MPa; 受拉区钢筋最大拉应力为 244 MPa, 小于容许值 300 MPa。综上所述, C17 - 2 和 C18 托换梁顶升工况下结构受力满足规范要求。

（2）桩 - 梁黏结计算

新旧混凝土结合面竖向承载力满足下式：

$$\gamma P = 0.16 f_c A_c + 0.56 f_s A_s$$

则竖向承载力 $P = (0.16 f_{cB} A_c + 0.56 f_s A_s)/\gamma = 21095$ kN > 5592 kN，黏结承载力满足要求。

6.2.4 设计审核计算顶升力作用下桩基托换结构验算（C18 为例）

1. 计算参数及材料特性

（1）计算参数

结构自重：混凝土容重取为 26 kN/m³。

上部结构支反力：恒载反力 2765 kN。

起顶力：距 C18 桩较近端 5312 kN，距 C18 桩较远端 3124 kN。

（2）荷载组合

组合：自重 + 上部结构支反力 + 设计审核计算起顶力

（3）材料特性

材料特性对照表如表 6 - 14 所示。

表 6 - 14   材料特性对照表

材料参数		抗压设计值 f_c/MPa	抗拉设计值 f_t/MPa	抗拉强度设计值 f_s/MPa	弹性模量 /MPa
桩基	25#混凝土	11.9	1.27	—	2.85×10^4
托换梁	C35 混凝土	16.7	1.57	—	3.15×10^4
植筋	HRB400 钢筋	—	—	360	2.0×10^5
托换桩	C30 混凝土	13.8	1.39	—	3.0×10^4

2. C18 号桩单点顶升工况桩基托换结构验算

桩基 C18 建立模型，如图 6 - 13 所示。模型共有 74 个节点，73 个单元，根据实际地质资料，采用"m"法模拟土弹簧刚度，柱顶加载恒载反力，托换梁对应位置加载起顶力，经试算，原桩在桩端消压状态下，顶升力如表 6 - 2 所示。

加载顶升力至对应位置，托换梁内力如图 6 - 14 ~ 图 6 - 15 所示。

托换梁最大剪力及弯矩均出现在桩 - 梁黏结位置，最大剪力值为 3543 kN，最大弯矩值为 13000 kN·m。

（1）局部顶升工况托换梁结构验算

托换梁局部顶升工况下，中性轴处主拉应力、法向压应力及受拉区钢筋拉应力如图 6 - 16 ~ 图 6 - 18 所示。

托换梁中性轴处的主拉应力最大值为 0.53 MPa，小于容许值 1.76 MPa；法向压应力最大值为 6.63 MPa，小于容许值 14.976 MPa；受拉区钢筋最大拉应力为 185 MPa，小于容许值 300 MPa。综上所述，C17 - 2 和 C18 托换梁顶升工况下结构受力满足规范要求。

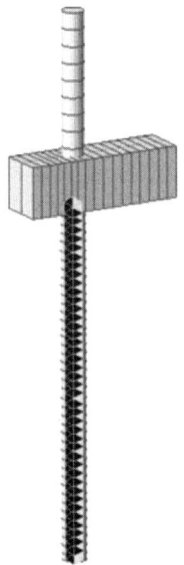

图 6 - 13   单点顶升模型

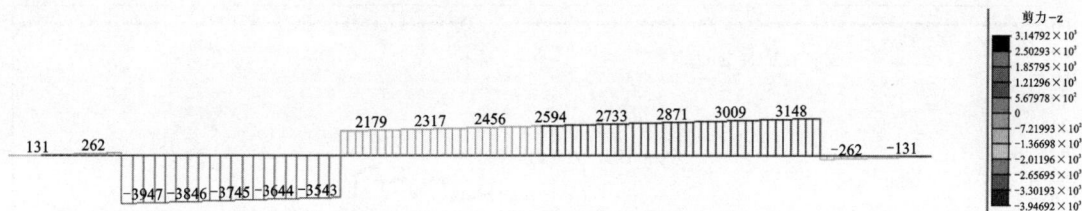

图 6-14　托换梁剪力图(单位: kN)

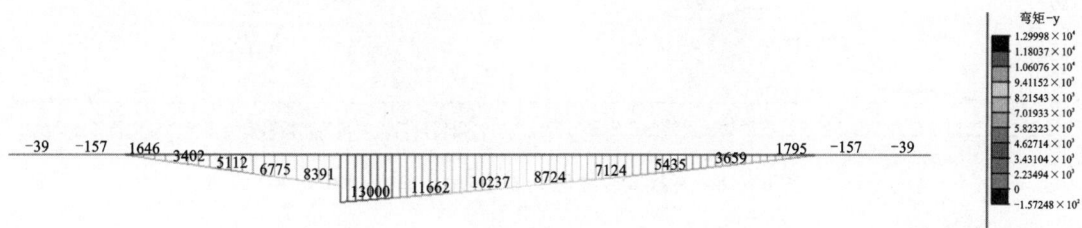

图 6-15　托换梁弯矩图(单位: kN·m)

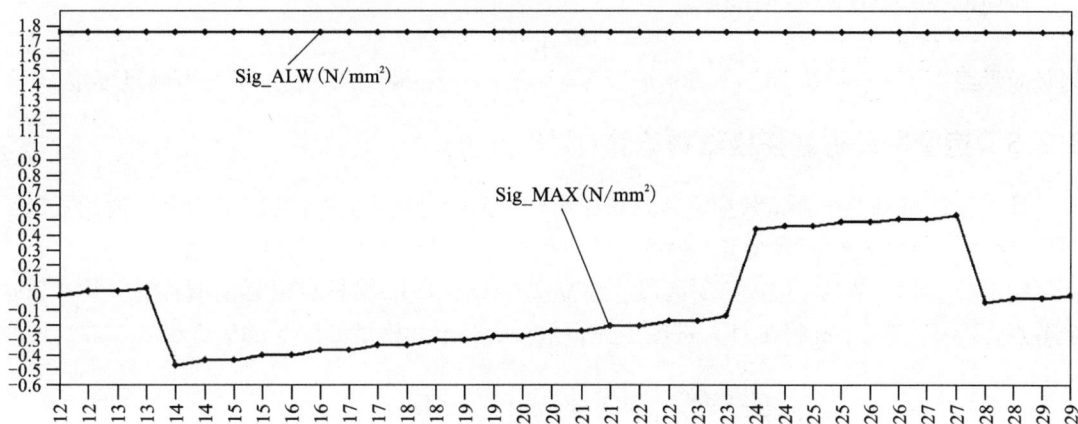

图 6-16　托换梁中性轴处主拉应力(单位: MPa)

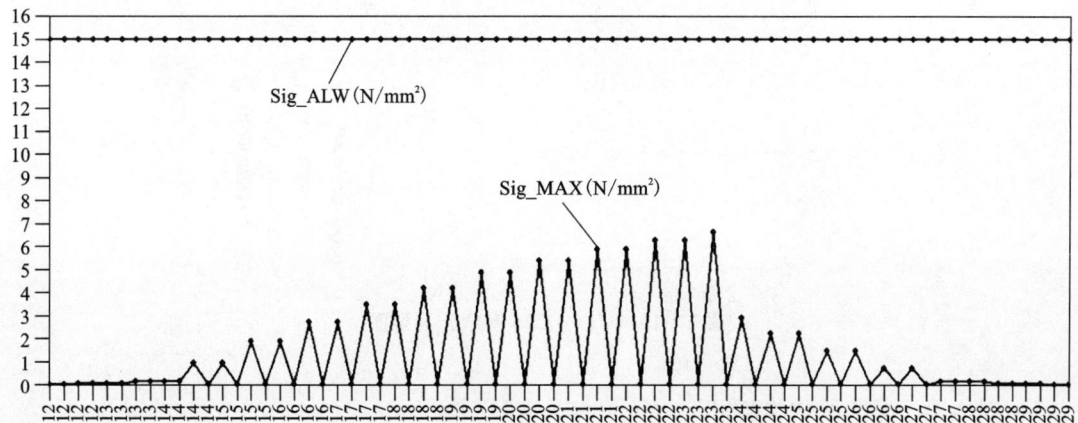

图 6-17　托换梁法向压应力(单位: MPa)

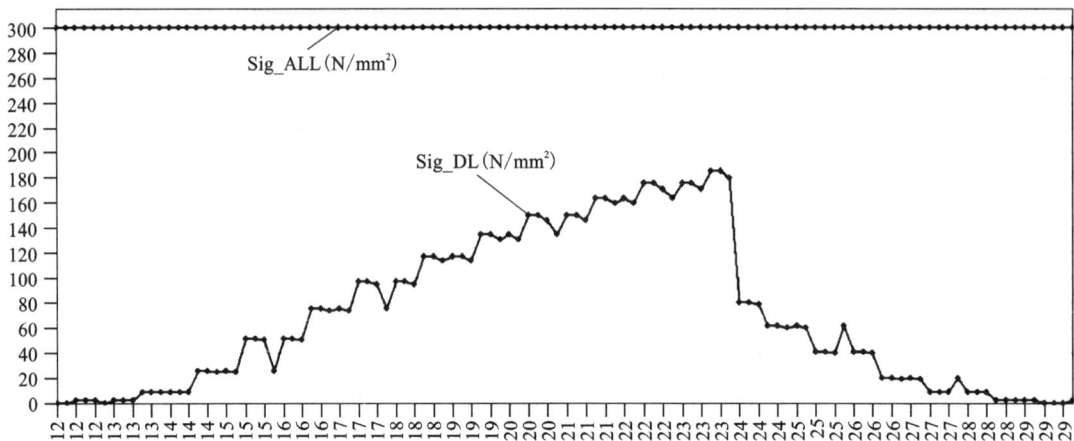

图 6-18　托换梁受拉区钢筋拉应力(单位:MPa)

(2)桩-梁黏结计算

新旧混凝土结合面竖向承载力满足:

$$\gamma P = 0.16 f_c A_c + 0.56 f_s A_s$$

则竖向承载力 $P = (0.16 f_{cB} A_c + 0.56 f_s A_s)/\gamma = 21095 \ kN > 3543 \ kN$,黏结承载力满足要求。

6.2.5　运营阶段桩基托换结构验算(C18 为例)

计入托换桩基的土弹簧效应,考虑非托换桩基的墩身刚度,按《公路桥涵设计通用规范》(JTG D60—2015)进行荷载组合,验算运营阶段桩基托换结构是否满足规范要求。

C18 对应上部结构 C17~C23 区段。建立 MIDAS/CIVIL 梁柱有限元模型,模型共有 366 个节点,350 个单元,托换桩计入桩侧土弹簧效应,有限元模型如图 6-19 所示。

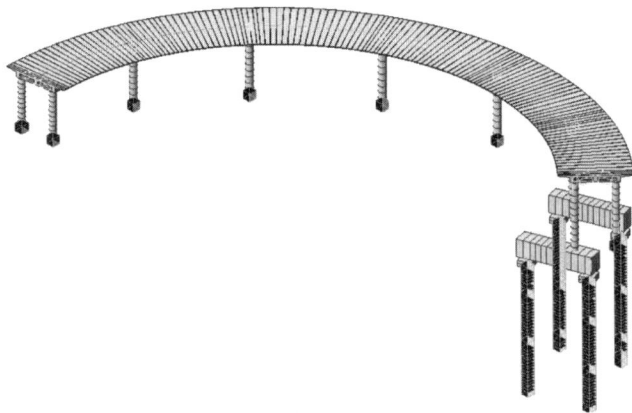

图 6-19　C17-C23 有限元模型图

1.托换梁运营阶段结构验算

经上述计算可知,运营阶段托换梁正截面最大弯矩为 10920 kN·m,对应最大抗弯承载力为 22886 kN·m,正截面抗弯承载能力满足要求;斜截面最大剪力为 4564 kN,对应位置最大抗剪承载力为 9265 kN，斜截面抗剪承载能力满足要求；最大裂缝宽度为 0.1 mm，小于规范容许裂缝宽度 0.2 mm，裂缝宽度满足要求。模型计算结果如图 6-20～图 6-22 所示。

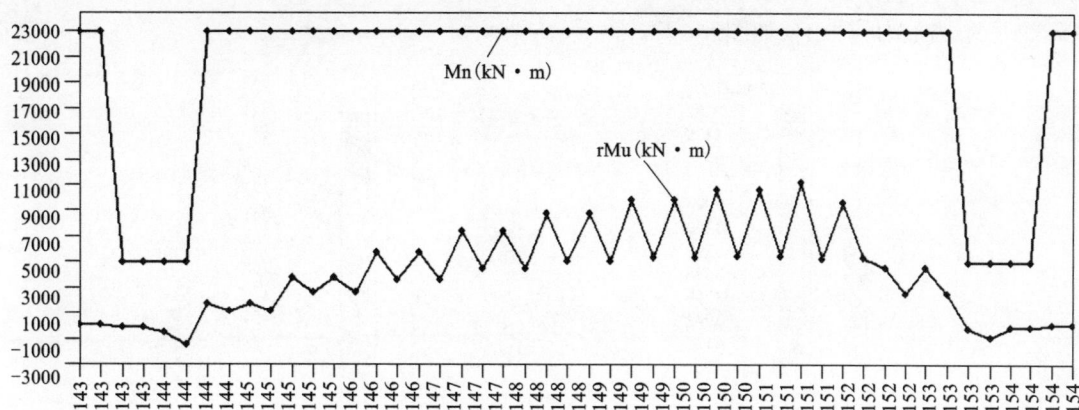

图 6-20　正截面抗弯承载能力包络图(单位：kN·m)

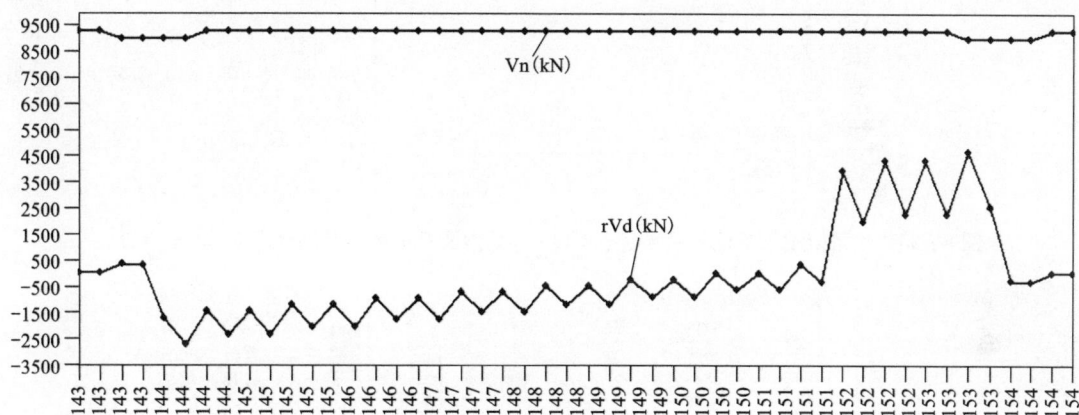

图 6-21　斜截面抗剪承载能力包络图(单位：kN)

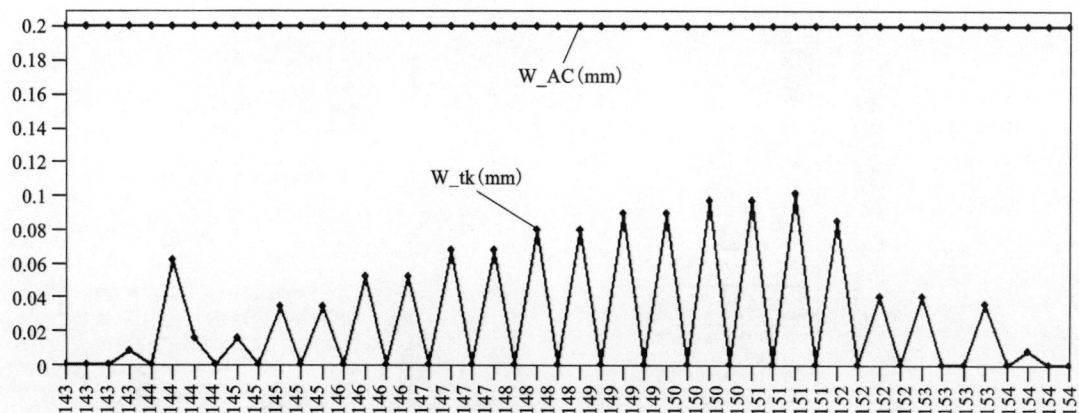

图 6-22　裂缝宽度验算包络图(单位：mm)

2. 托换桩运营阶段结构验算

经计算可知，C18 - 1 桩顶轴力 3584 kN，C18 - 2 桩顶轴力 8269 kN；C18 - 1 轴力最小值为 2306 kN · m，对应弯矩值为 387 kN · m；C18 - 2 轴力最小值为 5128 kN，对应弯矩值为 207 kN · m。模型计算结果如图 6 - 23、图 6 - 24 所示。

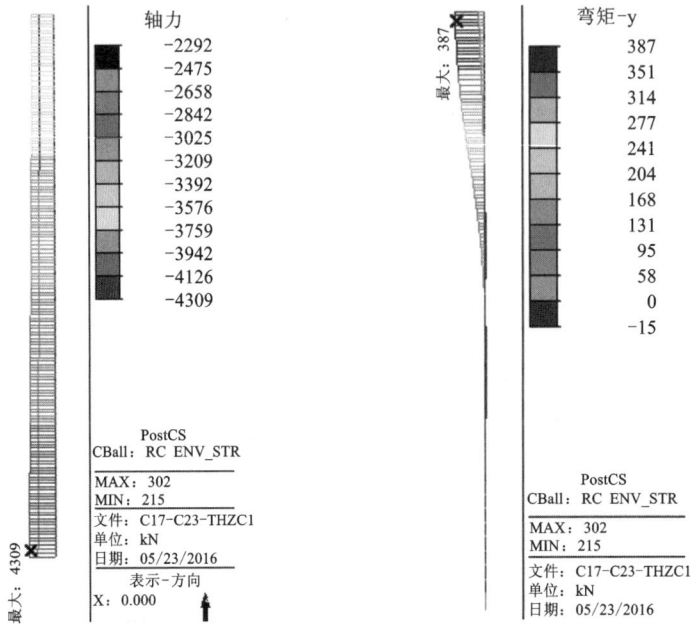

图 6 - 23　运营阶段正常使用极限状态 C18 - 1 轴力及弯矩包络图(单位：kN/kN · m)

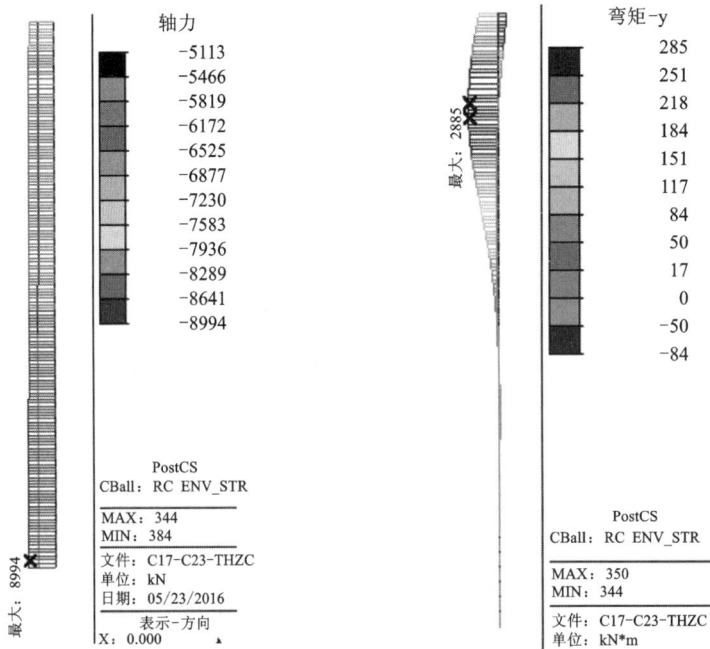

图 6 - 24　运营阶段正常使用极限状态 C18 - 2 轴力及弯矩包络图(单位：kN/kN · m)

托换桩单桩轴向受压承载力验算，如表 6 - 15、表 6 - 16、表 6 - 17，表 6 - 18、表 6 - 19、表 6 - 20 所示。

表 6 - 15　C18 - 1 墩桩基土材料参数表

桩长 /m	孔口标高 /m	地面标高 /m	沉淀土层厚度 /m	桩顶标高 /m	成孔直径 /m	桩径 /m	透水性	m_0	λ	$[f_{a0}]$ /kPa	k_2	γ_2	q_r /kPa
21.06	0	0	0.05	0	1.2	1.2	透水性土	1	0.7	1500	6	9	1450

表 6 - 16　C18 - 1 墩桩基土层特性表

土层层序	土层特性	层底标高 /m	地基容许承载力 /kPa	桩底标高 /m	土层厚度 /m	提供摩擦力土层厚度 /m	τ_i /kPa	桩周长 u/m	桩侧摩阻力 q/kN
1	素填土	0	0		0		0		
2	粉质黏土	-4.77	160		4.77	4.77	60	3.77	539.5
3	细砂	-7.87	120		3.1	3.1	40	3.77	233.7
4	圆砾	-11.57	220		3.7	3.7	90	3.77	627.7
5	卵石	-14.57	300		3	3	120	3.77	678.6
6	中风化泥质粉砂岩	-30	1500	-21.06	15.43	6.49	400	3.77	4893.5

表 6 - 17　C18 - 1 墩桩基承载力验算表

是否考虑桩尖处土极限承载力	是
桩顶反力/kN	3584
桩底土层	中砂、粗砂、砾砂
桩土承载力容许值	1450
桩底支承力/kN	1639.9
桩自由长度/m	0
桩自由重量/kN	0
桩容重/(kN·m⁻³)	16
桩土重量差/kN	166.7
反力合计/kN	3750.7
桩侧摩阻力所占比例	0.81
桩端承载力所占比例	0.19
承载力富余比例	0.56
承载力富余值/kN	4862.2
单桩承载力容许值 $[R_a]$/kN	8612.9
满足	

表 6 – 18　C18 – 2 墩桩基土材料参数表

桩长 /m	孔口标高 /m	地面标高 /m	沉淀土层厚度 /m	桩顶标高 /m	成孔直径 /m	桩径 /m	透水性	m_0	λ	$[f_{a0}]$ /kPa	k_2	γ_2	q_r /kPa
21.06	0	0	0.05	0	1.2	1.2	透水性土	1	0.7	1500	6	9	1450

表 6 – 19　C18 – 2 墩桩基土层特性表

土层层序	土层特性	层底标高 /m	地基容许承载力 /kPa	桩底标高 /m	土层厚度 /m	提供摩擦力土层厚度 /m	τ_i /kPa	桩周长 u/m	桩侧摩阻力 q/kN
1	素填土	0	0		0		0		
2	粉质黏土	−4.77	160		4.77	4.77	60	3.77	539.5
3	细砂	−7.87	120		3.1	3.1	40	3.77	233.7
4	圆砾	−11.57	220		3.7	3.7	90	3.77	627.7
5	卵石	−14.57	300		3	3	120	3.77	678.6
6	中风化泥质粉砂岩	−30	1500	−21.06	15.43	6.49	400	3.77	4893.5

表 6 – 20　C18 – 1 墩桩基承载力验算表

是否考虑桩尖处土极限承载力	是
桩顶反力/kN	8269
桩底土层	中砂、粗砂、砾砂
桩土承载力容许值	1450
桩底支承力/kN	1639.9
桩自由长度/m	0
桩自由重量/kN	0
桩容重/(kN·m⁻³)	16
桩土重量差/kN	166.7
反力合计/kN	8435.7
桩侧摩阻力所占比例	0.81
桩端承载力所占比例	0.19
承载力富余比例	0.02
承载力富余值/kN	177.2
单桩承载力容许值$[R_a]$/kN	8612.9
满足	

6.3　本章小结

通过建立原桩及托换梁空间杆系模型，进行结构离散。对施工阶段及运营阶段新增桩基托换结构的安全性计算复核，根据原桥上部结构计算结果，提取支反力，分别验算设计，计算起顶力作用下和运营阶段托换梁及梁桩结合部强度。经验算结果符合要求。

第 7 章

桥梁独柱独桩基础托换施工技术

基于上述桥梁独柱独桩基础托换方案设计及对国内外现行桩基托换技术的调研情况，结合本项目桩基所处的社会环境、独柱独桩结构自身的特点、桩基分布位置与地下管线之间的关系、托换桩基对应的地质情况等，得出本项目独柱独桩基础托换施工技术的关键为临时钢支撑体系施工技术和桩基托换施工技术。

7.1 临时钢支撑体系施工技术

临时钢支撑体系的主要作用是在原桩失去承载力时，临时承担上部结构桥梁箱梁的重量，此结构需要考虑承载力、刚度及稳定性，保证梁体在紧急状态下的受力状态不变。

7.1.1 独立阶梯形扩大基础施工技术

1. 独立阶梯形扩大基础设计

对于坐落在 C17 - 2 的基坑围护桩冠梁上的钢支撑，设置下部结构尺寸为 2000 mm × 1000 mm × 600 mm、上部结构尺寸为 1000 mm × 1000 mm × 600 mm 的 1 型阶梯形承台作为钢支撑的基础，基础与冠梁之间采用 400 mm × 400 mm 梅花形植筋连接。未坐落在冠梁上的钢支撑基础采用高压旋喷加固地层（水泥掺量为 30%，加固深度为 7 m，实桩长为 6.2 m），设置下部结构尺寸为 2000 mm × 2000 mm × 800 mm、上部结构尺寸为 1000 mm × 1000 mm × 800 mm 的 2 型阶梯形承台为钢支撑基础。

C18 不具备设立四根钢支撑的条件，采用 φ800 mm 钢支撑，设置三角支撑体系。由于 C18 基坑冠梁位于地表以下 1.5 m，拟破除挡土墙，在冠梁上设置下部结构尺寸为 3000 mm × 1000 mm × 800 mm、上部结构尺寸为 1500 mm × 1000 mm × 800 mm 的 3 型阶梯形承台为基础，未坐落在冠梁上的钢支撑基础采用高压旋喷加固地层（水泥掺量为 30%，加固深度为 7 m），设置结构尺寸为 2000 mm × 2000 mm × 800 mm 的 4 型方形承台。剩余 C15、F5、F7 - 1、F8、F9 桩基临时钢支撑支座均布设于基坑冠梁位置。

C17 - 2、C18 基础设置类型平面示意图详见图 7 - 1。

C17 - 2、C18 独立阶梯形扩大基础设计详见图 7 - 2、图 7 - 3、图 7 - 4、图 7 - 5。

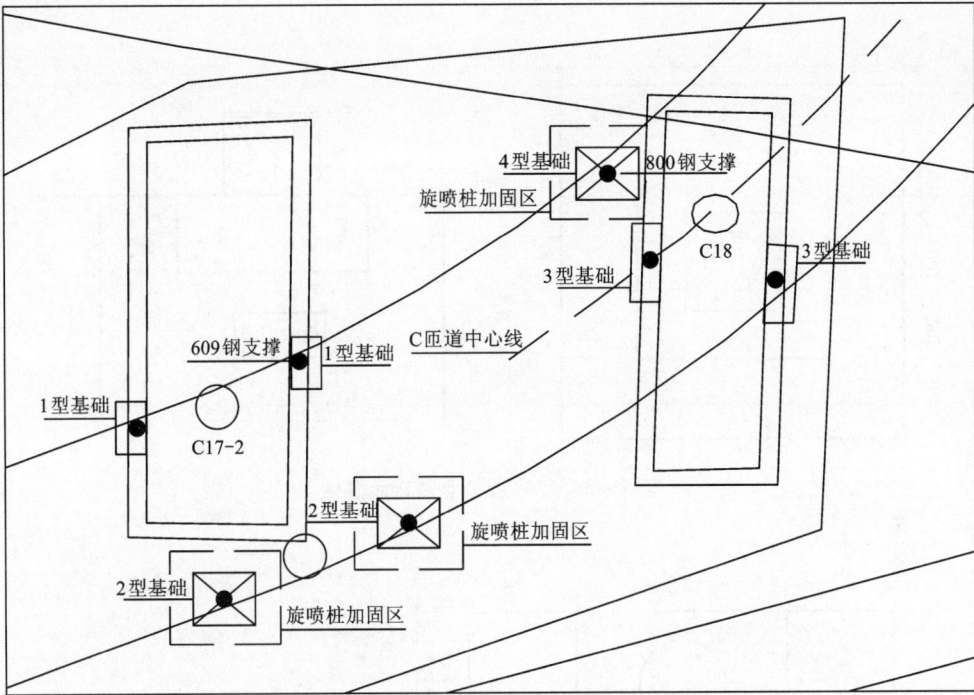

图 7 - 1　C17 - 2、C18 基础设置类型平面示意图

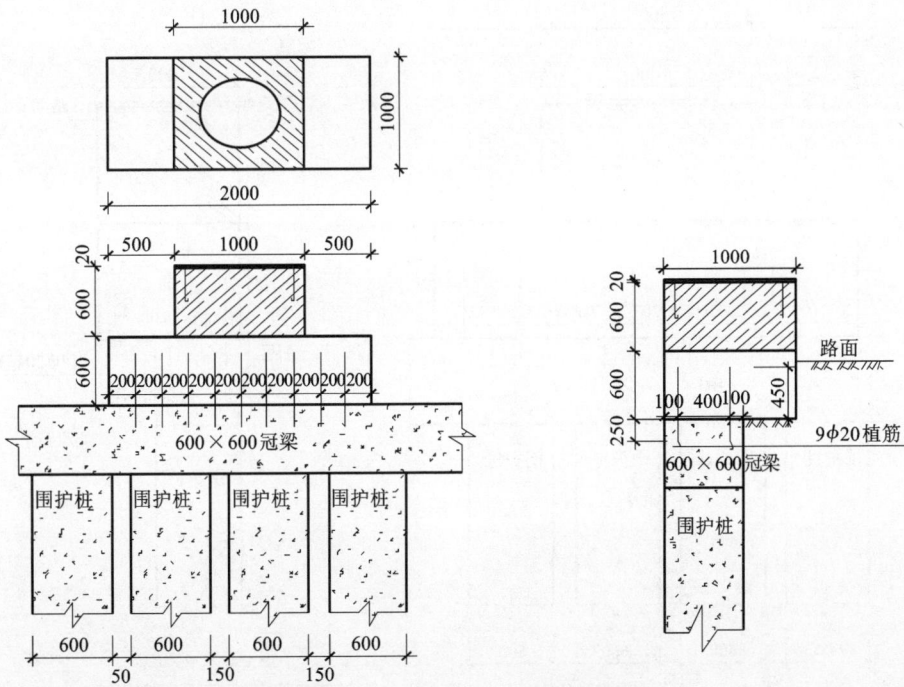

图 7 - 2　C17 - 2 1 型基础示意图

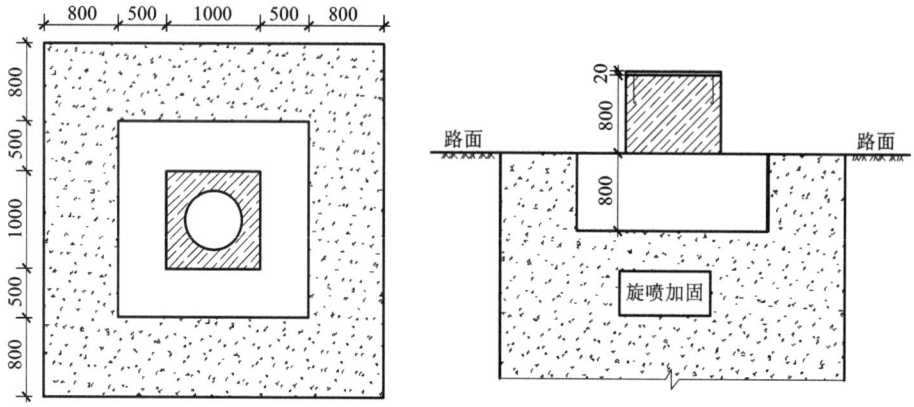

图 7 - 3　C17 - 2 2 型基础示意图

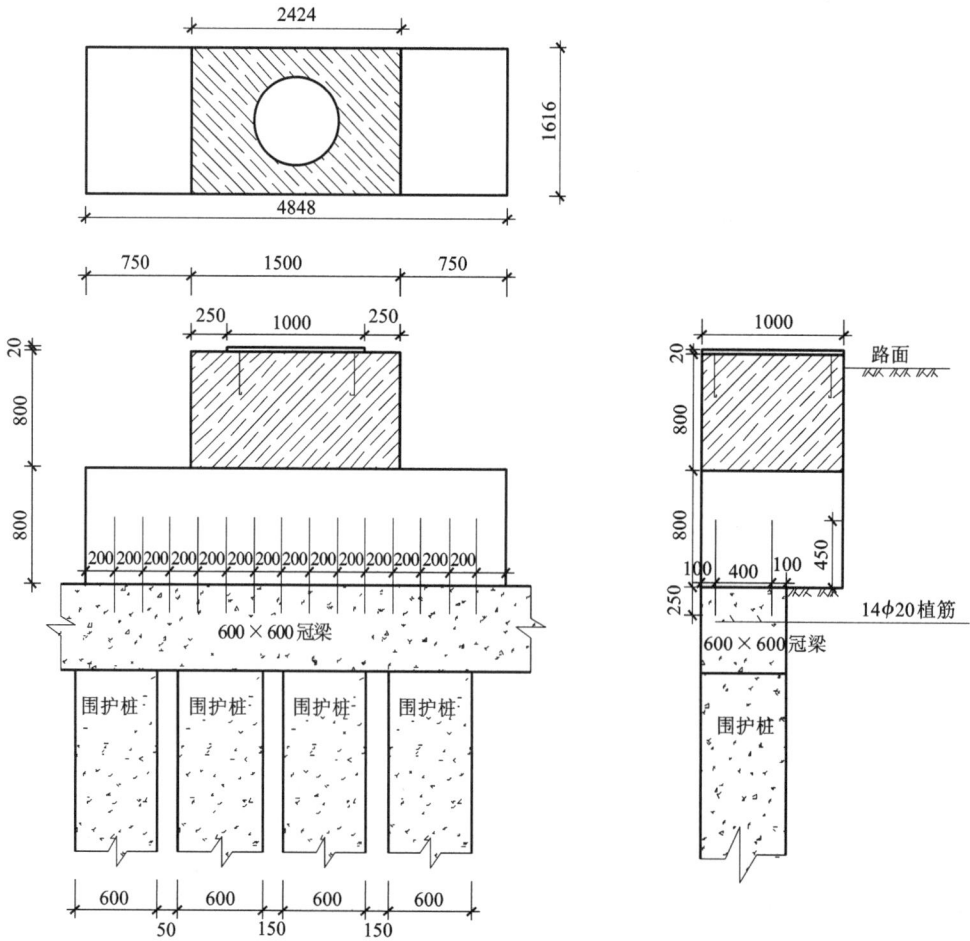

图 7 - 4　C18 3 型基础示意图

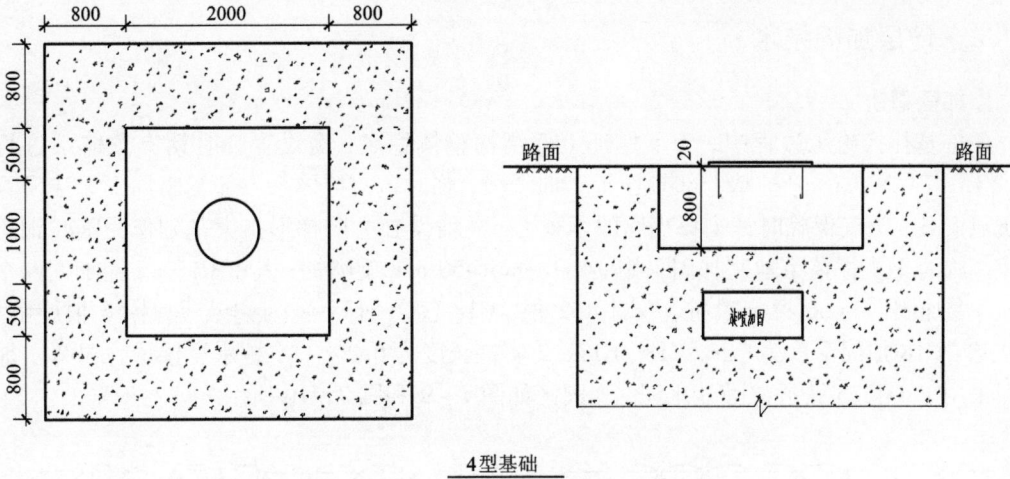

4型基础

图 7 - 5　C18 4 型基础示意图

2. 独立阶梯形扩大基础配筋及预埋件安装

承台基础钢筋全部采用 HRB400C14 钢筋制作，钢筋间距为 200 mm，可根据现场实际施工情况调整间距，保证钢筋混凝土保护层厚度为 50 mm，基础与冠梁采用 C20 钢筋植筋连接。基础上部预埋尺寸为 1000 mm×1000 mm 的预埋件，施工过程中在钢板上方设置振捣孔。基础配筋详见图 7-6，基础预埋件安装详见图 7-7。

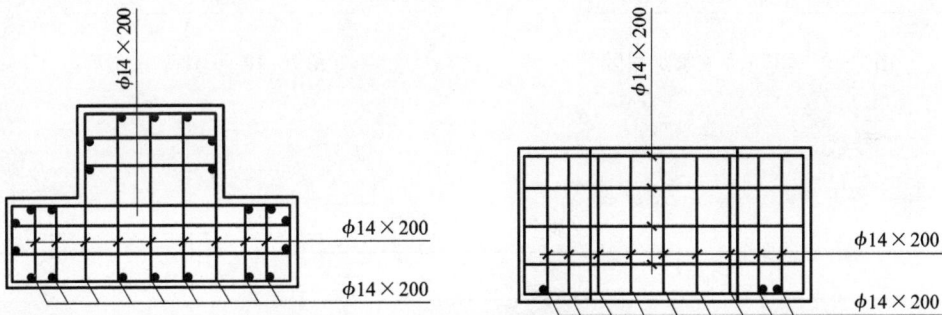

图 7 - 6　1 型、2 型、3 型、4 型基础配筋大样图

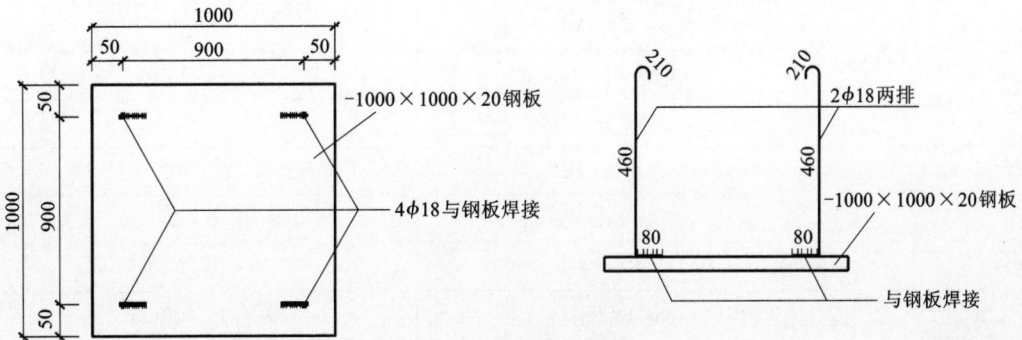

图 7 - 7　预埋件大样图

7.1.2 地层加固技术

1.加固概况

在桩基托换施工过程中,为了保证上部结构整体稳定,需设置临时钢支撑体系进行支护,但 C17 - 2、C18 号桩基上部 C 匝道为曲线段,临时钢支撑体系下部支座局部无法设置于基坑冠梁处,为确保临时钢支撑支座的承载力,需增设独立阶梯形扩大基础作为临时钢支撑支座。临时钢支撑体系地基加固采用 ϕ600 mm × 450 mm 旋喷桩,其中 C17 - 2 需加固两个区域,每个加固区为 66 根旋喷桩,总计 132 根,C18 仅需加固一个区域,总计 56 根旋喷桩。C17 - 2、C18 加固深度为 7 m,C18、C17 - 2 实桩长度为 6.2 m,实桩水泥掺量为 30%,加固水泥采用 P.O42.5 普通硅酸盐水泥,加固区如图 7 - 9 和图 7 - 10 所示。

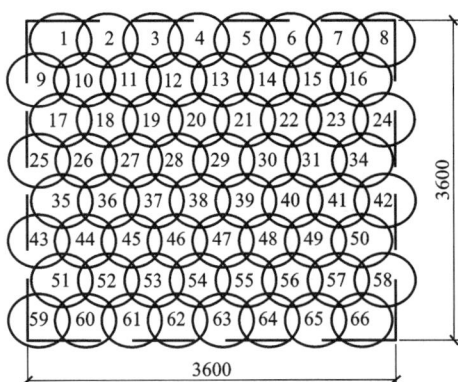

图 7 - 9　C17 - 2 旋喷加固区

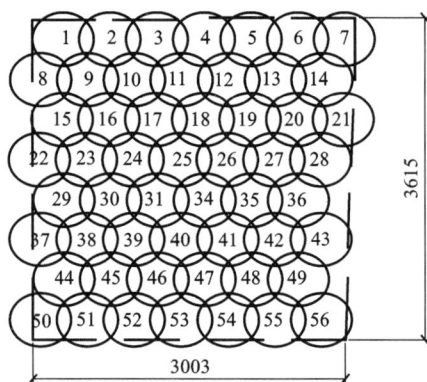

图 7 - 10　C18 旋喷加固区

2.施工参数

施工参数见表 7 - 1。

表 7 - 1　施工参数

项目		技术参数
压缩空气	气压/MPa	0.5 ~ 0.8
	气量/(m³ · min⁻¹)	0.5 ~ 2.0
水	压力/MPa	20 ~ 30
	流量/(L · min⁻¹)	70 ~ 120
	喷嘴直径/mm	3
水泥浆	压力/MPa	0.3 ~ 2
	流量/(L · min⁻¹)	40 ~ 60
水灰比(采用 P.O42.5 水泥)		1:1
提升速度/(cm · min⁻¹)		15 ~ 20
旋转速度/(r · min⁻¹)		10 ~ 20

3. 施工流程

施工流程见图 7 - 11。

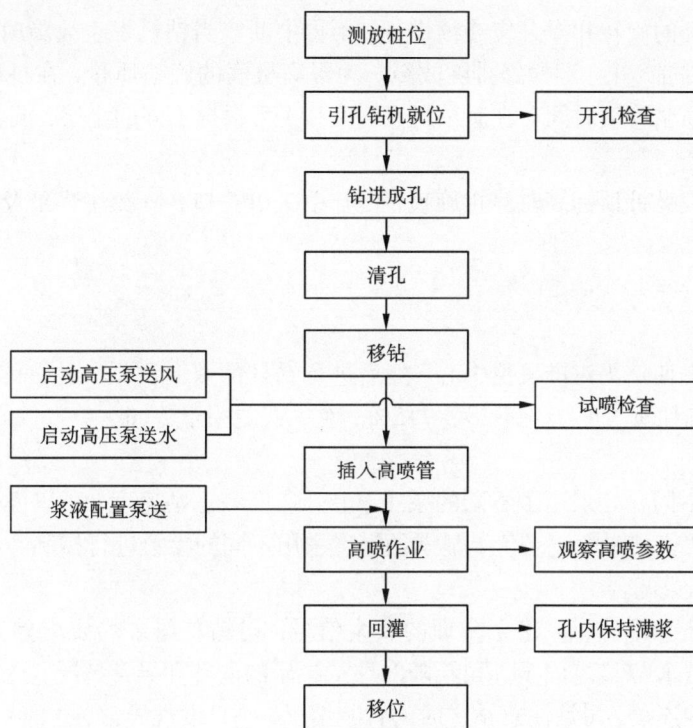

图 7 - 11　施工流程

4. 施工工法

（1）桩位放样

施工前用全站仪测定旋喷桩施工的控制点，经过复测验线合格后，用钢尺和测线实地布设桩位，并用木签（或钢筋）钉紧，一桩一签，保证桩孔中心移位偏差小于 50 mm。

（2）钻机就位

钻机就位后，对桩机进行调平、对中，调整桩机的垂直度，保证钻杆与桩位一致并确保误差在允许范围内。钻孔前应调试空压机、泥浆泵，使设备运转正常；校验钻杆长度，并用红油漆在钻塔旁标注深度线，保证孔底标高满足设计深度。

（3）引孔钻进

钻机施工前，首先在地面进行试钻，在钻孔机械试运转正常后，开始引孔钻进。钻孔过程中要详细记录好钻杆节数，保证钻孔深度的准确。

（4）拔出岩芯管、插入注浆管

引孔至设计深度后，拔出岩芯管，并换上喷射注浆管插入预定深度。在插管过程中，为防止泥砂堵塞喷嘴，边射水边插管，水压不得超过 1 MPa，以免压力过高将孔壁射穿，高压水喷嘴要用塑料布包裹，以防泥土进入管内。

（5）旋喷提升

当喷射注浆管插入至设计深度后，接通泥浆泵，然后由下向上旋喷，同时将泥浆清理排出。喷射时，先达到预定的喷射压力，喷浆后再逐渐提升旋喷管，以防扭断旋喷管。为保证桩底的旋喷质量，喷嘴下沉到设计深度时，在此位置旋转 1～3 min，待孔口冒浆正常后再旋喷提升。其中钻杆的旋转和提升应连续进行，不得中断。当钻机发生故障时，应停止提升钻杆和旋转，以防断桩，并立即检修排除故障。为提高桩底的旋喷质量，在桩底 1.0 m 范围内应适当增加钻杆喷浆旋喷时间。在旋喷提升过程中，可根据不同的土层，调整旋喷参数。

（6）钻机移位

旋喷提升到设计桩顶标高时停止旋喷，提升钻头出孔口，清洗注浆泵及输送管道，然后将钻机移位。

5. 工法控制要点

（1）定位

钻机就位时先使钻头对准桩位中心，然后进行钻杆的双向调平，之后再次调整对中，最后再精确调平，确保垂直度误差不超过 1.5%，对中误差小于 2 cm。

（2）钻进操作

由于在桩身不同深处采用了不同的泵压、上升速度和下钻速度，所以操作人员应熟悉操作及施工工序，严格按深度记录仪上显示的深度采用不同的参数进行控制。

（3）送浆与钻进配合

司泵与司钻密切配合，并建立合理的联络信号，司钻与司泵均要求熟知施工工序及参数，要求钻进与送水（灰浆）同步。司泵随时注意泵压的调整和异常情况，送水与送灰浆切换迅速，保持送液的连续，司钻注意钻进时的冒浆情况，一旦发现异常，立即采取有效措施，这是成桩质量控制的关键，应予以特别注意并加强管理。

（4）灰浆的制作

选用优质 P.O42.5 水泥，水灰比为 1:1，根据每根桩的灰浆用量提前制作，并充分搅拌，搅拌时间少于 15 min 的不可使用，超过初凝时间的浆液也不可使用；灰浆应经过两道过滤网的过滤，以防喷嘴发生堵塞；抽入储浆桶内的灰浆要不停地搅拌。

6. 质量标准

旋喷桩施工质量标准如表 7-2 所示。

表 7-2　旋喷桩施工质量标准

序号	项目名称	技术标准	检查方法
1	钻孔垂直度允许偏差/%	≤1.5	实测或全站仪测钻杆
2	钻孔位置允许偏差/mm	50	尺量
3	钻孔深度允许偏差/mm	±200	尺量
4	桩体直径允许偏差/mm	≤50	开挖后尺量
5	桩身中心允许偏差/mm	≤0.2D（D 为设计桩径）	开挖桩顶下 500 mm 处用尺量
6	水泥土强度/MPa	$q_u(28) \geq 0.5 \sim 0.8$	取芯试验检验
7	水灰比	1:1	试验检验

7.1.3　临时钢支撑体系架设

1. 临时钢支撑体系组成

临时钢支撑体系由直径为 609 mm 的钢管支撑(C17 - 2 基坑)和直径为 800 mm 钢管支撑(C18 基坑)、临时垫块以及水平连杆等组成。每个墩柱顶升支撑的主体采用直径为 609 mm 和 800 mm 的钢管作为支撑杆。每根钢管支撑下部通过预埋钢板与承台连接。根据支撑高度及受力特性,钢支撑体系的横向连接采用工 200 型钢设置两道水平连杆和一道剪力支撑。

2. 钢支撑体系架设工序

(1)施工流程

支撑安装前先在地面进行预拼接,检查支撑的平直度、挠度,经检查合格的支撑按部位进行编号以免错用。

施工流程为:测量放线→钢支撑拼装→钢支撑架设→钢支撑加固。

(2)测量放线

基础灌注前测量放线,加工预埋件,混凝土基座灌注前复核。

(3)预埋件

将支撑位置处的混凝土基座预埋钢板混凝土进行凿毛找平。

(4)支撑拼装

钢支撑每节之间采用法兰盘螺栓连接,螺栓采用高强度螺栓,以保证满足受力要求。钢管直径为 609 mm(ϕ800 mm),壁厚为 16 mm。钢管支撑在施工场地上按照设计高度拼装成整根,钢管活络头设置在底部。钢支撑连接示意图如图 7 - 12 所示。

(5)支撑安装

拼装完成的钢管支撑用吊车、挖机吊装就位,与预埋件连接、固定。然后调整活动端头,使钢支撑顶部升至桥面后,用钢楔子楔紧。最后按设计要求开始焊接支撑底座、连杆等以进行加固,施工人员在升降车中上下焊接,并以挖机配合。

钢支撑上下两端设置牵引绳,防止吊装过程中钢支撑出现摇摆,碰坏原墩柱。钢支撑安装实景如图 7 - 13 所示。

图 7 - 12　钢支撑连接示意图

(6)钢支撑施加预应力

支撑采用直径为 609(ϕ800 mm)、壁厚为 16 mm 的钢管,并采用标定的组合液压站施加支撑轴力,使钢支撑紧贴桥底并达到微受力状态。为防止桥底面不平,钢支撑不与桥底直接接触，在连接处布置垫板式橡胶支座，避免因桥面不平造成受力不均匀。钢支撑与桥梁箱涵连接点示意图如图 7 – 14 所示。

图 7 – 13　钢支撑安装实景

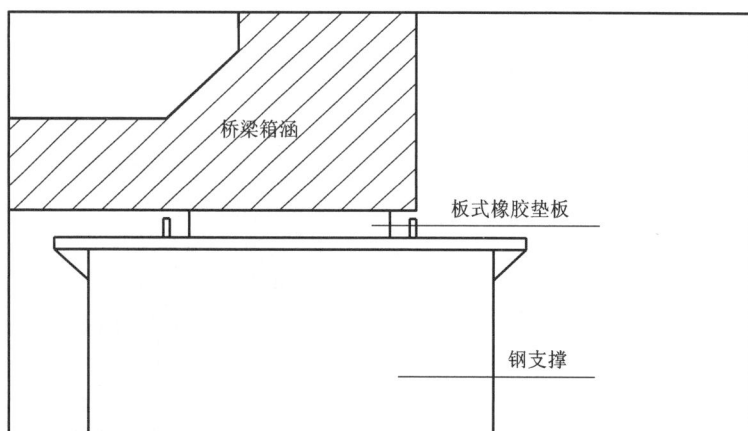

图 7 – 14　钢支撑与桥梁箱涵连接点示意图

钢支撑架设顶升力控制注意事项：

①顶升过程中时刻注意支撑应力监测数据，一旦出现应力应马上停止施加顶升力。

②顶升期间禁止松开吊装绳索，防止钢支撑因千斤顶的顶升力不均导致倾覆。

③顶升之前设置专人复核顶升高度，并按照最终顶升高度设置限位器。

（7）水平连杆的选用

根据支撑高度及受力特性，钢支撑体系采用工 200 型钢水平连杆和一道剪力支撑。设置两道。钢支撑水平连接杆及剪力支撑安装示意图如图 7 – 15 所示。

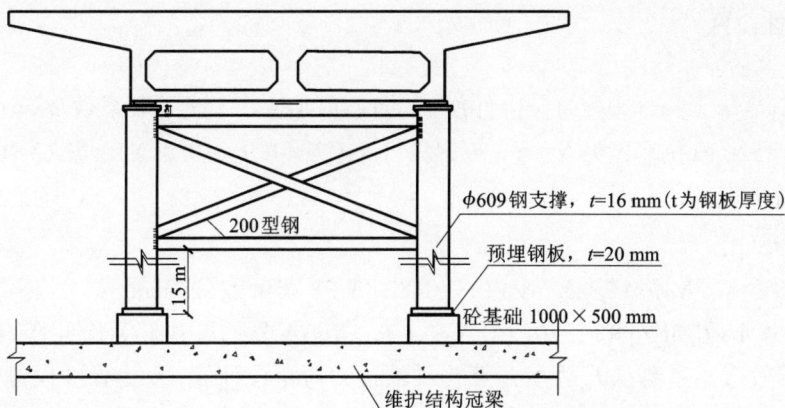

图 7 – 15　钢支撑平水连接杆及剪力支撑安装示意图

7.1.4　临时钢支撑体系稳定性验算(增加体系的稳定性验算部分)

1. 独立阶梯形扩大基础承载力验算

地基承载力验算包括以下三个部分:

①持力层强度验算:

$$\sigma_{max} = \frac{N}{A} + \frac{M}{W} \leqslant [\sigma]$$

$$\sigma_{min} = \frac{N}{A} - \frac{M}{W} \leqslant [\sigma]$$

式中:σ_{max} 为持力层承受的最大压应力;σ_{min} 为持力层承受的最小压应力;$[\sigma]$ 为持力层的允许承受应力;N 为轴心压力或轴心拉力;A 为截面面积;M 为构件受到的弯矩;W 为截面抵抗矩。

②软弱下卧层验算:

$$\sigma_{h+z} = \gamma_1(h+z) + \alpha(\sigma - \gamma_2 h) \leqslant [\sigma]_{h+z}$$

式中:σ_{h+z} 为持力层顶面处的承载力允许值;$[\sigma]_{h+z}$ 为软弱下卧层顶面处地基承载力允许值;γ_1 为深度 $h+z$ 以内土的换算重度;γ_2 为深度 h 以内的土层换算重度;h 为基底埋置深度;z 为从基底到软弱土层顶面的距离;α 为基底中心下土中附加压应力系数。

③地基容许承载力的确定。

2. 钢支撑体系受力及整体稳定性验算

(1)局部稳定性验算:

①腹板的高度与厚度比(h_0/t_w)验算,$h_0/t_w \leqslant (25 + 0.5\lambda_x) \times (235/f_y)$,满足要求。其中 λ 为构件长细比;f_y 为钢材的抗弯强度设计值;λ_x 为构件对 x 轴的长细比。

②翼缘的宽度与厚度比(b/t)验算,$b/t \leqslant (10 + 0.1\lambda_x) \times (235/f_y)$,满足要求。

(2)刚度验算

构件容许长细比$[\lambda] = 200$,$[\lambda_x, \lambda_y]_{Max} \leqslant [\lambda]$,满足要求。其中 λ_y 为构件弯矩平面外的长细比。

(3)强度验算

$N/A + M/\gamma W = 56.34(\text{N/mm}^2)$,$N/A + M/\gamma W \leqslant f$,满足要求。其中 γ 为截面塑性发展系数;f 为钢材的抗弯强度设计值。

（4）稳定性验算

①弯矩平面内。

$\lambda'_x = (f/E)^{1/2} \times \lambda_x/\pi = 0.491$，构件所属的截面类型为 a 类，取系数 $a_1 = 0.410$，$a_2 = 0.986$，$a_3 = 0.152$，欧拉临界力 $N_{Ex} = \pi^2 EA/(1.1 \times \lambda_x^2) = 1.9 \times 10^4 (kN)$，当 $\lambda'_x > 0.215$ 时，稳定系数 $\psi_x = \{(a_2 + a_3\lambda'_x + \lambda'^2_x) - [(a_2 + a_3\lambda'_x + \lambda'^2_x)^2 - 4\lambda'^2_x]^{1/2}\}/2\lambda'^2_x$；当 $\lambda'_x \leqslant 0.215$ 时，稳定系数 $\psi_x = 1 - a_1\lambda'^2_x$。

$$N/\psi_x A + \beta_m M_x/\gamma W(1 - 0.8N/N_{Ex}) = 59.92(N/mm^2)$$

验算：$N/\psi_x A + \beta_m M_x/\gamma W(1 - 0.8N/N_{Ex}) \leqslant f$，满足要求。其中 λ' 为构件弯矩平面内的长细比；β_m 为等效弯矩系数；M_x 为所计算构件的最大弯矩设计值；E 为弹性模量；N_{EX} 为欧拉临界力。

②弯矩平面处

$\lambda'_v = (f/E)^{1/2} \times \lambda_v/\pi = 0.852$，当 $\lambda'_v > 0.215$ 时，稳定系数 $\psi_v = \{(a_2 + a_3\lambda'_v + \lambda'^2_v) - [(a_2 + a_3\lambda'_v + \lambda'^2_v)^2 - 4\lambda'^2_v]^{1/2}\}/2\lambda'^2_v = 0.788$；当 $\lambda'_v \leqslant 0.215$ 时稳定系数 $\psi_v = 1 - a_1\lambda'^2_v = 1.15$。

$N/\psi_v A + 0.7M_x/W = 48.83(N/mm^2)$

验算：$N/\psi_v A + 0.7M_x/W \leqslant f$，满足要求。其中 λ'_v 为构件弯矩平面处的长细比。

3. 验算结果

通过计算可知：

①独立阶梯形扩大基础承载力满足要求。

②钢支撑体系受力及整体稳定性满足要求。

7.2 桩基托换施工技术

因八一大桥南引桥为单桩单柱嵌岩桩，考虑到周围地质条件，托换方法选择桩式托换法。同时考虑到八一大桥作为南昌市重要的交通枢纽，且具有桥身自重大、交通流量大、结构对变形要求严格等特点，桩基托换采用主动托换方式。托换结构形式采用技术相对成熟的"托换新桩 + 托换大梁"组成的"门字架托换体系"。

7.2.1 托换新桩施工

1. 托换新桩设计

本工程共涉及 7 根被托换桩，其孔径分为 1200 mm、1500 mm 两种，孔深约为 25 m。托换新桩由直径 1.2 m 的两根钻孔灌注桩组成，采用 C35 水下混凝土灌注。托换新桩设计效果图如图 7 - 16 所示。

基坑围护桩桩径设计为 600 mm，采用反循环成孔，水下混凝土灌注。

2. 托换新桩施工工艺流程

托换新桩施工工艺流程图如图 7 - 17 所示。

3. 施工准备

①熟悉并掌握相关的设计图纸、施工规范要求、图纸会审记录、设计变更图纸及岩土工程勘察报告等资料。

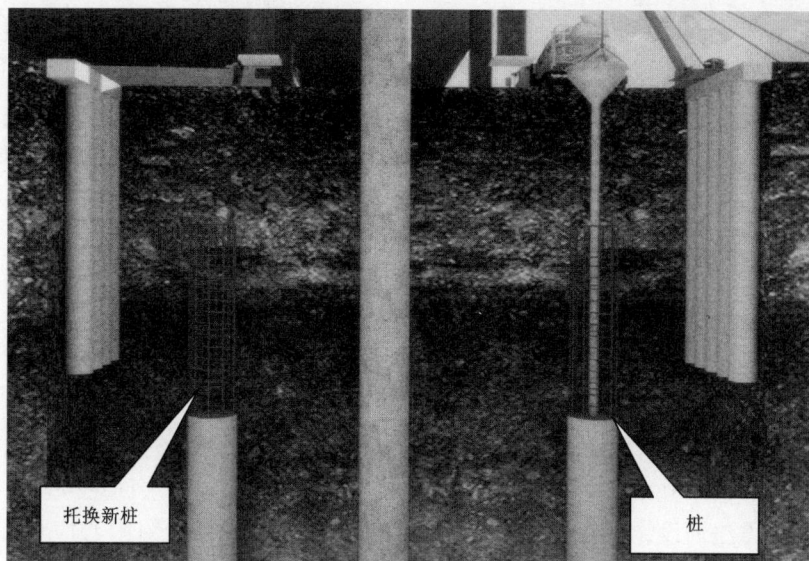

图 7 - 16　托换新桩设计效果图

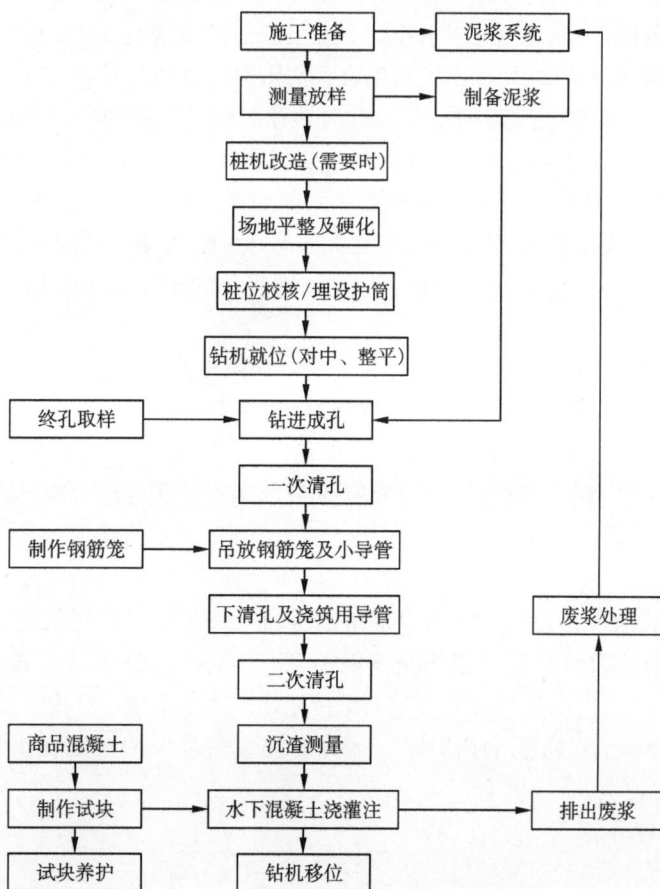

图 7 - 17　托换新桩施工工艺流程图

②场地平整夯实，确保施工过程中桩机的稳定，避免因桩机移位导致桩的偏孔。

③根据桩位平面设计图的坐标和高程控制点标高进行轴位放线，定出桩位并固定。随后检查并复核各桩位轴线设计参数，并经甲方、监理等有关单位验收合格。

④施工材料、人员、机械设备及各种工具提前进场，临水、临电设施架设或铺设完成。

⑤做好施工现场的排水系统及浆池、浆沟的开挖工作。施工污水须经沉淀池处理后才可排出。同时，做好施工现场的安全围挡和文明施工等工作。

4.测量定位

用全站仪测放桩位，桩位中心插一定位桩，四周各打一根控制桩来控制桩位中心，用砂浆固定控制桩，经复核合格后方可进入下道工序。

5.埋设护筒

护筒采用 6 mm 厚的钢板加工制成，高度为 1.5 m，其直径比桩孔直径大 200 mm，并在护筒上部设有两个溢浆孔。校核桩位中心后，在护筒四周用黏土分层回填夯实，护筒采用人工挖埋及锤击的方法埋设，埋入土内 1.2 m 并高出地面 0.3 m。护筒中心应与桩中心重合，平面偏位误差小于 5 cm，倾斜度的偏差小于 1%。

6.钻孔

钻机垫平就位后，对所有机具进行检查，根据地质资料绘制钻孔断面图并在现场粘贴。钻进过程中，随时调整泥浆密度和钻进速度以确保钻孔正常进行。当两桩距离在 5 m 内时，应等待该桩混凝土灌注完成 24 h 后再进行钻孔，钻孔中随时做好钻孔记录。在交接班时应注意交接钻进情况及下一班的注意事项，并经常对钻孔泥浆进行检测和试验。施工过程中应经常注意地层的变化，在地层变化处均应捞取渣样，判明后记录于表中并与地质剖面图核对。

钻机开钻时宜低档慢速钻进，钻至护筒下 1 m 后，再以正常速度钻进，在钻进过程中，根据土层变化情况，随时调整钻进速度、钻孔泥浆密度和泥浆量。当进入砂层时，采用低档慢速钻进，同时提高水头，加大泥浆密度，每次钻进前，应将钻头提离孔底 20 cm，待泥浆循环畅通后再开始钻进。

钻架使用时间过长时可能会发生位移，或当孔内有探头石和其他情况时，所钻的孔会偏离设计孔位。因此每一个台班应用探孔器检查钻孔一次，并设专人负责记录钻进中的一切情况。

7.检孔

成孔后应用超声波测井仪测量孔径。桩孔垂直度偏差必须小于 4‰，桩位偏差必须小于 $d/6$ 及 100 mm(最小值)。

8.终孔、清孔

钻孔到设计标高时停止进尺，采用泥浆净化器和泥浆泵反循环置浆法清孔，直至沉渣厚度、泥浆密度和含砂率符合规范要求为止。钢筋笼安装后还应进行二次清孔，直至孔底沉渣厚度小于 5 cm。同时应注意及时补充泥浆，保持稳定的水头高度，孔内水位保持在地下水位或地表水位以上 1.5 m，以防止钻孔坍陷。清孔后泥浆密度一般控制在 1.10～1.20 g/cm³，含砂率小于 4%，黏度为 17～20 Pa·s。

9.钢筋笼制作与吊装

（1）钢筋笼的制作

托换桩桩身钢筋笼长度约为 20.9 m，单个钢筋笼质量约为 6.0 t。因桩基托换区域桥下净高限制(局部区域桥下净空 4.0～11.2 m)，钢筋笼需根据现场条件分节预制及安装。

钢筋笼制作时,按设计尺寸做好加强箍筋,标出主筋的位置。把主筋摆放在平整的工作平台上,并标出加强筋的位置。焊接时,使加强筋上的任一主筋的标记对准主筋中部的加强筋标记,扶正加强筋,并用木制直角板校正加强筋与主筋的垂直度,然后点焊。在一根主筋上焊好全部加强筋后,用机具或人工转动骨架,将其余主筋逐根焊好,然后吊起骨架置于支架上,套入盘筋,按设计位置布置好螺旋筋并点焊牢固。

钢筋笼外侧设置控制保护层厚度的垫块(混凝土保护层厚度为 70 mm),其竖向间距为 2 m,横向不得少于 4 处,顶端设置吊环。

(2)钢筋笼的吊装

钢筋笼制作完成后,根据场地条件,采用自制小型门吊辅以 25 t 汽车吊分节吊装就位。为了保证骨架起吊时不变形,起吊前应在加强骨架内焊接三角支撑,以加强其刚度。起吊时,用吊钩勾住吊筋上的吊环,慢慢起吊,待钢筋笼离开地面距地面约 1.5 m 且与地面垂直时停止起吊,并检查骨架是否顺直,如有弯曲应调直。移动吊车使钢筋笼慢慢接近孔口正上方,使钢筋笼的中心与孔中心重合,此时钢筋笼的就位完成。

钢筋笼就位后,人工扶住钢筋笼徐徐下降,当钢筋笼顶部下降至孔口附近时,用型钢穿过加强箍筋的下方,将钢筋笼临时支承于孔口,孔口临时支撑应满足强度要求,下放时钢筋笼严禁碰到孔壁以免造成塌孔。

钢筋笼下放到设计高程后,割除多余的吊筋,切割线距孔口 30 cm。在孔口处用钢筋固定钢筋笼,以免在灌注混凝土过程中发生浮笼现象。钢筋笼在吊装过程中需要定位,其标高必须由现场测定的孔口标高来计算定位筋的长度,并反复核对无误后再焊接定位。在吊筋上拉十字线,找出钢筋笼中心,使钢筋笼中心与桩位中心重合。然后在定位钢筋顶端插入两根平行的工字钢或槽钢,在护筒两侧放两根平行的枕木(高出护筒 5 cm 左右),并将整个定位骨架支托于枕木上。

10. 安放导管

导管采用壁厚为 7.5 mm 的无缝钢管制作,直径为 280 mm,导管必须具有良好的密封性,使用前应进行水密承压和接头抗拉试验。进行水密承压试验的水压不应小于孔内水压的 1.3 倍,也不应小于导管壁和焊缝可能承受的最大灌注压力的 1.3 倍。导管吊放时应居中且垂直,下口距孔底 0.3 ~ 0.5 m,最下一节导管长度应大于 4 m。导管接头用法兰或双螺纹方扣快速接头。

11. 清孔

钻孔到位后采用反循环工艺清孔,一次清孔采用橡胶管并降低泥浆浓度,防止二次清孔因沉淤过厚而难以清理,以及保证钢筋笼下放顺利;二次清孔在导管下放后,利用导管进行,二次清孔泥浆相对密度应控制在 1.1 ~ 1.15,黏度不大于 28 Pa·s,含砂率不大于 6%,孔底沉渣厚度不大于 50 mm。清孔过程中,应及时补给足够的泥浆,并保持孔内浆液面的稳定和高度。清孔完毕后,应在 30 min 内进行混凝土灌注。

12. 水下混凝土灌注施工

(1)水下混凝土灌注方法

工程灌注桩混凝土等级为 C35 水下混凝土,考虑到现场桥梁净高对混凝土灌注设备的制约,混凝土灌注过程中采用混凝土泵送车、地泵、自制溜槽等设备进行。

灌注时混凝土灌注的浆面上升速度不得大于 2 m/h,保证导管埋入混凝土中 2 ~ 6 m,每根桩的灌注时间应符合以下规定：灌注量为 10～20 m³ 时不得超过 2 h，灌注量为 20～30 m³ 时不得超过 4 h，混凝土灌注要一气呵成，不得中断，并在 4～6 h 内灌注完，以保证混凝土的均匀性，间歇时间一般应控制在 15 min 内，任何情况下不得超过 30 min。因托换桩的桩顶在孔内，不方便测量灌注混凝土的高度，因此在灌注混凝土时应控制好混凝土的灌注量，灌注充盈系数不得小于 1，也不得大于 1.3，不能多灌，也不能少灌。

（2）灌注水下混凝土的技术要求

①首批灌注桩混凝土的数量应能满足导管首次埋置深度（≥1.0 m）和填充导管底部的需要量。

②混凝土到场后，应检查其均匀性和坍落度等各项指标，如不符合要求时，不得使用。

③混凝土应连续灌注。

④在灌注过程中，导管埋入混凝土的深度应控制在 2～6 m。应经常测探孔内混凝土面的位置，及时调整导管深度。为防止钢筋骨架上浮，当灌注的混凝土顶面距钢筋骨架底部 1 m 左右时，应降低混凝土的灌注速度。当混凝土拌和物上升到骨架底口 4 m 以上时，提升导管，恢复正常灌注速度。灌注的桩顶标高应比设计值高出 0.5～1.0 m，以保证混凝土的强度，多余部分在接桩前必须凿除，残余桩头应无松散层。

13. 桩底注浆

注浆管和钢筋笼一同制作安装，每根桩预埋两根 φ32 mm 钢管，用铁丝将其与钢筋笼绑扎牢固，沿桩孔布置，铁管顶部应高出钻孔口 50 cm。在距管底 30 cm 左右呈梅花形布置，间距为 5 cm 的钻取直径为 5 mm 的射浆孔，在射浆孔放置图钉并用电工胶布加胶带包裹，形成单向阀（混凝土灌注时水泥浆不会进入注浆管，压浆时水泥浆可以顺利从孔中压出）。

注浆原材料为 P.O42.5 水泥，水灰比为 0.8:1，渗透力强，便于加固预定范围周边地带。注浆压力宜控制在 2～6 MPa，注浆过程采取间歇式注浆，间歇时间为 30～40 min，桩端注浆宜在成桩 7～30 d 完成。

14. 桩基检测

每根托换桩预埋 3 根声波检测管，声测管采用管径为 57 mm 的普通钢管（壁厚 3 mm）。灌注桩施工完成后，采用超声波检测，检测数不少于 3 根。

7.2.2 基坑开挖与支护施工

1. 基坑开挖

因场地条件的限制和总体工期的需求，每根托换桩施工遵循相对独立、统一托换桩各工序平行流水作业组织施工、不同托换桩基各项工作同步实施的原则。即完成围护结构及托换新桩施工后，进行基坑土方开挖及托换结构施工。

因工程基坑深度为 5～6 m，基坑土方开挖采用小型挖掘机配合地面提升设备进行。基坑开挖施工严格按"竖向分层、水平分段、由上而下、先撑后挖、分层开挖"的原则进行施工。开挖至设计标高后，及时施工 20 cm 厚 C25 混凝土垫层，快速封底。基坑开挖施工示意图如图 7-18 所示。

2. 网喷支护

基坑开挖过程中，为防止基坑周围地下水涌入基坑内，对围护结构排桩采用 10 cm 厚的 C20 网喷混凝土，钢筋网片采用 φ8 mm 级钢筋，网格间距为 100 mm×100 mm，喷射混凝土采用小型强制搅拌机拌料。

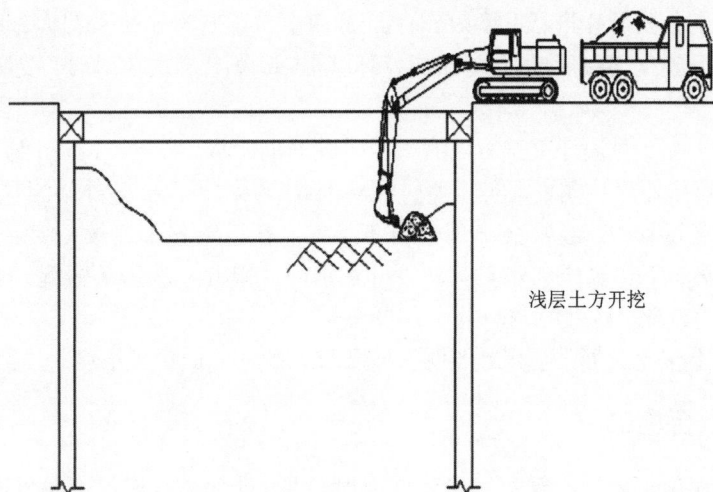

图 7 - 18　基坑开挖施工示意图

喷射混凝土工艺流程如图 7 - 19 所示。

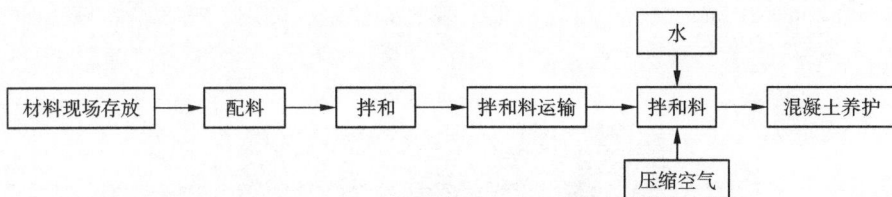

图 7 - 19　喷射混凝土工艺流程图

(1)工艺操作要求及注意事项

①在喷射混凝土施工前,向监理工程师提交机具、混合料配合比资料,并附简要说明,报请监理工程师审批。

②原材料要求:水泥采用 P. O42.5 水泥,使用前做复查试验。细骨料采用硬质洁净的中粗砂,细度模数宜大于 2.5,预先用水冲洗浸润,使含水率达到 6% ~ 8%。粗骨料采用坚硬耐久的碎石,粒径不大于 15 mm,级配良好,预先用水冲洗浸润,使含水率达到 6% ~ 8%。速凝剂使用前进行水泥相容性试验及水泥净浆凝结效果试验,要求初凝、终凝时间满足设计要求,使用时按最佳掺量准确计量。

③喷射混凝土的配合比通过试验室试验确定,每立方米喷射混凝土材料用量(kg)为:水泥∶砂∶石∶水∶外加剂 = 384∶878∶877∶192∶19.2。

④混合料的搅拌时间不小于 2 min,运输、停放时间不超过 30 min,施工场地内生产搅拌,随拌随用。

⑤工作风压一般为 0.12 ~ 0.25 MPa,喷头处的水压不低于 0.15 ~ 0.2 MPa。

⑥喷射前用风、水冲洗受喷面,检查开挖基坑尺寸,设置喷层厚度检查标志,检查机具

设备及管路,并进行试运转。

⑦喷射混凝土分段分片进行,喷射作业自下而上,复喷时先喷平凹面,后喷凸面,后一层喷射在前一层混凝土终凝后进行,若终凝后间隔 1 h 以上再次喷射时,受喷面用高压风或水进行清洁。

⑧喷射混凝土喷头垂直于受喷面,喷头距受喷面的距离以 0.8~1.5 m 为宜,喷头运行轨迹为螺旋状,使喷层厚度均匀、密实。喷射混凝土终凝后 2 h 起,即开始洒水养护。

⑨喷射混凝土过程中,经常会出现喷料不均匀、不稳定和不连续,使混合料拌和不匀,水泥与砂、石分离,工作水压与水量突然变化,水环孔眼部分堵塞等情况,均会引起水灰比变化,对这些短时变化,应及时判断并予以调节。

⑩喷射混凝土作业时加强通风、照明,采取防尘措施降低粉尘浓度,并且确保施工安全。

7.2.3　托换承台施工

托换承台的作用是为了放置千斤顶进行预顶作业,托换承台通过托换桩内预留的主筋与桩连接形成整体。托换承台尺寸为 2.4 m×2.4 m×1.0 m,采用 C35 混凝土。承台底部铺设 200 mm 厚的 C25 素混凝土垫层,托换承台上方预埋 20 mm 厚的钢板供预顶阶段使用。

首先按设计图纸及规范要求绑扎钢筋(托换承台底部需设置一层 ϕ12 mm×150 mm×150 mm 的防裂钢筋网)、支立模板、安装预埋件,然后灌注混凝土。每个托换承台顶上预埋 6 块 400 mm×400 mm×20 mm 钢板,预埋钢板安装时必须定位准确。托换承台施工如图 7-20 所示。

图 7-20　托换承台施工

承台施工工艺流程如图 7-21 所示。

```
                    ┌──────────┐
                    │  施工准备  │
                    └────┬─────┘
        ┌────────────────┼────────────────┐
        ▼                ▼                ▼
   ┌─────────┐     ┌─────────┐     ┌─────────┐
   │ 测量放线 │     │ 测量放线 │     │ 桩头处理 │
   └────┬────┘     └────┬────┘     └────┬────┘
        ▼                ▼                │
┌──────────────┐ ┌──────────────────┐    │
│ 钢筋绑扎、预埋件│ │ 基础面处理、验收、 │    │
│ 安装、模板安装 │ │    架立筋安装     │    │
└──────┬───────┘ └────────┬─────────┘    │
       │                  ▼              ▼
       │         ┌──────────────────┐ ┌──────────┐
       └────────▶│ 溜槽、振捣器等施工  │ │ 砼拌制、运输│
                 │    设备就位       │ └────┬─────┘
                 └────────┬─────────┘      │
                          ▼                │
                    ┌──────────┐           │
                    │ 清仓、验收 │◀─────────┘
                    └────┬─────┘
                          ▼
                    ┌──────────┐
                    │  砼浇筑   │
                    └────┬─────┘
                          ▼
                    ┌──────────┐
                    │   拆模    │
                    └────┬─────┘
                          ▼
                    ┌──────────┐
                    │   养护    │
                    └──────────┘
```

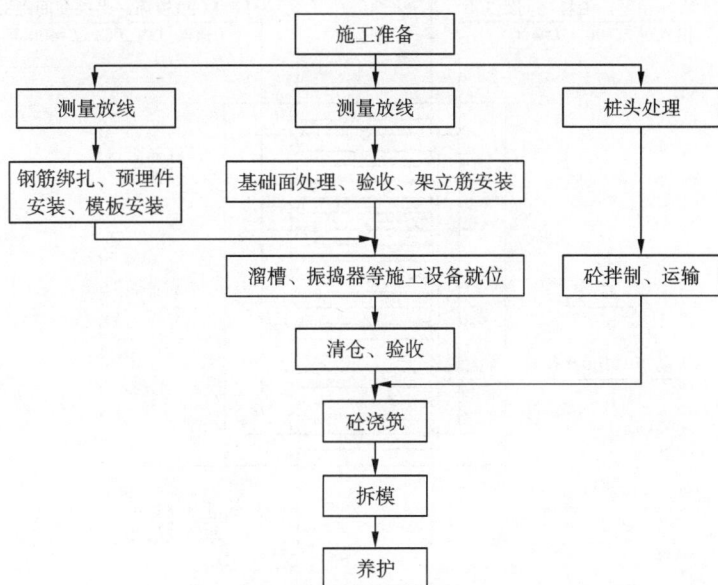

图 7 – 21　承台施工工艺流程图

7.2.4　界面处理施工

1. 被托换桩凿毛

在所有新旧混凝土交接面处,凿除原混凝土表面,要求全表面露出新鲜和未碳化的混凝土,凿毛不平整度不小于 10 mm;并要求在原结构连接面处间隔 200 mm 凿一道 25 mm(深) × 200 mm(宽)的凹槽;凿毛、凿槽应采用人工小锤敲击和低落距敲击或小型机械打凿,严禁大锤敲击和连接大锤高落距作业而破坏原结构。用钢丝刷把混凝土连接面粉尘清刷干净,并清理原构件存在的缺陷至密实部位,涂刷界面剂,以加强新、旧混凝土表面的结合,按设计图绑扎完钢筋后,灌注混凝土;在灌注前 12 h 应淋水凿毛面,确保旧混凝土表面潮湿,灌注时必须采用振动棒多次振捣,达到混凝土密实要求。被托换桩凿毛处理如图 7 – 22 所示。

图 7 – 22　被托换桩凿毛处理

2. 植筋施工

植筋必须满足《混凝土后锚固件抗拔和抗剪性能检测技术规程》DBJ/T 15 – 35—2004 的要求。植筋设计如图 7 – 23 所示。

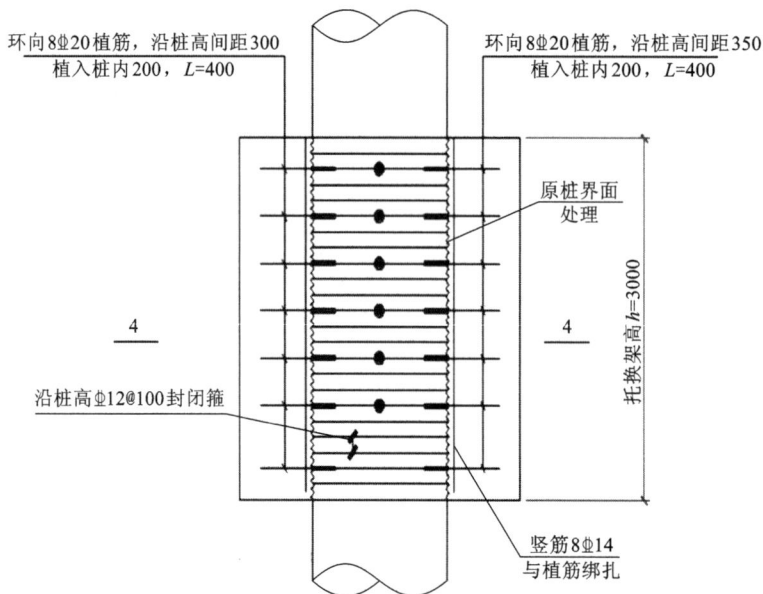

图 7 – 23 托换桩与托换梁连接处植筋图

（1）植筋施工工艺流程

植筋施工工艺流程如图 7 – 24 所示。

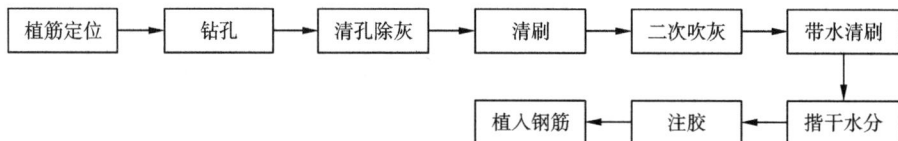

图 7 – 24 植筋施工工艺流程图

（2）标定孔位

按照设计图纸在原桩上标定孔位，每层孔位沿桩高间距 200 mm 布置，每层 8 个孔，沿桩周均匀布置。植筋钻孔深度、垂直度和位置允许偏差如表 7 – 3 所示。

表 7 – 3 植筋钻孔深度、垂直度和位置允许偏差

序号	植筋部位	允许偏差		
		钻孔深度/mm	垂直度/%	钻孔位置/mm
1	基础	$+20 \atop 0$	±5	±10
2	上部构件	$+10 \atop 0$	±3	±5
3	连接节点	$+5 \atop 0$	±1	±3

（3）钻孔

植筋钻孔孔径偏差如表 7 - 4 所示。

表 7 - 4　植筋钻孔孔径偏差

钻孔植筋	允许偏差/mm	钻孔植筋/mm	允许偏差/mm
< 14	+1.0 0	22 ~ 32	+2.0 0
14 ~ 20	+1.5 0	34 ~ 40	+2.5 0

（4）清孔

用高压风清孔，用水清洗孔壁。将已钻好的孔再清洗，确保孔壁具有良好的黏结力。

（5）注胶植筋

使用植筋注射器从孔底向外把适量胶黏剂均匀地填注孔内，注意勿将空气封入孔内。按顺时针方向将钢筋平行于孔洞走向轻轻植入孔中，直至插入孔底，胶黏剂溢出。将钢筋外露端固定在模架上，使其不受外力作用，直至凝结，并派专人现场保护。植筋效果如图 7 - 25 所示。

（6）植筋注意事项

①在原桩上放线定位，画出钻孔位置。

②采用电动冲击钻进行钻孔，孔径至少比植筋直径大 6 mm。钻孔时必须间隔钻孔，若碰到原桩钢筋则立即停止钻进，移动孔位后再钻。植筋钻孔时应注意观察原结构混凝土状况，若出现裂缝等异常情况应立即停止施工并告知设计人员。

图 7 - 25　旧桩植筋施工

③植筋施工前，应对钢筋表面进行处理，清除锈渍污泥。

④钢筋应做好标记，确保植入深度。

⑤用高压风清孔，用水清洗孔壁。确保孔壁具有良好的黏结力。

⑥用注胶枪从孔底部慢慢注入锚固胶，锚固胶必须具有非膨胀性、无毒、快速高效等特点，主要是利用黏着和锁键原理产生握持力。锚固胶必须严格按配合比在锚筋前试配，观察凝固时间和效果，合格后方可配制使用。

⑦先在孔内塞满植筋胶，然后将钢筋准确无误地徐徐旋入，使孔内钢筋与锚固胶接触完全饱满，不得有空隙和气泡。植筋顺序也是间隔植入，每一批植筋在桩的任一水平截面内不应超过两孔，且待前一批植筋胶凝固之后方可施工下一批，循环至锚固完所有植筋。

⑧在锚固胶凝固之前不得扰动植筋，施工后检查每孔植筋是否有松动情况，若有则补做。

⑨植筋完成并且锚固胶凝固达到设计锚固强度后需要进行植筋抗拔力检测，检测数量为每批植筋总数量的 1%，且不少于 3 根。

7.2.5　托换梁施工

托换梁采用钢筋混凝土结构，混凝土等级为 C35P8，托换梁尺寸详见表 7-5。托换梁与被托换桩之间主要是通过托换梁与被托换桩之间的咬合、界面处理和植筋来实现，将结合处原桩部位凿企口，形成齿槽，沿托换梁底至梁面间隔 200 mm 凿槽，深为 25 mm，宽为 200 mm。沿被托换桩周围植筋，钢筋通过植筋孔内锚固胶(A 级植筋胶)固定在桩上。

表 7-5　托换梁尺寸统计表

序号	被托换桩	托换梁尺寸(长×宽×高)/(m×m×m)
1	C15	11.6×2.8×3.0
2	C17-2	13.3×2.8×3.0
3	C18	13.3×2.8×3.0
4	F5	11.6×2.5×3.0
5	F7-1	11.6×2.4×3.0
6	F8	11.6×2.5×3.0
7	F9	11.6×2.5×3.0

1. 混凝土垫层施工

①垫层混凝土灌注前应放出托换梁外轮廓线并复核基底标高，清除基坑积水和杂物，夯实地面。

②垫层混凝土采用 C25 混凝土，灌注厚度为 20 cm，灌注时振捣密实并将垫层表面抹平。

③垫层尺寸应大于托换梁底尺寸 1.2 m 左右。

④在托换梁垫层混凝土面上测量并放出两托换桩的中心点，将钢垫板平放在混凝土垫层面上，钢垫板中心与托换桩中心对准同线，用水平尺校核钢垫板是否放置水平，可用 1:1 的水泥砂浆调平垫层面。垫板安放完毕后，应对钢垫板进行定位。托换梁施工主要流程如图 7-26 所示。

2. 托换梁钢筋施工

托换梁施工顺序为：绑扎钢筋→支立模板→灌注 C35 混凝土。施工时严格控制梁端预顶部位预埋钢板的位置。梁底纵向受拉钢筋较多，要进行分层灌注，确保混凝土振捣质量。灌注混凝土时，在托换梁底预留导管及对应桩预留钢筋，待预顶完成后，在保持预顶力稳定不变的情况下，将桩、梁钢筋接好，并灌注 C35 微膨胀混凝土封桩。在封桩混凝土终凝后如果托换梁底与封桩混凝土之间有空隙，则压注高标号水泥砂浆填充，灌浆压力约 1 MPa。

(1) 钢筋制备

准备工作：技术人员熟悉图纸、规范，并进行了各项技术质量标准交底；对成品钢筋的钢号、直径、形状、尺寸、数量等是否与图纸相符交底，如有错漏，应及时纠正；准备绑扎用的铁丝、绑扎工具(如钢筋钩、带扳口的撬棍)、绑扎架、电焊机及操作平台等。

```
                    ┌─────────────────────────┐
                    │   托桩柱企口、锚筋施工     │
                    └────────────┬────────────┘
                                 ↓
┌─────────────────┐  ┌─────────────────────────┐
│   制作钢筋骨架     │→ │      安装钢筋骨架          │
└─────────────────┘  └────────────┬────────────┘
                                 ↓
┌─────────────────┐  ┌─────────────────────────┐
│  制作安装自锁装置   │→ │      埋设自锁装置          │
└─────────────────┘  └────────────┬────────────┘
                                 ↓
┌─────────────────┐  ┌─────────────────────────┐
│  模板内侧涂脱模剂   │→ │        安装模板           │
└─────────────────┘  └────────────┬────────────┘
                                 ↓
┌─────────────────┐  ┌─────────────────────────┐  ┌──────────┐
│  准备商品混凝土    │→ │        浇筑混凝土         │← │  制作试块   │
└─────────────────┘  └────────────┬────────────┘  └──────────┘
                                 ↓
                     ┌─────────────────────────┐
                     │         梁养护            │
                     └────────────┬────────────┘
                                 ↓
                     ┌─────────────────────────┐
                     │         拆除模板          │
                     └────────────┬────────────┘
                                 ↓
┌─────────────────┐  ┌─────────────────────────┐  ┌──────────┐
│   千斤顶效验      │→ │         顶升             │← │  浇筑准备   │
└─────────────────┘  └────────────┬────────────┘  └──────────┘
                                 ↓
┌─────────────────┐  ┌─────────────────────────┐  ┌──────────┐
│  准备商品混凝土    │→ │        回灌混凝土         │← │  压试块    │
└─────────────────┘  └─────────────────────────┘  └──────────┘
```

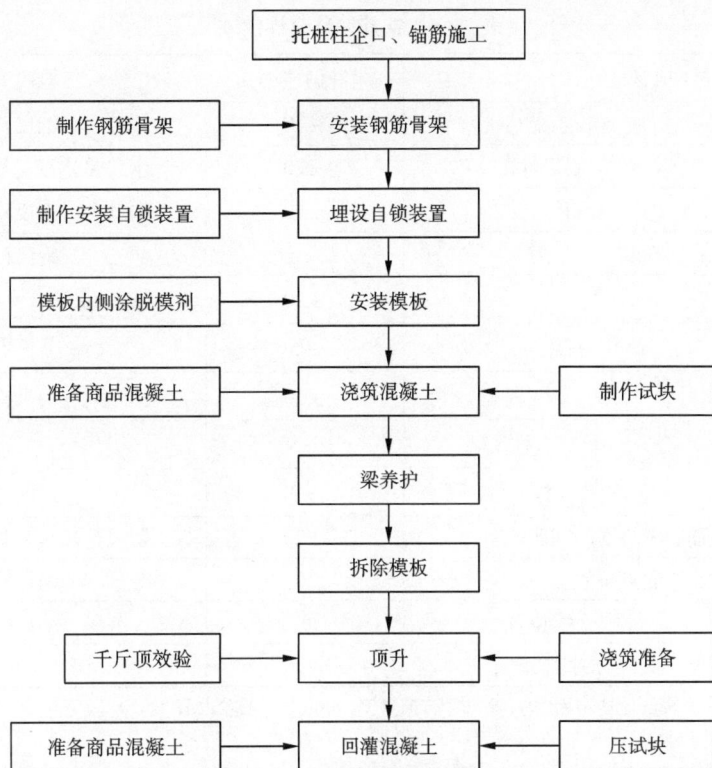

图 7 - 26　托换梁施工主要流程图

钢筋加工：加工好的钢筋，一律按规格、型号挂牌，分别存放，做好防锈工作，并设专人负责；钢筋用切断机切断，所有弯钩用弯曲机成形；特殊部位的钢筋放大样。

钢筋在加工弯之前调直，并符合下列规定：钢筋表面的油渍、漆污、水泥浆和用锤敲击能剥落的浮皮、铁锈等都清除干净；钢筋调直，无局部折曲；加工后的钢筋表面不应有削弱钢筋截面的伤痕；钢筋的弯制和末端弯钩均严格按设计加工，设计无要求时应符合规定；弯起钢筋弯成平滑曲线，曲率半径 r 不小于钢筋直径的 10 倍(光圆)或 12 倍(螺纹)；筋末端设弯钩，弯钩的弯曲内直径大于受力钢筋直径，不小于箍筋直径的 2.5 倍，弯钩平直部分长度不小于箍筋直径的 10 倍。

钢筋的绑扎和焊接：为了减轻劳动强度，保证高质量的连接接头，加快施工进度，可根据钢筋的不同直径、不同部位而采用机械连接和人工绑扎相结合来施工，具体为钢筋直径不小于 14 mm 用机械连接，钢筋直径小于 14 mm 用绑扎连接。绑扎接头保证搭接不小于35 d，搭接时，中间和两端共绑扎三处，必须单独绑扎后，再和交叉钢筋绑扎。焊接接头面积在受拉区不超过总截面面积的 50%，绑扎接头受拉区不超过 25%。钢筋接头设置在钢筋承受力较小处且应避开钢筋弯曲处，距弯曲点不小于 10 d。绑扎钢筋应尽量减少现场焊接，钢筋与模板间应设置足够数量和强度的混凝土垫块，以确保钢筋的保护层厚度。

钢筋安装：钢筋采用机械连接，现场绑扎连接时注意接头位置符合规范要求。钢筋网保证四周钢筋交叉点应每点扎牢，中间部位交叉点可相隔交错扎牢，绑扎时确保相邻绑扎点的铁丝扣要成八字形，以免网片歪斜变形。钢筋安装允许偏差见表 7 - 6。

表 7 - 6　钢筋安装允许偏差

项目			允许偏差/mm	检验方法
绑扎钢筋网	长、宽		±10	钢尺检查
	网眼尺寸		±20	钢尺量连续三档,取最大值
绑扎钢筋骨架	长		±10	钢尺检查
	宽、高		±5	钢尺检查
受力钢筋	间距		±10	钢尺量两端、中间各一点,取最大值
	排距		±5	
	保护层厚度	基础	±10	钢尺检查
		柱、梁	±5	钢尺检查
		板、墙、壳	±3	钢尺检查
绑扎箍筋、横向钢筋间距			±20	钢尺量连续三档,取最大值
钢筋弯起点位置			20	钢尺检查
预埋件	中心线位置		5	钢尺检查
	水平高差		+30	钢尺和塞尺检查

注:检查预埋件中心线位置时,应沿纵、横两个方向量测,并取其中的较大值

(2)散热管安装

因工程托换梁高度均为 3 m,属于大体积混凝土施工,施工中需采取必要的混凝土温度控制措施。工程拟采用 φ50 mm 的薄壁钢管,在梁底上 800 mm 至梁面下 900 mm 分两排布置安装,水平间距为 0.8 m。托换梁散热管布置图如图 7 – 27 所示。

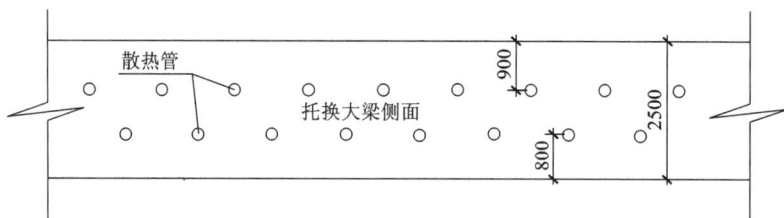

图 7 - 27　托换梁散热管布置图

(3)模板安装

梁模板采用 18 mm 厚胶合板,背楞均为 10 cm × 10 cm 方木拼装而成,φ12 mm 对拉螺杆固定结构尺寸,模板侧面用方木或钢管与基坑侧壁支顶稳固。模板安装质量要求如下:

①模板能够保证工程结构和构件的位置、形状、尺寸符合设计要求。模板上预埋件及预留洞的位置必须准确。

②具有足够的承载能力、刚度和稳定性,能可靠地承受新浇混凝土的重量和侧压力,以及在施工过程中所产生的各种荷载,做到不变形、不破坏、不倒塌。选择的木模板及其支撑体系不能是脆性大、严重扭曲和变形的木材。

③构造力求简单,装拆方便,便于钢筋的绑扎与安装,并满足混凝土的灌注及养护要求。

④模板的接缝严密、平整、不漏浆,模板的接缝处使用玻璃胶堵塞,支立前清理干净并

涂刷隔离剂。

模板、预埋件尺寸安装、检验方法及允许偏差见表7-7和表7-8。

表7-7　现浇结构模板安装及检验方法

项目		允许偏差/mm	检验方法
轴线位置		5	钢尺检查
底模上表面标高		±5	水准仪或拉线、钢尺检查
截面内部尺寸	基础	±10	钢尺检查
	柱、墙、梁	+4，-5	钢尺检查
层高垂直度	不大于5 m	6	经纬仪或吊线、钢尺检查
	大于5 m	8	经纬仪或吊线、钢尺检查
相邻两板表面高低差		2	钢尺检查
表面平整度		5	2 m靠尺和塞尺检查

表7-8　预埋件和预留孔洞的允许偏差

项目		允许偏差/mm
预埋钢板中心线位置		3
预埋管、预留孔中心线位置		3
插筋	中心线位置	5
	外露长度	+10，0
预埋螺栓	中心线位置	2
	外露长度	+10，0
预留洞	中心线位置	10
	尺寸	+10，0

（4）混凝土灌注施工

1）采购

工程托换梁均采用商品混凝土。采用低水化热水泥并加冰水拌制，入模温度不超过30℃。

2）运输

①混凝土通过搅拌站拌和，由混凝土输送车运至工地，在运送混凝土时，转速为2.4 r/min，尽量在最短的时间内运至施工现场。

②装运混凝土不能漏浆，雨天施工必须有遮盖。

③混凝土运到灌注地点时必须符合灌注规定的坍落度要求，如混凝土出现离析、分层现象，必须在灌注前对混凝土二次搅拌。

3）灌注

①混凝土灌注前，应对模板、支架、钢筋和预埋件进行检查，符合要求后方能灌注。同

时，清除模板内垃圾、泥土和钢筋上的油污等杂物。

②采用分层分块灌注，分层厚度不超过振捣器作用半径的 1.25 倍。

③灌注过程中，为防止混凝土的分层离析，混凝土自由倾落度不超过 2 m，否则应加设滑槽或串筒。

④灌注混凝土时，专人观察模板、支架、钢筋、预埋件和预留洞的情况，当发现有变形、移位时，应立即停止灌注，并在混凝土凝结前修整完好。

⑤采用插入式振捣器振捣，每一振点的延续时间应将混凝土捣实至表面呈现浮浆并不再沉落为止，且移动间距不宜大于作用半径的 1.5 倍，插入深度不大于 50 cm。振捣器尽量避免碰撞钢筋、模板、预埋件等。

⑥混凝土灌注应连续进行，尽量减少间歇时间，并应在下层混凝土初凝前完成上层混凝土灌注。

（5）混凝土养护

应在灌注完毕后的 12 h 内对混凝土加以覆盖并浇水养护，混凝土养护用水应与拌制用水相同，浇水次数应能使保持混凝土处于湿润状态，混凝土浇水养护的时间不得少于 14 d。

①待混凝土初凝后在梁体顶面上覆盖土工布浇水养护，保持混凝土表面始终处于湿润状态。

②安排专人每 1 h 向散热管道压水 10 min，以帮助降低梁体内混凝土温度，养护水采用生活用水，混凝土养护时间不少于 14 d。

图 7 - 28　施工现场混凝土养护

③安排专人每 0.5 h 用吊入式温度计，吊入测温管内监测大梁体内温度变化，指导压水散热工作。

（6）其他预置管安装

测温管安装：在托换大梁内 $L/4$、$L/2$、$3L/4$ 处由下至上安装 3 条 $\phi15$ mm 小型钢管。

连接体混凝土灌注管安装：在托换承台中间对应大梁部位均布安装 $2\sim3$ 条 $\phi168$ mm 薄壁连接体混凝土灌注管。

7.2.6　顶升托换施工

托换总体施工方案为：在托换承台上设置千斤顶，采用主动托换方案，即采用托换梁结合托换新桩的方式，托换梁与托换桩各自独立施工，待桩基托换受力传递后再组成刚性整体结构。当托换桩、托换梁和托换承台混凝土达到设计强度时才能进行加载托换施工。托换时，在托换梁与托换承台之间设置千斤顶（托换承台上）加载，使上部结构的荷载传递至托换新桩，同时使新桩的大部分位移通过千斤顶预顶对托换桩的预压来抵消，从而通过主动加载实现钻孔桩替代原桩受力。桩基托换过程采用 PLC 液压同步控制系统对托换梁进行预顶，对托换桩进行预压，托换过程以被托换桩的荷载和位移控制，确保施工过程中被托换柱沉降不超过控制值。

在托换梁以上的结构保持平衡的前提下，截断原有桩基。断桩的断口高度应为 300 ~ 500 mm。在截桩过程中、截桩完成后均应根据监控量测结果及时调整千斤顶的顶力，调整由于截桩过程及截桩后可能产生的被托换柱沉降，以保证原柱高程保持不变。

1. 桩基托换施工工艺流程

桩基托换施工工艺流程图如图 7 - 29 所示。

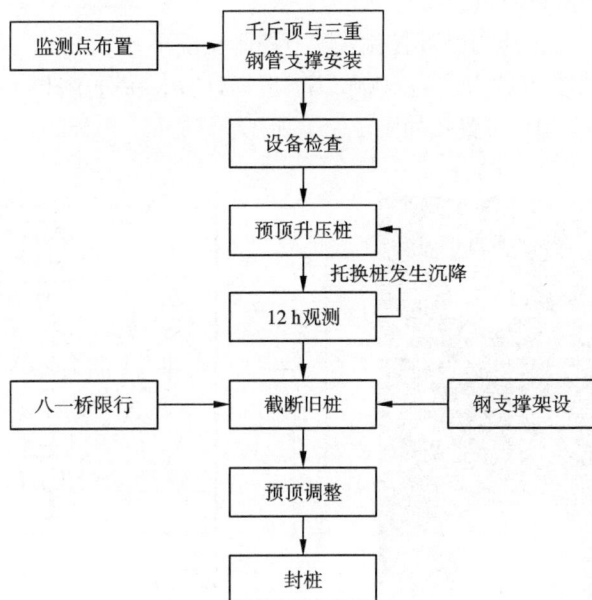

图 7 - 29　桩基托换施工流程

2. 安装千斤顶及支撑钢管

（1）自锁千斤顶的安装

在每根桩托换承台的预埋钢板上布置 6 台带自锁装置的 200 t 液压千斤顶（可根据实际需求调整千斤顶吨位）。千斤顶高度不足时，可采用钢板垫块垫高，要求钢板垫块具有足够的强度、刚度及平整度，施工中应保证千斤顶的轴线垂直于承台，以免因千斤顶安装倾斜在顶升过程中产生水平分力。千斤顶上下需安放钢板，使顶升力平均分布。

托换工程选用带螺旋装置的 200 t 液压千斤顶，该千斤顶顶身长度为 395 mm，底座直径为 375 mm，螺旋装置高度为

图 7 - 30　带螺旋装置的顶升千斤顶

100 mm，行程为 140 mm（图 7 - 30）。千斤顶均配有液压锁，可防止任何形式的系统及管路失压，从而保证负载的有效支撑；该千斤顶所带螺旋装置在负载情况下可以将液压千斤顶机械锁

死,防止了因托换和截桩而产生的柱的沉降。

带螺旋装置的顶升千斤顶参数:

顶升缸推力为 200 kN;

顶升缸行程为 140 mm;

偏载能力为 5°;

顶升缸最小高度为 395 mm;

最大顶升速度为 10 mm/min;

组内顶升缸控制形式为压力闭环控制,压力控制精度不大于 5%。

由于被托换桩单根桩承载力均为 6000 kN,根据计算,在每个托换承台顶布置 3 台带螺旋装置的 200 t 顶升千斤顶,布置图如图 7 - 31 所示。

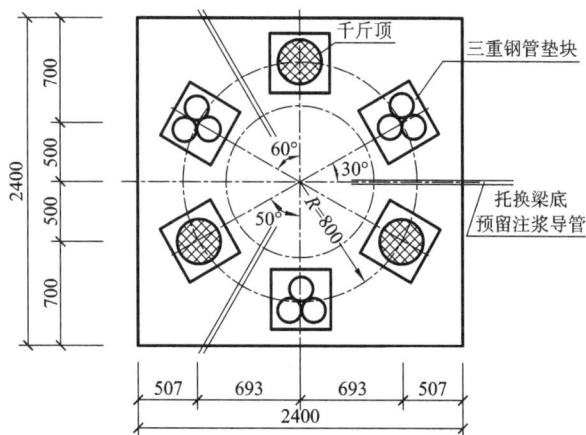

图 7 - 31　千斤顶与钢板垫块布置图

(2)钢管垫块安全装置的安装

可调自锁千斤顶预顶到位时及时安装钢质结构安全装置并用楔形钢板打紧。安装时采用对称布置并与千斤顶形成交错布置,每个托换承台共布置 3 个,即每根托换桩使用 6 个顶升千斤顶,呈三角对称放置。钢管垫块安全装置的安装是主动托换施工中相当关键的一项步骤,也是主动托换实施中控制上部结构变形与新桩预压所产生沉降的保证。施工工艺要求其结构形式必须满足在预顶过程中具有可调性和稳定性,并且要求在顶升结束时,千斤顶卸荷后,新桩与托换梁之间能形成整体,且能承受原千斤顶全部的顶力并保持稳定。具体布置如图 7 - 32 所示。

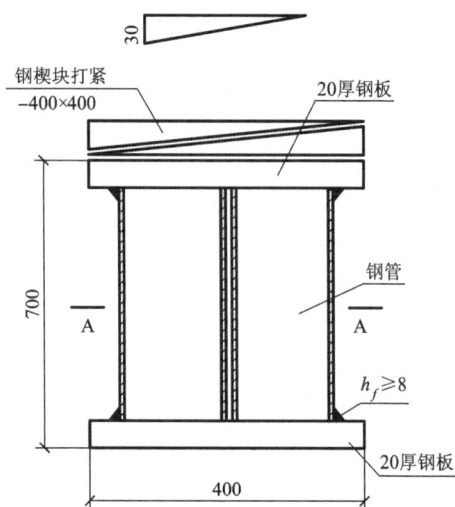

图 7 - 32　钢支撑设计图

7.2.7　加载施工

1. 顶升力的确定

分别验算托换设计起顶力及设计审核计算起顶力作用下托换梁及梁桩结合部强度。采用设计审核计算顶升力验算，各桩基计算顶升力如表 7 - 9 所示。

表 7 - 9　各桩基计算顶升力一览表

顶升位置		顶升力/kN	备注
C15	C15 - 1	3466	距 C15 较远端
	C15 - 2	4588	距 C15 较近端
C17 - 2	C17 - 2 - 1	2165	距 C17 - 2 较远端
	C17 - 2 - 2	3982	距 C17 - 2 较近端
C18 - 1	C18 - 1	5259	距 C18 桩较近端
	C18 - 2	3093	距 C18 桩较远端
F5	F5 - 1	2906	距 F5 桩较远端
	F5 - 2	3231	距 F5 桩较近端
F7 - 1	F7 - 1 - 1	3035	距 F7 - 1 桩较近端
	F7 - 1 - 2	1589	距 F7 - 1 桩较远端
F8	F8 - 1	3611	距 F8 桩较近端
	F8 - 2	3138	距 F8 桩较远端
F9	F9 - 1	3650	距 F9 桩较近端
	F9 - 2	1817	距 F9 桩较远端

2. 顶升控制系统

千斤顶的控制采用 PLC 液压同步控制系统，该系统可以实现力和位移的同步控制。PLC 液压同步控制系统由液压系统(油泵、油缸等)、检测传感器、计算机控制系统等几个部分组成，控制界面中包含油源压力和位移等数据。

液压系统由计算机控制，可以全自动完成同步位移，实现力和位移的控制、操作闭锁、过程显示、故障报警等多种功能。

(1)液压系统安装过程注意事项

①油缸安装正确牢固，泵站与油缸之间的油管连接正确、可靠。

②油箱液面应达到规定高度；油源的清洁度如不符合标准，应用滤油机进行连续的油源过滤，直至达到标准；各路电源的接线、容量和安全性都应符合规定。

(2)控制系统安装过程注意事项

①控制装置接线、安装必须正确无误；数据通信线路必须正确无误。

②保证各传感器系统信号正确传输。

3. 预顶压桩

(1)预顶前准备

可调自锁千斤顶在安装前必须进行标定和调试,确认合格后才能安装。检查千斤顶、三重钢管支撑安全装置的安全可靠性,安装后保证有足够的行程,以便在整个调整期内不需要反复安装。建立全方位的位移、沉降、应力(应变)监测系统,并保证其数据的准确性。现场预备 1 台千斤顶备用。

(2)施加压力

预顶采取分级加载原则,将设计最大预顶力分成 10 级逐步施加,每级荷载增量为千斤顶加载上限值的 10%,不可一次加载到最大值。每级荷载保持 10 min 以上,等结构稳定后方可加次级荷载。最后一级加载后持续 12 h 以上,观测新桩沉降速度小于 0.1 mm/h 后,顶紧三重钢管支撑。预顶加载如图 7 – 33 所示。

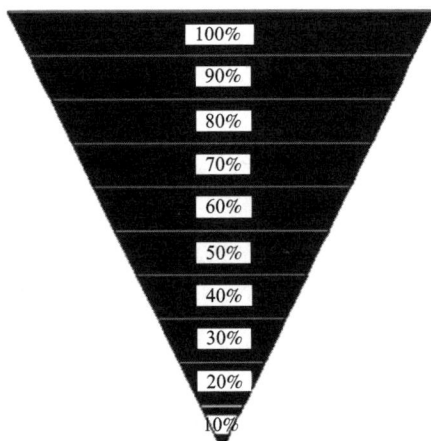

图 7 – 33　预顶加载示意图

严格控制每级顶力,并使顶力缓慢、均匀增加,避免因桩和梁的荷载突变而导致不良后果。被托换桩的上抬量不能大于 1 mm,大于此值应停止加载。在加载同时应严格监测托换梁裂缝的产生及发展,最大裂缝宽度若大于 0.20 mm 应停止加载。

(3)注意事项

可调自锁千斤顶及钢管安全装置具有随时无级调节托换承台与托换梁之间在预顶施工中所产生间隙的功能,是预防预顶系统故障的安全保障措施。千斤顶的组合形心必须与桩的形心重合。

6 只千斤顶压力同步及自锁措施:根据液压互给原理,采用油路系统中 6 只千斤顶的液压达到平衡,使托换梁在预顶升过程中避免因扭矩力减少导致的侧向位移。为此,需要设立油路加压站,集中供油,保证千斤顶顶力平衡。

托换梁两端的顶压平衡:通过严密的监控系统,分析反馈的信息,根据信息控制油泵的工作系统来达到托换梁两端的顶压平衡,消除或减少托换梁在预顶过程中所产生的纵向位移。

依据各桩位的轴力设计值,确定每个千斤顶的允许预顶压力,根据施压过程对压力进行分级，在每级预顶操作中严格控制油泵的工作流量和压力。

在每级预顶过程中，通过上一级出现的差值，对下一级预顶进行调整，让每一级预顶的差值都控制在允许范围内，防止差值累计超过规定范围。

在顶升过程，连续记录监测数据和加载记录。

桩的沉降变形稳定后，将三重钢管支撑安全装置安装好并打紧钢楔块锁定。

7.2.8 桩芯焊接及桩芯灌注施工

1. 桩芯焊接

①按照设计要求对预留钢筋进行焊接，焊缝长度为 440 mm。

②钢筋焊接前，应将钢筋表面锈斑、油污、杂物清除。

③焊接的焊条按照设计要求，全部为 E50 焊条。

④焊接时，不得烧伤主筋；焊接的接头区域不得有裂纹、不得出现咬边、气孔、夹渣等缺陷，焊缝应饱满，不得有较大的凹陷和焊瘤。

⑤焊接过程中及时清理焊渣，焊缝表面应该平整光滑，余高平缓过渡。

桩芯焊接施工如图 7 - 34 所示。

图 7 - 34 桩芯焊接施工现场图

2. 桩芯关模

①采用 15 mm 模板，根据现场承台与托换梁凿毛后的尺寸进行加工。

②模板采用方木进行加固，方木间距为 400 mm。

③模板缝隙采用发泡剂进行封堵。

④模板预留两个振捣口。

⑤灌注混凝土为 C35 微膨胀混凝土。

⑥振捣大于 30 s，不得漏振，但也不能过振，以混凝土开始泛浆和不冒气泡为准。

⑦混凝土灌注完毕终凝后应及时养护，采用麻布、保温材料覆盖的养护方式。

桩芯关模施工如图 7 - 35 所示。

3. 桩芯混凝土灌注

桩芯焊接完成后，开始桩芯混凝土灌注施工，桩芯混凝土采用 C35 微膨胀混凝土，灌注过程中利用托换梁预留灌注孔向桩芯进行灌注和振捣。桩芯混凝土灌注如图 7 - 36 所示。

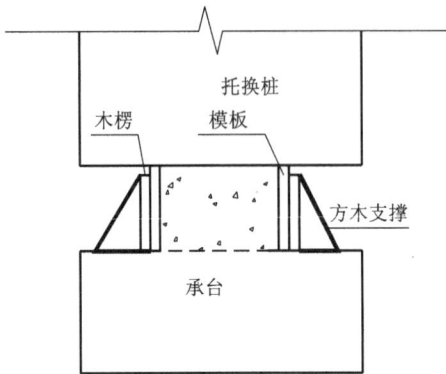

图 7-35　桩芯关模施工示意图

图 7-36　桩芯混凝土灌注

7.2.9　卸载施工

当桩芯混凝土强度达到 90% 后，达到卸载条件，千斤顶按照 20% 分级卸载，每级卸载后等到监测数据稳定，方能进行下一级卸载，最后一级卸载后，待监测数据稳定后拆除千斤顶，然后进行二次封桩作业。卸载施工如图 7-37 所示。

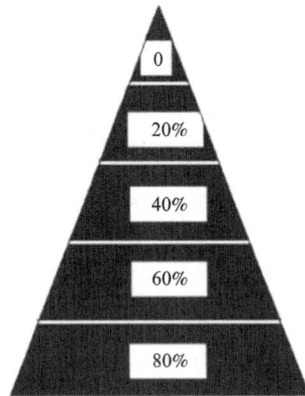

图 7-37　卸载施工示意图

卸载施工注意事项：

①对托换承台顶面及托换梁底面实施凿毛、清洗处理，确保与连接体混凝土的可靠结合。

②托换梁、新桩连接体的模板采用木质定型弧形模板，外加钢箍固定，在模板上部预留约 4 个边长 20 cm 的正方形孔洞用于混凝土灌注观察及振捣，利用托换梁中预留的 3 根 ϕ168 mm 钢管孔道浇捣混凝土，直至浇满并振捣密实。

③在连接体混凝土养护 7 d 后，在连接体上部周围打 V 形槽埋注浆口，注入改性环氧树脂。

7.2.10 二次封桩施工

1. 关模

当卸载完成后，如果监测数据稳定，可将千斤顶撤除，然后进行二次封桩关模作业，二次封桩混凝土采用 C35 微膨胀混凝土。二次封桩模板支撑体系如图 7-38 所示。

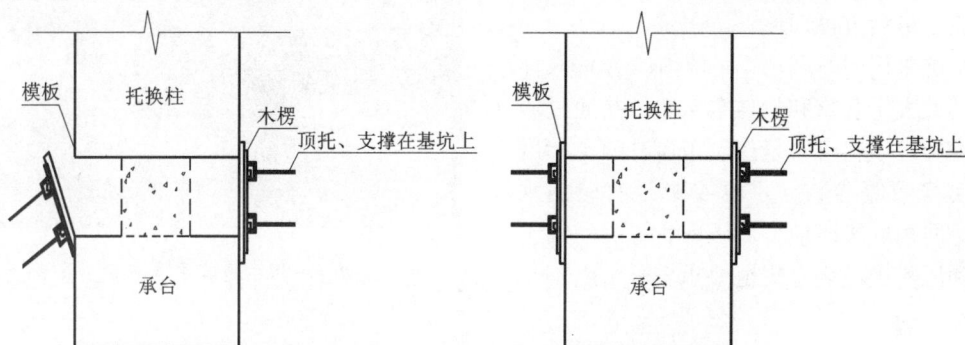

图 7-38 二次封桩模板支撑体系示意图

2. 混凝土灌注

二次封桩混凝土灌注由预留灌注孔施工，混凝土灌注过程中应加强振捣，派专人观察和采用敲击模板等措施防止漏振与蜂窝麻面产生。

7.2.11 旧桩截除施工

旧桩截除采用绳锯切割，断桩的断口高度应为 300~500 mm，切割间隙为 5~10 mm。在完成第一次切割后，需由监测组观测 1 h，等待沉降稳定后，方能进行第二次切割。旧桩截除施工如图 7-39 所示。

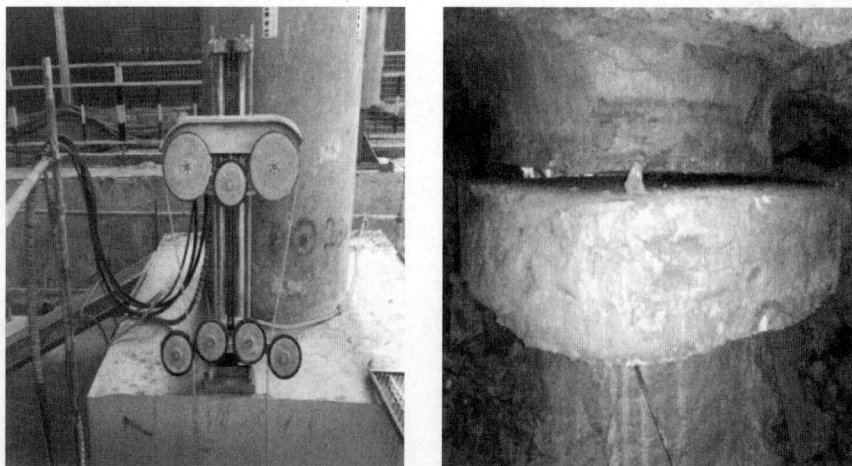

图 7-39 旧桩截除施工

7.2.12　基坑回填

桩基托换完成后,应及时进行明挖基坑回填作业。基坑回填前,应将基坑内积水、杂物清理干净,符合回填的虚土应压实,并经检验合格后方可回填。

基坑采用砂石回填,回填前应分别取样测定其最大干容重和最佳含水量,并通过压实试验确定填料含水量控制范围、铺土厚度及压实遍数等参数。回填或碾压前应洒水湿润。回填施工时应分层压实,每层的铺土厚度和压实度应满足规范要求,压实度不小于97%。

图7-40　基坑回填施工

7.3　托换质量控制标准及技术

7.3.1　管理措施

①建立以项目经理为领导的施工、技术、安全和质量管理小组,加强质量意识,使每一个职工都树立良好的质量意识。

②严格岗位责任制,质检员对各个工序、各工种实行检查监督管理,行使质量否决权。

③对各工序设置管理点,每道工序严格把关,保证施工质量。

④实行三级管理制度:每道工序技术员自检,质检员互验,监理工程师抽查验收。

⑤认真填写施工日志及各工序施工原始记录。

7.3.2　技术措施

①施工前进行全面技术交底,使每个施工人员操作按标准,工作有目标。对施工的各个细小环节进行严格控制,建立岗位责任制,包括责任项、责任人及控制措施等。

②钻机就位、安装必须保持水平,钻机就位后经现场技术人员检验钻头对位情况合格后,才可开钻。钻头在使用前,由机长检验钻头直径及焊缝,以确保成孔直径满足设计要求。

③成孔过程中,认真执行操作规程,并根据钻渣的变化判断地层状况,根据地层状况调整泥浆的性能,保证成孔速度和质量。采用减压钻进工艺,确保钻孔垂直度。保证孔底承受的钻压不超过钻具总质量(扣除浮力)的80%。

④清孔过程当中,钻头必须提离孔底15 cm左右,清孔后由技术人员现场测量泥浆的各项技术指标,经检验合格后清孔0.5 h方可停机提钻。

7.4　本章小结

本章对独柱独桩基础托换施工技术进行了全面、系统地介绍，主要包括以下内容：

①介绍了临时钢支撑体系的施工技术，主要包括独立阶梯形扩大基础施工技术、地层加固技术、临时钢支撑体系架设及稳定验算。

②阐述了桩基托换施工技术，主要包括托换新桩施工，基坑开挖与支护，托换承台施工，界面处理施工，托换梁施工，顶升托换施工，顶升加、卸载施工及二次封桩、旧桩截除和基础回填等后处理施工。

③简单说明了托换工程的管理技术措施及质量控制标准。

第8章
泥水平衡盾构切桩施工技术

8.1　泥水平衡盾构切桩施工流程

泥水平衡盾构切削既有桥梁单桩基础的施工流程如图8-1所示，主要施工步骤如下：

①设定各种掘进参数，包括刀盘转速、掘进速度、扭矩、以及对泥水平衡盾构机非常重要的泥水舱压力和泥浆配合比，使切桩过程顺利进行。

②试掘进桩基200 mm，通过监控系统反馈数据是否在正常范围内来判断掘进参数的合理性。

③盾构正常切桩掘进施工，并时刻观察掘进参数的变化情况和监控数据的异常情况。

④盾构切桩掘进完成后，进舱清理钢筋并检查刀具磨损情况，必要时更换磨损严重的刀具。

⑤盾尾通过桩基后进行二次补压浆，以提高隧道成形后的安全性和稳定性。

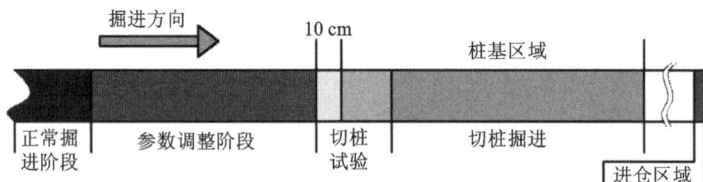

图8-1　泥水平衡盾构机切削既有桥梁单桩基础的施工流程

8.2　切桩掘进试验

8.2.1　掘进参数设定

根据地层、埋深等综合因素确定参数，包括建舱压力、刀盘转速、推进速度、刀盘扭矩、总推力、泥水循环、泥浆指标、注浆参数、出渣量、姿态控制等。参照以往盾构穿越混凝土桩基施工经验,初步设定切桩掘进参数如表 8 - 1 所示。

表 8 - 1　C15 桩基切桩掘进参数控制

刀盘	刀盘转速为 0.5 r/min,速度平均为 1 ~ 10 mm/min,匀速推进;推力不大于 1300 kN;扭矩不大于 1600 kN·m
推进系统	1. 贯入度不大于 15 mm;2. 油缸行程最大不能超过 1900 mm,在满足拼装的前提下尽量减小油缸伸长量
泥水循环	进浆流量为 800 ~ 850 m³/h;排浆流量为 800 ~ 850 m³/h
进浆泥浆参数	密度为 1.06 ~ 1.10 g/cm³;黏度为 20 ~ 22 s,弱碱性
注浆系统	1. 注浆压力:顶部不大于 3.0 bar,下部压力不大于 3.5 bar(在不超过泥舱压力的 1.1 ~ 1.3 倍可适当调整注浆压力);2. 注浆量为 4.8 ~ 6 m³,以注浆量为主、压力为辅,注浆量与掘进速度相匹配
出土量	1. 理论量为 37.4 m³(掘进 1.2 m);实际方量为 40 ~ 44 m³(松散系数 1.15);2. 盾构掘进障碍物(钢筋混凝土桩)过程中采用人工现场测量 + 过程进排浆流量实时监控,避免旧桩扰动形成通道区域超挖,造成地层损失
管片拼装	1. 施工过程中根据盾尾间隙和油缸行程差确定拼装点位并现场指导拼装;2. 每环拼装完成后掘进时进行三环复紧工作以防止管片错台
姿态控制	方向控制:水平、垂直小于 ± 50 mm,调整油缸区压以保证姿态

8.2.2　切桩前参数调整

根据盾构掘进坐标,精确掌握盾构刀盘里程,判断盾构与混凝土桩的距离,调整盾构参数。当盾构距离混凝土桩 1 m 位置前(图 8 - 2),应开始分阶段调整掘进参数,并在临近桩基时达到设定的切桩掘进参数,以满足掘进条件。

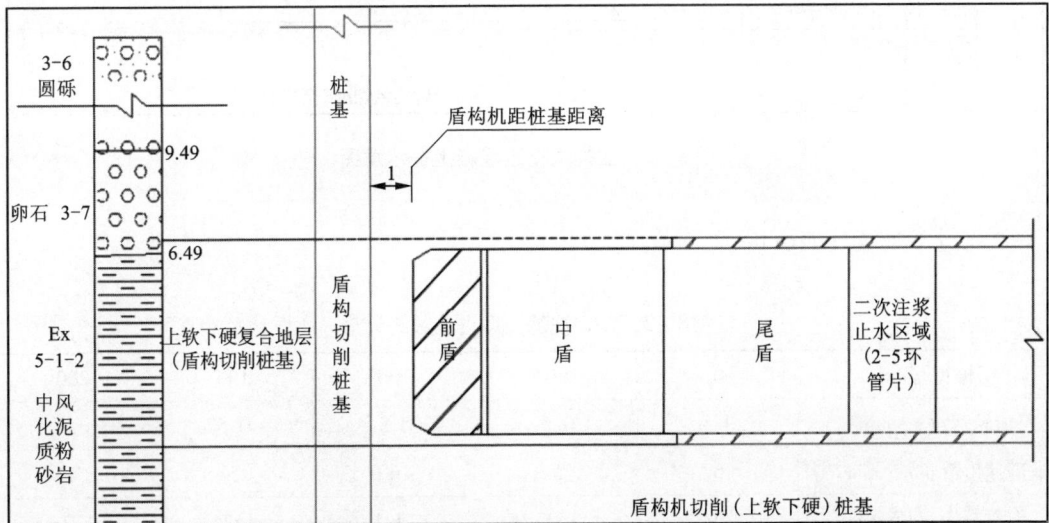

图 8 - 2　盾构掘进至混凝土桩前 1 m 示意图

①在盾构机刀盘距离桩基边沿 1000 mm 时，刀盘转速为 1.7 r/min，掘进速度为 30 mm/min，此时开始调整掘进速度和刀盘转速。

②在盾构机刀盘距离桩基边沿 600 mm 时，控制刀盘转速为 1.2 r/min，掘进速度控制在 20 mm/min。

③在盾构机刀盘距离桩基边沿 300 mm 时，控制刀盘转速为 0.8 r/min，掘进速度控制在 10 mm/min。

④在盾构机刀盘距离桩基边沿 100 mm 时，控制刀盘转速为 0.5 r/min，掘进速度控制在 6 mm/min，然后开始切桩掘进。

3. 试掘进障碍物

当盾构机刀盘到达第一根桩基 C15 边沿时，开始进行试掘进，掘进段长为 200 mm，掘进参数与设定参数相同。一是为了判断盾构试掘进段参数控制的合理性以及参数是否出现波动，二是观察地面监测是否有异常情况发生。盾构试掘进混凝土桩示意图如图 8-3 所示。

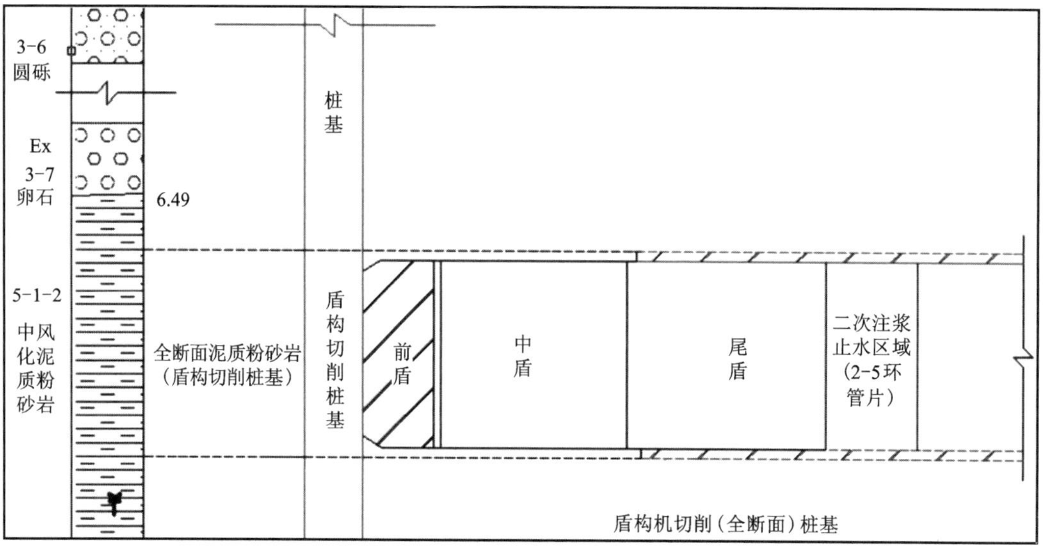

图 8-3　盾构试掘进混凝土桩示意图

试掘进参数统计如表 8-2 所示。

表 8-2　C15 桩基试掘进参数统计表

切桩行程/mm	0	50	100	150	200
刀盘转速/(r·min⁻¹)	0.5	0.5	0.5	0.5	0.5
推进速度/(mm·min⁻¹)	6	5	6	5	4
刀盘扭矩/(kN·m)	1569	1523	1441	1526	1328
总推进力/kN	12291	12346	12500	12319	12230

在试掘进过程中, C15 桩基掘进参数变化如图 8 - 4 所示。由图 8 - 4 可知, 试掘进过程中刀盘转速按设定值控制在 0.5 r/min, 掘进速度能够保持在 3 ~ 8 mm/min, 且较为稳定; 刀盘扭矩为 1328 ~ 1569 kN·m, 在设定值可控范围内; 总推进力为 12230 ~ 12500 kN, 满足设定要求。由此可初步判定掘进参数设定值对切桩施工基本可行, 且在安全可控范围内, 可以继续进行切桩施工。

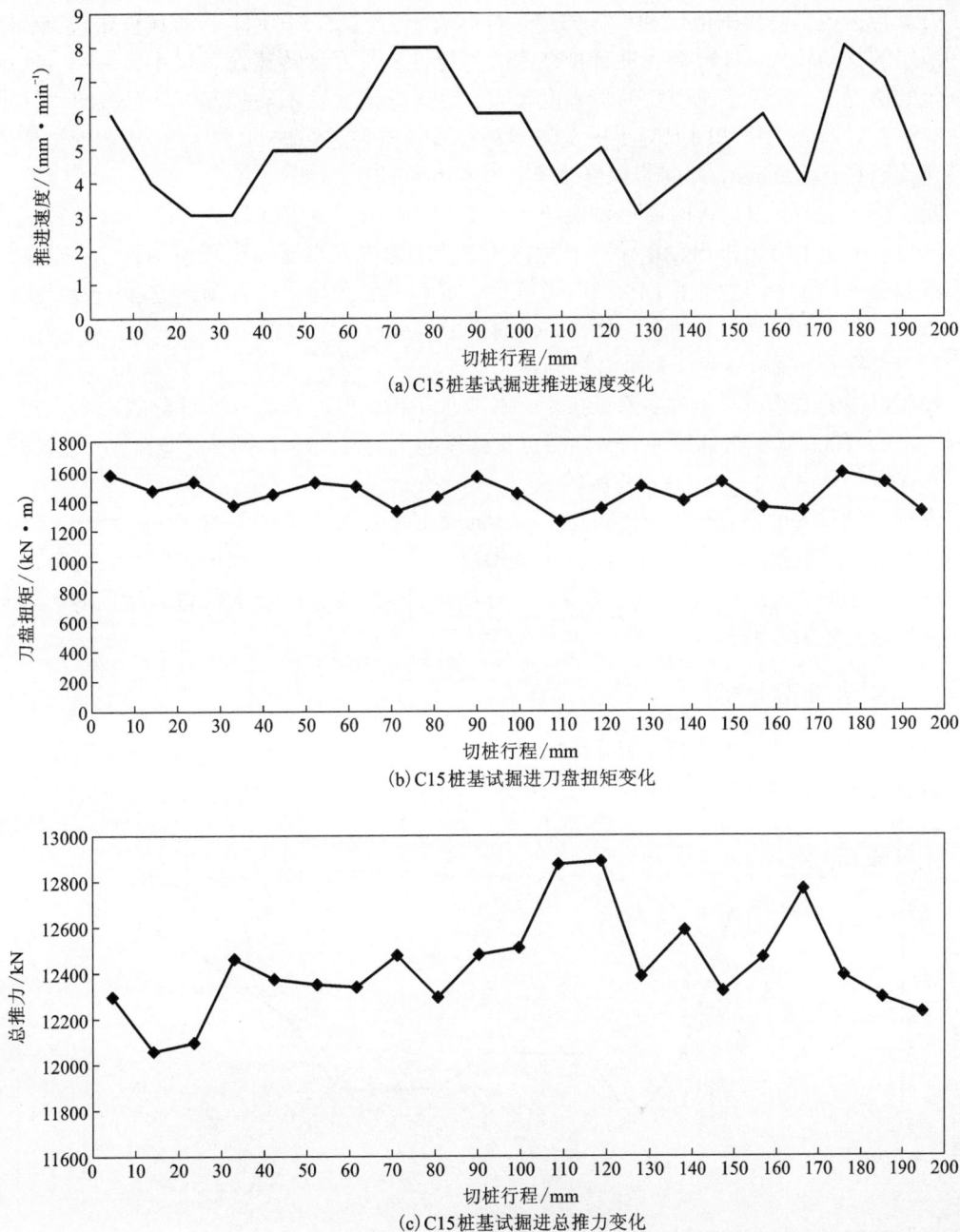

(a) C15 桩基试掘进推进速度变化

(b) C15 桩基试掘进刀盘扭矩变化

(c) C15 桩基试掘进总推力变化

图 8 - 4　C15 桩基试掘进参数变化图

8.3 掘进参数控制技术

8.3.1 掘进参数控制过程

1.刀盘转速、刀盘转向控制

刀盘转速控制对周围地层和桥桩的稳定性有着十分重要的作用,若转速设定过高,则对周围地层的扰动较大,且影响桥桩自身结构的稳定性;若刀盘转速设定过小,在保持推进速度一定的情况下,则会造成刀盘的贯入度较大,使扭矩偏大且不易控制,对刀盘的刀具损害较大。综合以前盾构机切削混凝土桩基的案例和 C15 试掘进切桩的成果,正式切桩过程中刀盘转速控制在 0.5 r/min,此时贯入度基本在 6 ~ 16 mm/r。

当盾构掘进时,刀盘转向需定时换向,严禁长时间按同一方向旋转。一方面是防止舱内沉积渣土,不利于渣土排出,并导致刀盘扭矩变大、舱内泥水压力出现波动;另一方面是防止刀盘缠绕钢筋。若不及时换向,则有可能会造成钢筋越缠越紧。若掘进过程中刀盘扭矩出现波动频繁、波动值较大的情况,及时的换向也可以有效地降低扭矩。

2.刀盘扭矩、掘进速度、总推力控制

按照以往的盾构掘进经验,刀盘扭矩、掘进速度和总推力有着密不可分的关系。在刀盘转速一定的情况下,掘进速度越快,则刀盘贯入度越大,刀盘扭矩会随之增大,反之则减小;而掘进速度又是由调整总推力来控制的。

由于刀盘贯入度不宜过大,控制在 5 ~ 15 mm/r,所以推进速度需控制在 3 ~ 8 mm/min 范围内,当刀盘扭矩超过设定值时,需减小盾构总推进力,降低掘进速度;当刀盘扭矩在设定范围内或较小时,需严格控制掘进速度,不宜过快,当速度持续增大超过设定值时,需通过减小总推进力来加以调整。

8.3.2 掘进参数分析

由于本次切桩涉及的 7 根桩基中 F7 – 1、C18、C17 – 2 三根桩基为侧穿,暂不做分析,只分析右线 C15、F5 桩基和左线 F8、F9 桩基,这四根桩在掘进过程中掘进参数变化如图 8 – 5 ~ 图 8 – 8 所示。

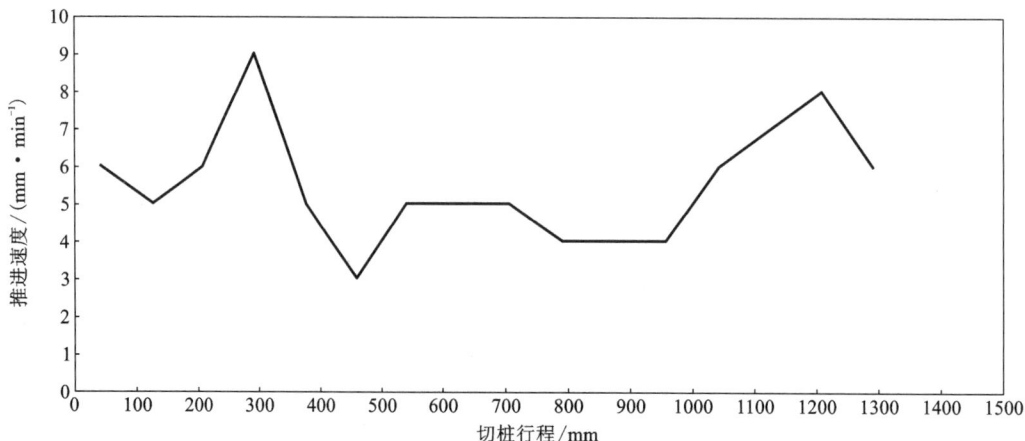

(a)C15桩基推进速度变化

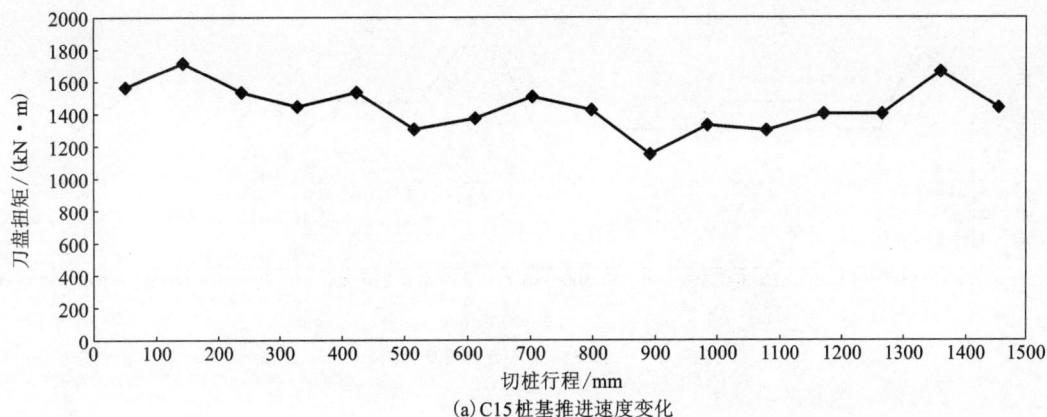

(a)C15桩基推进速度变化

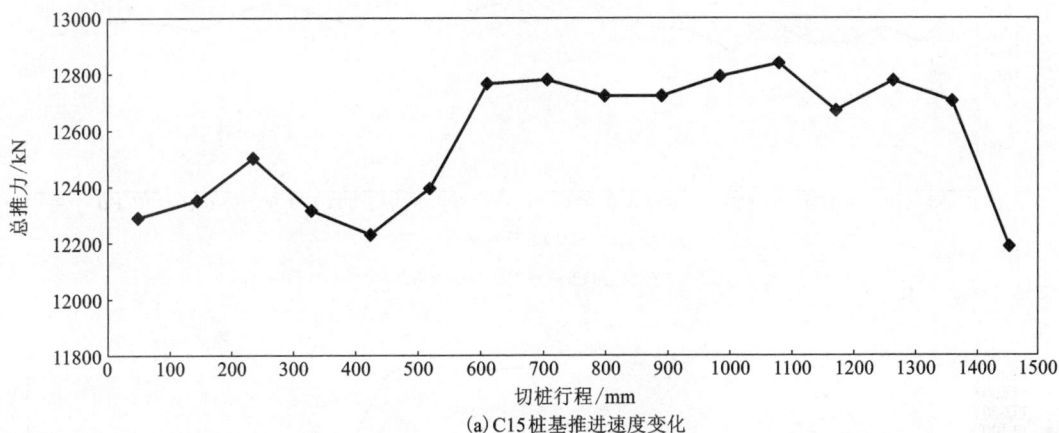

(a)C15桩基推进速度变化

图 8 - 5　C15 桩基掘进参数变化图

1. C15 桩基掘进参数分析

当进行试掘进观察之后，开始对右线第一根 C15 桥桩进行切削。对应环数为右线 121 ~ 122 环，C15 桥桩直径为 1500 mm，桩基配筋为 16ϕ25 mm，侵入右线隧道 3.5 m。

由图 8 - 5 可知，C15 桩基切桩施工盾构推进速度控制在 3 ~ 8 mm/min，较为稳定，刀盘扭矩控制在 1147 ~ 1717 kN·m，扭矩波动在 300 kN·m 左右，盾构总推力保持在 12189 ~ 12835 kN。

2. F5 桩基掘进参数分析

右线 F5 桩基对应环数为右线 152 ~ 153 环，F5 桥桩直径为 1200 mm，桩基配筋为 13ϕ22 mm，侵入右线隧道 5.9 m。

由图 8 - 6 可知，C15 桩基切桩施工盾构推进速度控制在 3 ~ 8 mm/min，较为稳定，刀盘扭矩控制在 1231 ~ 1675 kN·m，扭矩波动在 300 kN·m 左右，盾构总推力保持在 10824 ~ 12085 kN。因右线两根桩基所处地层均为全断面泥质粉砂岩，所以相较于 C15 桩基掘进参数，F5 桩基掘进参数变化不大，从目前的切桩效果来看，当前设定的切桩掘进参数较为合理。

(a)F5桩基推进速度变化图

(b)F5桩基刀盘扭矩变化图

(c)F5桩基总推力变化图

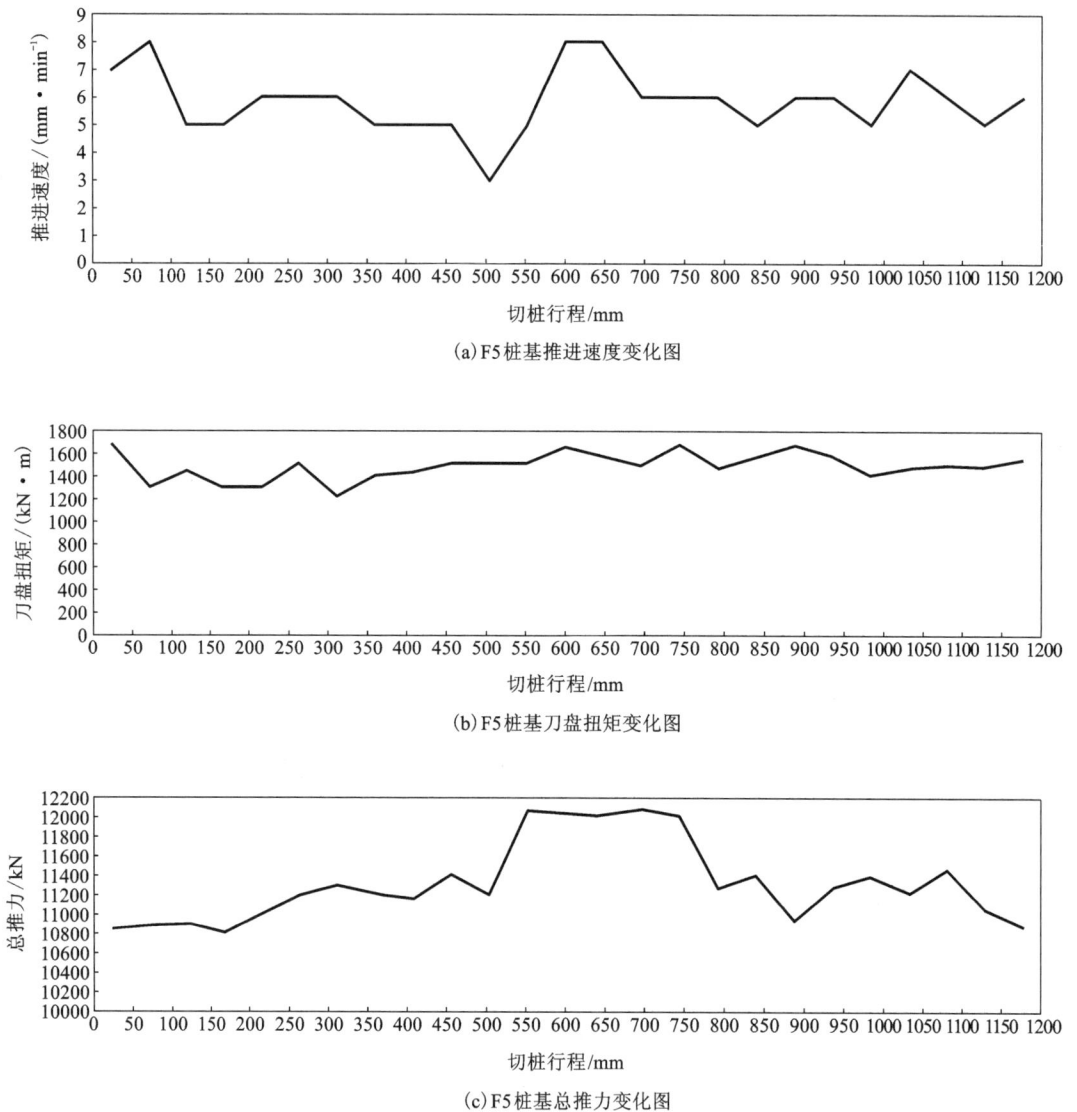

图 8 - 6　F5 桩基掘进参数变化图

3. F8 桩基掘进参数分析

左线 F8 桩基对应环数为左线 200 ~ 201 环，F8 桥桩直径为 1200 mm，桩基配筋 13ϕ20 mm，侵入左线隧道 6.3 m。

由图 8 - 7 可知，F8 桩基切桩施工盾构推进速度控制在 4 ~ 10 mm/min，较为稳定，刀盘扭矩控制在 633 ~ 1024 kN · m，扭矩波动在 300 kN · m 左右，盾构总推力保持在 11219 ~ 14037 kN。相较于右线切桩数据，F8 桩基刀盘扭矩偏小，总推力较大。由于盾构推进速度和出渣量等其他参数都在正常范围内，经分析，可能是由于左线 F8 桩基临近上软下硬地层，岩层逐渐变软造成刀盘扭矩偏小导致的，属正常现象。

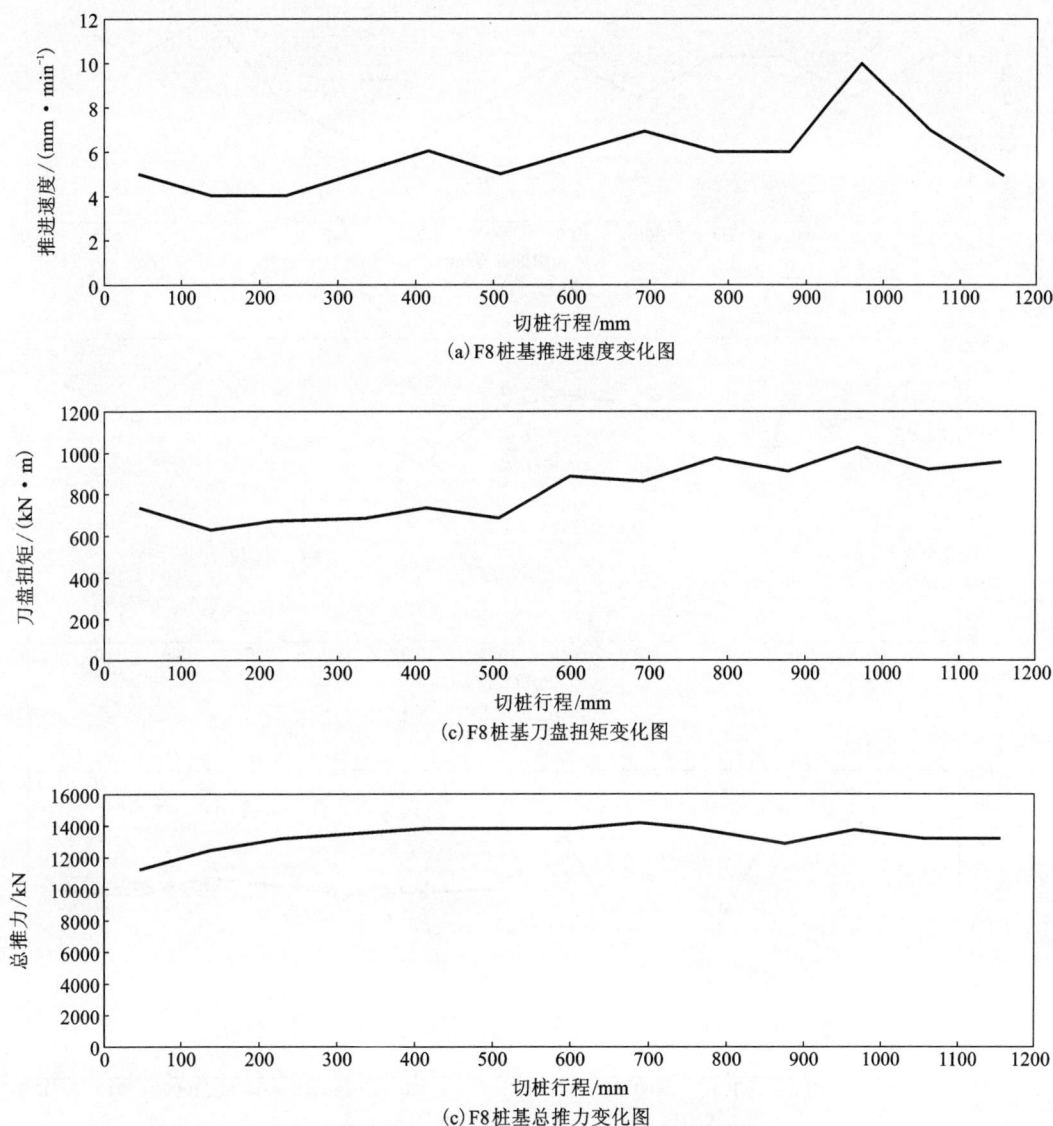

(a)F8桩基推进速度变化图

(c)F8桩基刀盘扭矩变化图

(c)F8桩基总推力变化图

图 8-7　F8 桩基掘进参数变化图

4. F9 桩基掘进参数分析

左线 F9 桩基对应环数为左线 217～218 环，F9 桥桩直径为 1200 mm，桩基配筋为 13φ20 mm，侵入左线隧道 4.8 m。

由图 8-8 可知，F8 桩基切桩施工盾构推进速度控制在 2～5 mm/min，较为稳定，刀盘扭矩控制在 582～984 kN·m，扭矩波动在 300 kN·m 左右，盾构总推力保持在 14747～17654 kN。相较于之前的掘进参数，此次切桩盾构总推力明显偏大，一方面可能是由于进入上软下硬地层，另一方面可能是由于出现"糊刀盘"现象或者刀盘刀具磨损较为严重。切桩完成后，必须进舱检查刀盘堵塞情况和刀具磨损情况。

(a)F9桩基推进速度变化图

(c)F9桩基刀盘扭矩变化图

(c)F9桩基总推力变化图

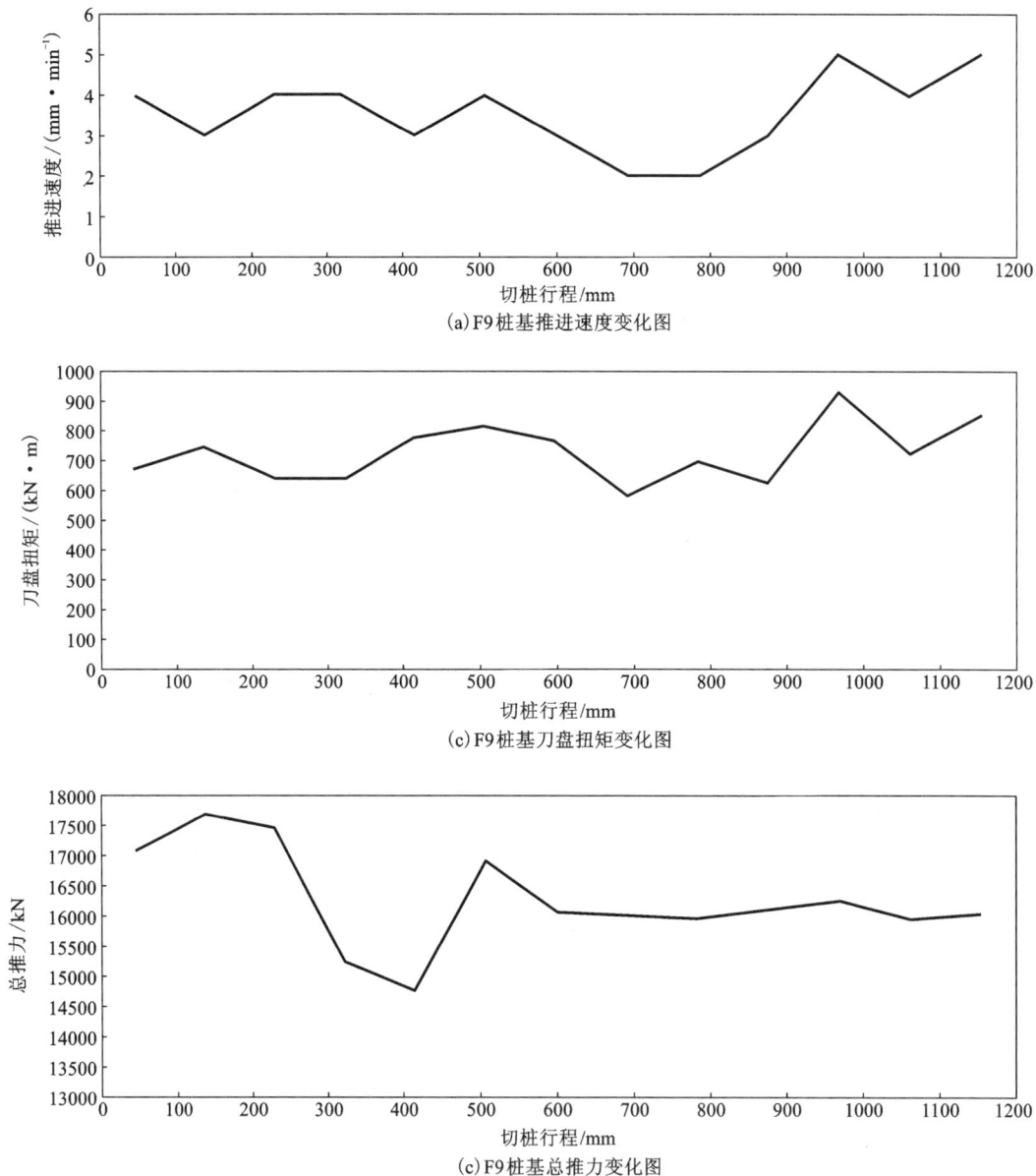

图 8 - 8　F9 桩基掘进参数变化图

8.4　出渣量控制技术

盾构掘进障碍物(钢筋混凝土桩)的出渣量采用人工现场测量 + 掘进过程进排浆流量实时监控的方法,避免上软下硬地层、旧桩扰动形成通道区域超挖,造成地层损失。

8.4.1　人工测量渣土量

在盾构掘进障碍物(钢筋混凝土桩)过程中,每环掘进完成后由专人进行出渣量统计,同时通过计算每环掘进过程泥浆密度上升值、液位变化,最终确定每环出渣量。

理论出渣量为 37.4 m³，实际每环出渣量控制在 40~44 m³（1.15 松散系数）。

8.4.2　流量控制

通过对进排浆流量及密度的监测，判定每环实时超挖水平，最终统计每环出渣量。即 $V_{渣} = Q_{排} \cdot T_{掘进} \cdot (\rho_{排} - \rho_{进})$，其中 $V_{渣}$ 为出渣量，$Q_{排}$ 为排浆流量，$T_{掘进}$ 为掘进时间，$\rho_{排}$ 为排浆密度，$\rho_{进}$ 为进浆密度。

该方法未考虑泥浆外溢率，出渣量计算工作量大且误差较大。

8.5　同步注浆控制技术

同步注浆施工示意图如图 8-9 所示。

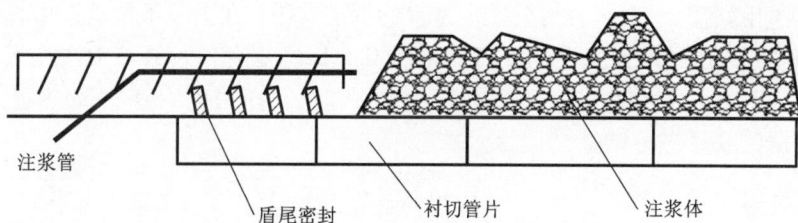

图 8-9　同步注浆施工示意图

8.5.1　注浆材料

采用水泥砂浆作为同步注浆材料，该浆材具有结石率高、结石体强度高、耐久性好和能防止地下水浸析的特点。水泥采用 R42.5 硫酸盐水泥，以提高注浆结石体的耐腐蚀性，使管片处在耐腐蚀注浆结石体的包裹内，减弱地下水对管片混凝土的腐蚀。

同步注浆采用表 8-3 所示的配合比。在施工中，根据地层条件、地下水情况及周边条件等，通过现场试验优化确定。同步注浆浆液的主要物理力学性能指标如表 8-3 所示。

表 8-3　同步注浆材料配合比和主要物理力学性能指标

膨润土	水泥	粉煤灰	砂	水	稠度
120	120	450	650	580	120~140

胶凝时间：一般为 6~8 h，根据地层条件和掘进速度，通过现场试验加入促凝剂及变更配合比来调整胶凝时间。

固结体强度：20 h 屈服强度不小于 800 Pa；7 d 抗压强度不小于 0.15 MPa；28 d 抗压强度不小于 1.0 MPa。

浆液结石率：大于 95%，即固结收缩率小于 5%。

浆液稠度：120~140 mm。

浆液稳定性：倾析率（静置沉淀后上浮水体积与总体积之比）小于 5%。

密度：1.9 g/cm³。

8.5.2　注浆压力

注浆压力略大于该地层位置的静止水土压力，同时避免浆液进入盾构机的刀盘舱内。

最初的注浆压力是根据理论静止水土压力确定的，在实际掘进中应不断优化。如果注浆压力过大，可能会导致地面隆起和管片变形，还易造成砂浆流失、盾尾漏浆（长期漏浆易引起盾尾刷密封效果失效）。如果注浆压力过小，则浆液填充速度赶不上空隙形成速度，又会引起地面沉陷。一般而言，注浆压力取 1.1~1.2 倍的静止水土压力，最大不宜超过 4.0 bar（易击穿盾尾密封）。

泥水平衡盾构机同步注浆压力控制取前舱泥水压力值的 1.1~1.2 倍，随着泥水压力的变化进行相应调整。由于从盾尾圆周上的 4 个点同时注浆，考虑到水土压力的差别和防止管片大幅度下沉和浮起的需要，各点的注浆压力应不同，并保持合适的压差，以达到最佳注浆效果。依据区间隧道泥水平衡盾构机推进过程的掘进参数：在上软下硬地层中，最初的压力设定时，下部每孔的压力比上部每孔的压力略大 0.5 bar，避免下部浆液无法注入；全断面岩层掘进过程，最初压力设定值，上部每孔压力比下部每孔压力略大 0.5 bar，避免管片上浮（压力差可根据注浆量进行调整）。

8.5.3　注浆量

每推进一环的建筑空隙为 $1.2\pi(6.3^2 - 6.0^2)/4 = 3.48(\mathrm{m}^3)$（盾构外径为 6.3 m；管片外径为 6 m）

理论上每环的压浆量一般为建筑空隙的 130%~250%（规范范围），即每推进一环同步注浆量为 $Q = 4.86 ~ 8.7\ \mathrm{m}^3/$环。压浆量和压浆点应根据注浆压力值和地层变形监测数据动态调整。

根据泥水平衡盾构机在本区间现阶段类似地层掘进参数的总结，上软下硬地层同步注浆量为 4.5~6.2 m^3（注入率为 1.3~1.8），全断面岩层同步注浆量为 3.5~6.0 m^3（注入率为 1.0~1.7）。

8.5.4　切桩过程注浆控制

由于盾构切桩过程中速度较慢，为防止浆液放置时间过长，影响质量，决定采用分阶段制浆、注浆的方法，将 6 m^3 的浆液分 3 阶段拌制，当前一阶段浆液注完前半小时，再进行拌制浆液。此外，在同步注浆过程中尤其应注意注浆速度的控制，由于掘进速度较慢，若注浆速度过快，则造成注浆压力升高，容易造成盾尾漏浆或者浆液从盾壳外部进入刀盘舱内，影响泥浆质量。因此，注浆压力和注浆速度应根据推进时的监测数据动态调整控制。

8.6　掘进方向控制技术

8.6.1　测量定位

采用隧道自动导向系统和人工测量辅助进行盾构姿态监测。

盾构机上安装了一套 VMT 隧道自动导向系统。该系统配置了导向、自动定位、掘进程序软件和显示器等,能够全天候地动态显示盾构机在掘进中的各种姿态,并对盾构机的线路和位置关系进行精确的测量和显示。操作人员可以及时地根据导向系统提供的信息,快速、实时地对盾构的掘进方向及姿态进行调整,使其始终保持在允许的偏差范围内,保证盾构掘进方向的正确。

VMT 导向系统的测量定位原理如图 8 – 10 所示。

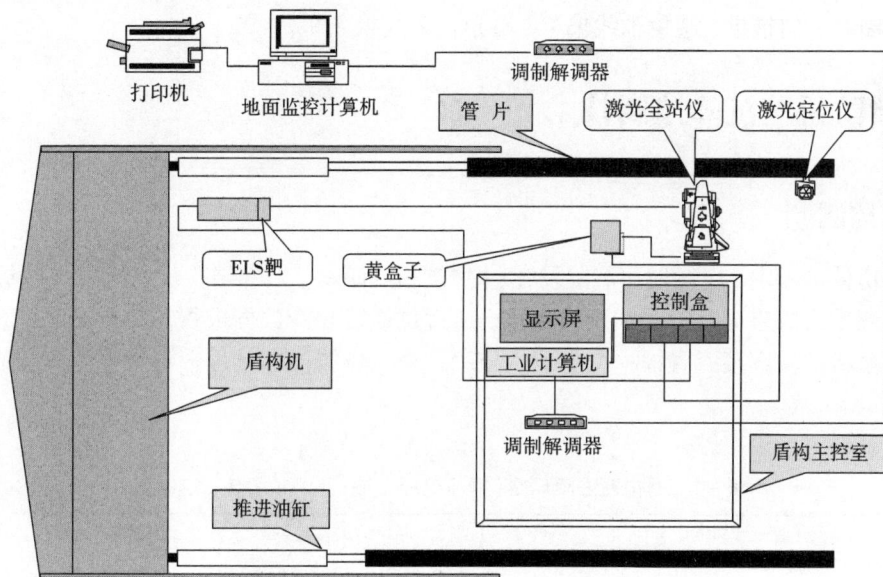

图 8 – 10　VMT 隧道自动导向系统示意图

随着盾构推进,导向系统后视基准点前移(直线段每掘进 50 ~ 80 m 移站一次),必须通过人工测量来进行精确定位。为保证推进方向的准确可靠,每周进行一次人工测量,以校核自动导向系统的测量数据并复核盾构机的位置、姿态,确保盾构掘进方向的正确。

8.6.2　姿态调整与纠偏

在实际施工中,由于地质突变等原因,盾构机推进方向可能会偏离设计轴线并达到警戒值;在稳定地层中掘进,因地层提供的滚动阻力小,可能会产生盾体滚动偏差;在线路变坡段或急弯段掘进,有可能产生较大的偏差。因此应及时调整盾构机姿态、纠正偏差。

盾构姿态调整主要是通过分区操作盾构机推进油缸的方法控制盾构掘进方向进行纠偏。根据线路条件所做的分段轴线拟合控制计划和导向系统反映的盾构姿态信息,再结合隧道地层情况来改变盾构掘进方向。

在上坡段掘进时,适当加大盾构机下部油缸的推力;在下坡段掘进时,适当加大上部油缸的推力;在左转弯曲线段掘进时,适当加大右侧油缸推力;在右转弯曲线掘进时,适当加大左侧油缸的推力;在直线平坡段掘进时,则应尽量使所有油缸的推力保持稳定。

盾构掘进过程中应做到谨慎、合理纠偏,禁止强行纠偏,规定每环水平、垂直方向纠偏量不得大于 5 mm,防止纠偏量过大造成地层扰动过大,致使地层沉降量加大,危及地面建筑物及结构安全。

8.6.3 盾构侧穿、切割桥桩过程姿态控制

本工程区间隧道泥水平衡盾构机掘进平面线路存在 $R = 1200$ m 转弯半径,该区段为上坡段。由于盾构机在全断面岩层中掘进,盾构姿态调整难度大。因此,在掘进前需提前进行线路拟合、选择合理的管片点位。另外,在盾构进入八一大桥南引桥前,需调整盾构姿态,确保盾构沿轴线方向推进,避免轴线偏移,隧道侵入托换新桩。

8.7 预防桥桩沉降控制技术

8.7.1 监测

盾构切桩过程中,应对地面沉降及建(构)筑物的倾斜、上部结构位移进行实时综合体系监测。监测项目成果应及时反馈至监控室,通过反馈监测的数据进行现场分析和处理,然后依据监测分析结果直接给盾构主控室下达施工指令。盾构切桩过程中各指标监测控制、预警值如表 8 - 4 所示。

表 8 - 4 盾构掘进障碍物(钢筋混凝土桩)监测预警值、控制值

序号	监测项目	预警值	控制值	备注
1	桥墩沉降	- 3.5 mm	- 5 mm	
2	同跨相邻桥墩沉降差	3.5 mm	5 mm	
3	桥墩倾斜	1‰	2‰	
4	主梁关键断面应力监测	70% 控制值	70% f	

8.7.2 二次注浆

当盾构掘进切削桩基导致地面及周围变形较大或将超过警戒值时,应在管片脱出盾尾后,通过管片上预留的注浆孔进行二次补强注浆,注浆材料采用水灰比为 1:0.8 普通水泥浆。

同步注浆的浆液采用普通单液浆注入,根据设计文件要求及盾构施工监测情况,一般注入率按 130% ~180% 控制。注浆压力根据该区域地质条件及规范要求的水土压力计算方法计算并充分考虑同步注浆过程中的预留压力值,实施注浆压力与注浆量双控,确保通过同步注浆、二次补强注浆有效减小盾构掘进引起的地层损失,同步注浆和二次补强注浆原理如图 8 - 11 所示。

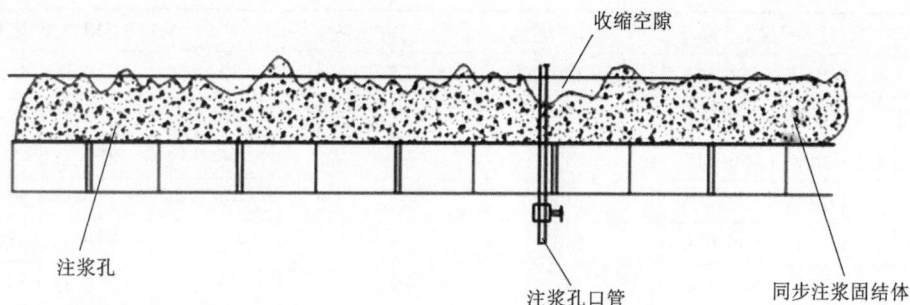

图8-11 同步注浆和二次补强注浆原理

8.8 钢筋及混凝土块清理技术

8.8.1 采石箱清理

针对切桩时出现较大混凝土块和长钢筋的情况，在排浆泵的进浆口增设了采石箱，在切桩掘进过程中，盾构司机需时刻观察泥水环流系统的参数变化，并判断是否需要清理采石箱。

正常情况下，排浆泵进口压力为0.12 MPa，转速为656 r/min，流量为808 m³/h。当进口压力降低时，说明排浆泵进口有堵塞现象；若泥水环流系统转为旁通模式，压力无回升现象，则可判定排浆泵进口堵塞，此时需要对采石箱进行清理(图8-12，图8-13)。

图8-12 采石箱清理图

图8-13 清理出的钢筋

经统计，在切削C15、F5、F8、F9四根桩基过程中，总共清理采石箱12次，平均每根桩基清理3次；在侧穿C17-2、C18、F7-1三根桩基过程中，总共清理采石箱3次，平均每根桩基清理1次。采石箱清理记录见表8-5。

表 8 - 5　采石箱清理记录表

桩基	切桩开始里程	清理记录(切桩行程)/cm			切桩结束里程
C15	YDK35 + 453.665	60	105	150	YDK35 + 455.165
F5	YDK35 + 490.860	65	100	120	YDK35 + 492.060
C17 - 2	ZDK35 + 486.512	150	—	—	ZDK35 + 488.012
C18	YDK35 + 502.466	140	—	—	YDK35 + 503.966
F7 - 1	YDK35 + 530.039	100	—	—	YDK35 + 531.239
F8	YDK35 + 548.535	50	95	120	YDK35 + 549.735
F9	YDK35 + 569.408	55	90	120	YDK35 + 570.608

8.8.2　舱内清理

当盾构机刀盘穿过桩基后,需进舱检查刀具,并清理舱内遗留钢筋和较大的混凝土块。切桩进舱记录见表 8 - 6。

表 8 - 6　切桩进舱记录表

桩基	桩径/m	桩基中心里程	进舱里程	作业内容	进舱方式
C15	1.5	YDK35 + 454.415	YDK35 + 455.691	清理钢筋,检查刀具	常压
F5	1.2	YDK35 + 491.460	YDK35 + 492.275	清理钢筋,更换刀具	常压
C17 - 2	1.5	ZDK35 + 487.262	ZDK35 + 489.146	清理混凝土块,检查刀具	常压
C18	1.5	ZDK35 + 503.216	—	—	—
F7 - 1	1.2	ZDK35 + 530.639	—	—	—
F8	1.2	ZDK35 + 549.135	ZDK35 + 552.041	清理钢筋、混凝土,检查更换刀具	带压
F9	1.2	ZDK35 + 570.008	ZDK35 + 571.912	清理钢筋、混凝土,检查更换刀具	带压

由于 C15、F5、F8、F9 桩基切削为正切,所以切桩完成后必须进舱进行清理钢筋、混凝土块,并检查和更换磨损严重的刀具;C17 - 2、C18、F7 - 1 3 根桩基为侧穿,在 C17 - 2 桩基切削完成后,进舱进行了检查,发现几乎没有钢筋和大的混凝土块;根据采石箱内的收集情况以及开箱次数,判断盾构机并未切削到桩基;在随后的 C18、F7 - 1 两根桩基掘进过程中,通过观察采石箱和掘进数据,判断盾构机同样为侧穿桩基,且由于临近上软下硬地层,为了施工安全,并未进行开舱检查。

在 F8、F9 桩基处,隧道顶部位于岩层交界面,先进行了地层加固,然后采用"带压"方式进舱换刀、清理。

8.8.3　带压进舱作业规范

常规带压进舱作业内容及要求见表 8 - 7。

表 8 – 7 常规带压进舱作业内容及要求

序号	作业环节	内容	要求
1	作业准备	履行人员、设备、材料、工程条件、后勤保障相关工作	确认相关准备工作已完成，作业过程中实时对地表沉降情况进行监测。建立泥膜，并对泥膜质量进行初步判定
2	置换气体	对舱内气体进行置换	对舱内气体成分进行检测，如 CO、CO_2、CH_4、H_2S 等有害气体含量超标，应继续进行通风置换直至合格
3	检查人员进舱	检查人员对刀具刀盘等异常情况进行检查	人员舱加压应由专业操舱人员按照国家标准进行操作。打开舱门后，由安全员对舱内气体进行检测，如检测不合格，应关闭舱门，检查人员出舱并置换舱内空气。检测合格后，由检查人员对刀盘、刀具磨损情况进行检查并记录，并对开挖面稳定情况、泥膜建立情况进行检查，如不符合进舱作业需求，应关闭门，检查人员出舱，并对泥膜进行重建。检查人员在压力环境下的作业时间应符合国家标准规定
4	检查人员出舱	人员出舱及交底	人员舱减压应由专业操舱人员操作。检查人员检查完成后，将自身携带的检查工具、设备、记录表带出舱外，对更换刀具的位置、数量及舱内作业注意事项对作业人员进行交底将
5	作业人员、材料、工具进舱	作业人员、材料、工具进舱	作业人员应对材料、工具进行核对并转运至人员舱。作业人员应履行进舱签字确认程序。人员舱应由专业操舱人员按照国家标准进行操作
6	作业实施	根据方案、交底内容实施作业	作业人员按照交底中明确的作业内容、流程、标准实施作业。作业过程中，实时关注开挖面稳定情况和有毒有害气体检测情况，存在异常情况，应停止作业，立即出舱。作业人员在压力环境下的工作时间应符合国家标准规定
7	作业人员出舱	作业人员出舱	人员舱由专业操舱人员操作。作业人员应将所更换的旧刀具、清理的钢筋携带同步出舱。减压出舱期间，应将本舱工作完成情况及时向舱外人员进行反馈，以便提前安排下舱作业内容进行调。作业人员出舱后，应做好与下舱人员交接工作
8	作业效果判定	由检查人员按照方案和交底内容对工作效果进行判定	检查人员按照作业的目的和标准对换刀点位、螺栓紧固效果、钢筋清理等作业效果进行检查，如未达到作业预期效果应继续实施
9	清舱、关闭舱门	作业人员清舱并关闭舱门	作业人员进舱对舱内工具、工装、材料进行清点核对并携带出舱，同时按照交底要求关闭舱门，人员出舱后，做好恢复掘进准备

①盾构机带压开舱作业人员必须是经带压作业培训考核合格的人员，定期参加体检，身体健康。

②为了确保带压作业的安全可靠，需邀请专业人员到现场进行指导和协助，对带压进舱人员进行带压作业培训和安全教育。

③严格盾构机带压开舱作业申报程序，说明带压开舱作业目的、内容、人员和各项安全应急措施准备情况，经批准后，方可进行带压开舱作业。

④盾构机带压开舱作业人员禁止酒后作业、疲劳作业，精神状态良好。

⑤带压进舱人员持证上岗，除必须携带的工具、应急器材和监测仪器外，未经许可，不得擅自随身携带火种(火柴、打火机)和可能膨胀的饮品或食物带入空气舱。

⑥带压作业前所有人员到现场熟悉作业环境，详细了解此次带压作业的目的和内容，明确作业步骤和流程，熟悉人员舱和气垫舱内的结构以及各种开关、按钮、开关阀、压力表等的正常工作情况。

⑦在舱内进行作业时，分工要明确，1名专业人员负责和外界通讯并总体指挥所有舱内人员，2名作业工人负责具体作业的实施、1名技术人员负责作业人员和通讯人员的信息沟通、资源供给、安全检测等。

⑧作业前首先进行人员舱调试，由专业操舱人员、技术负责人、维保班负责人三方面到现场共同调试，逐项确认各项功能运行是否正常，并最终做出人员舱能否使用的结论。

⑨人舱、自动保压系统及减压舱由两人负责，一名人员负责操作，一名人员监护，同时做好各项记录。

⑩人员进行带压作业必须实行签认制，由项目主要负责人和带压进舱人员共同签认，确保各项保证措施的充分、可靠。

8.9　质量控制

8.9.1　质量控制标准

①《盾构法隧道施工与验收规范》(GB 50446—2017)。

②《建筑地基基础工程施工质量验收规范》(GB 50202—2013)

③《建筑地基基础设计规范》(GB 50007—2011)

④《钢筋混凝土工程施工及验收规范》(GB 50204—2002)2011版

⑤《建筑机械使用安全技术规程》(JGJ 33—2012)

⑥《城市桥梁工程施工与质量验收规范》(CJJ 2—2016)

8.9.2　盾构切桩质量控制措施

①盾构司机、值班人员应严格按照指令施工。

②盾构切桩之前，必须安装采石箱，预防混凝土破碎后钢筋造成堵管。

③盾构切桩过程中，可根据刀盘推力、扭矩判断掘进参数是否合理。若推力、扭矩均低于正常掘进值，则可适当提高掘进速度并再次观测，但波动扭矩差值不应大于350 kN·m。

④若盾构切桩区域周围变形较大或将超过警戒值时，在管片脱出盾尾后，通过管片上预留的注浆孔进行二次补强注浆。

8.9.3　管片拼装质量控制

①施工过程中由技术人员根据盾尾间隙和油缸行程差确定拼装点位并现场指导拼装。

②注意检查管片安装顺序及管片正反面是否正确,预防管片拼装错误。

③值班人员在管片拼装之前需检查防水材料粘贴质量,若存在漏贴或者粘贴不到位,不得进行拼装。

④每环拼装完成后掘进时进行三环复紧工作以防止管片错台。

8.9.4　其他施工质量控制

①盾构切桩结束后,应进行盾构开舱并检查刀盘刀具磨损情况,技术人员必须进行开挖面地质情况素描、开挖面出漏水情况、地层取样、拍摄照片和录像,并上报值班领导。

②盾构掘进施工地层由全断面向上软下硬(复合地层)渐变,掘进段由缓曲线过渡到直线段,掘进过程中注意控制盾构姿态。

③为确保注浆畅通,现要求每天(白班、夜班)根据施工实际情况选择时间进行注浆设备(泵头、管路等)系统清理,以保证注浆质量满足要求。

④盾构在切桩过程中,应进行领导值班制度。

⑤泥水场地及时统计出渣土方量,并检测每环泥浆密度、黏度是否满足要求,注意观察泥浆池液位变化并记录,如有异常情况,及时报告。

⑥值班人员与盾构司机需记录当班施工参数、工序施作时间与设备故障等,下班前上交各部室。

⑦待管片脱出拖车范围,立即进行二次注浆。

⑧盾构切桩过程中,安排专人对桩基托换位置进行监控,确保地面无沉降或隆起冒浆现象。

⑨对于突发刀盘舱液位急剧上涨或下降的情况,应立即根据具体情况,对相应参数进行调整,并及时上报。

⑩所有值班人员必须保持信息畅通,若发现掘进异常后及时上报。

8.10　刀具磨损分析

8.10.1　刀具磨损情况统计

盾构从切削 C15 桩前到切削 F5 桩后,共计 33 环,涉及切桩的总计 4 环。盾构刀盘共计有 8 种刀具。在切完 C15 桩后,进舱处理缠绕刀具的钢筋并更换刀具;切完 F5 桩后,进舱检修,包括处理钢筋及更换刀具。切桩前后刀具的磨损情况如表 8-8 所示。由表可知,滚刀的磨损率最高可达 60%,切刀和刮刀次之,为 10%~15%。保径刀和保护刀基本没有磨损现象。所以切完 1 根桩后,应及时检查刀盘情况,排除切断的钢筋,更换磨损率较大的刀具,以防影响后期盾构效率。

表 8 – 8　刀具磨损情况

种类	个数	C15			F5		
		切桩前刀具刃长/mm	切桩后刀具刃长/mm	最大磨损率/%	切桩前刀具刃长/mm	切桩后刀具刃长/mm	最大磨损率/%
17寸中心双联滚刀	6	25	10 ~ 12	60	25	11 ~ 14	56
17寸双刃滚刀	16	25	10 ~ 15	60	25	12 ~ 16	52
边刮刀	8	50	45 ~ 48	10	50	45 ~ 48	10
切刀	44	50	42 ~ 45	16	50	43 ~ 46	14
保径刀	8	50	50	0	50	50	0
大圆环耐磨保护刀	32	25	25	0	25	25	0
焊接撕裂刀	6	50	48	4	50	49	2
超挖刀	1	20	20	0	20	20	0

8.10.2　刀具磨损形式分类

1. 双刃滚刀

（1）正常磨损

刀具的正常磨损（图 8 – 14）是指刀圈的磨损量超过了规定值，磨损量可用专用的量具进行测量。

（2）刀圈偏磨

如果滚刀在掘进工作面不转动，由于刀圈和掘进工作面的相对运动就会形成刀圈的偏磨（图 8 – 15）。由于中心区滚刀线速度较小，承受载荷较大，中心区滚刀容易出现此现象。

图 8 – 14　刀圈磨损

图 8 – 15　偏磨

（3）刀圈断裂

推力过大或刀圈在比较硬的岩石上滚动就有可能使刀圈断裂，若一个刀圈有两处断裂，断裂的部分刀圈就有可能掉到开挖舱。边缘滚刀和正面区滚刀经常有此现象。

（4）刀圈挡圈磨损或脱落

挡圈是由两个半圆的钢环安装在滚刀轴的卡槽里焊接成一个完整的圆环，其作用是防止刀圈从滚刀轴上脱落。一旦刀圈挡圈脱落或焊接处磨损严重，就应该更换刀具。

（5）滚刀漏油

由于密封件的损坏，就可能使密封油泄漏，从而导致油封座和轮毂的损坏。

（6）其他类型

除了以上类型，滚刀磨损还有轮毂磨损、油封座损坏、多边形磨损等。

2. 切刀

（1）正常磨损

切刀切削土层、砂砾层和被滚刀挤碎的岩层时所形成的磨损。

（2）异常磨损

由于滚刀刀圈掉落，在刀盘同一圆周上的切刀就会直接承受掘进工作面的载荷，切刀和掘进工作面的相对摩擦，会导致切刀严重偏磨或合金齿脱落（图 8 - 16）。

3. 边刮刀

（1）正常磨损

刮削土层、砂砾层和边缘滚刀挤压后的岩层时所形成的磨损。

（2）异常磨损

由于边缘滚刀刀圈掉落或边缘滚刀磨损量严重超限，边缘滚刀开挖掘进工作面的径向尺寸小于边缘刮刀的径向尺寸，边缘刮刀被迫直接挤压在掘进工作面上运动，导致刀具磨损（图 8 - 17）。

图 8 - 16　合金齿脱落

图 8 - 17　边刮刀合金齿脱落

8.11　刀具切削钢筋混凝土分析

8.11.1　钢筋及混凝土块的收集

在盾构切桩过程中及切桩完成后分别对泥水分离设备出口、采石箱内和舱内的钢筋和混凝土块进行了收集。

其中泥水分离设备分离出的钢筋主要为短钢筋和小混凝土块，能够通过格栅和泥浆泵，如图 8 – 18 所示。

图 8 – 18　泥水分离设备出口收集的钢筋及混凝土

采石箱在开箱检查清理过程中发现钢筋较少，多为混凝土块，如图 8 – 19 所示。

盾构机切完桩基后，经进舱检查发现，盾构机刀盘刀具上缠绕大量长钢筋，舱底也沉积有钢筋。有较多长钢筋缠绕在搅拌臂上和刀具之间，部分钢筋卡在刀具与刀箱缝隙之间，如图 8 – 20 所示。

图 8 - 19　采石箱内的混凝土块和钢筋

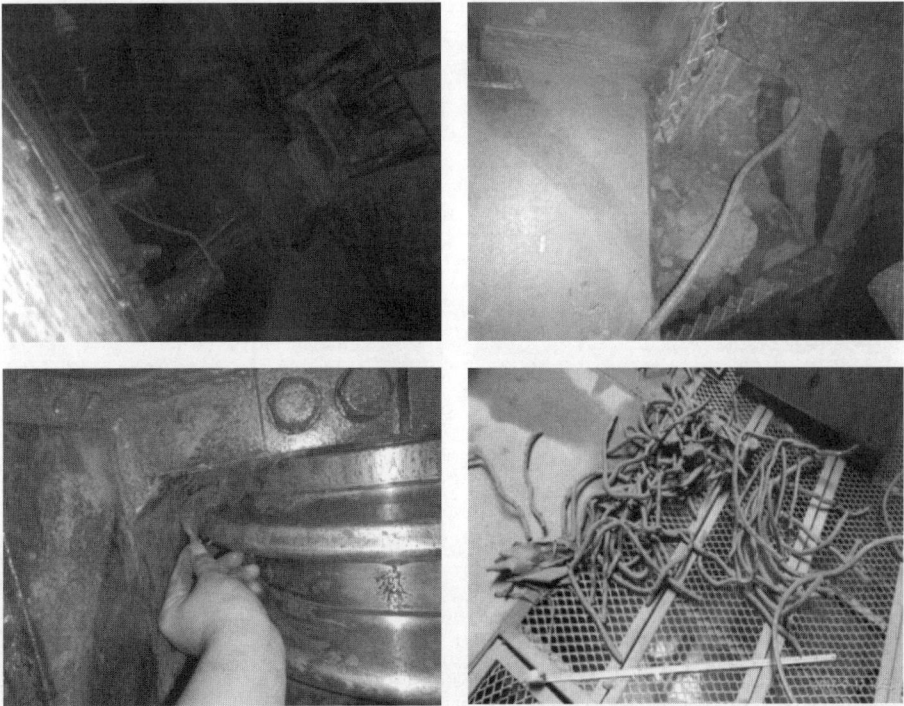

图 8 - 20　舱内的钢筋

8.11.2　钢筋形态分析

在收集切桩产生的钢筋后,对钢筋的形态(图8－21)及长度进行了观察,发现钢筋多为弯曲状态,且钢筋断口形状多为被碾压、拉扯造成。而本次切桩盾构机的刀盘刀具配置主要以双刃滚刀为先行刀,切刀为辅,所以可判断桩基内钢筋主要是被滚刀碾压并拉断,切刀对钢筋作用较小。

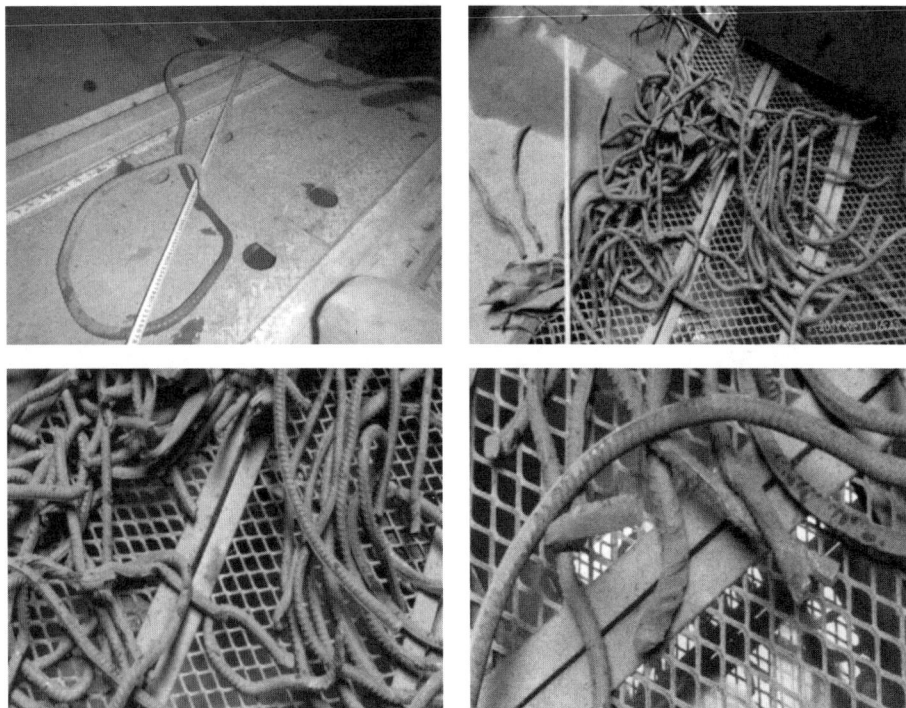

图8－21　钢筋形态图

8.12　本章小结

①详细介绍了泥水平衡盾构机切桩的施工流程及施工技术,主要包括试掘进参数控制技术、掘进参数控制与分析、出渣量控制技术、同步注浆控制技术、掘进方向控制技术、切桩过程地面沉降及建筑物变形控制技术、钢筋及混凝土块清理技术及施工质量标准。

②对切桩后刀具的磨损情况进行了统计,对双刃滚刀、切刀和边刮刀的磨损形式进行了分类。结果表明,滚刀磨损率最高,可达60%,切刀和刮刀次之,为10%～15%,而保径刀和保护刀基本无磨损现象。

③收集了泥水分离设备出口、采石箱和舱内的钢筋和混凝土块,并通过分析收集到的钢筋的形态判断桩基内钢筋主要是被滚刀碾压并挖断,切刀时钢筋作用较小。

第 9 章

泥水循环及绿色施工控制技术

9.1　泥水循环系统简介

9.1.1　泥水循环系统对盾构掘进的主要作用

泥水循环系统在泥水平衡盾构机掘进中起着重要作用。首先当开挖舱内泥水压力大于地下水压力时，泥水渗入地层，形成与土壤间隙成一定比例的悬浮颗粒，被捕获并集聚与泥水的接触表面，最终形成泥膜。随着时间的推移，泥膜的厚度不断增加，渗透抵抗力逐渐增强，当泥膜抵抗力远大于正面土压时，产生泥水平衡效果；其次起着泥水输送的作用，泥水通过进浆泵和进浆管路进入开挖舱内，与刀盘切削下来的渣土混合，然后通过排浆泵和排浆管路输送至地面；最后通过一整套泥水处理系统，将渣土从泥水中分离出来，剩余泥水重新返回开挖舱，形成一个完成的循环过程，如图 9 - 1 所示。

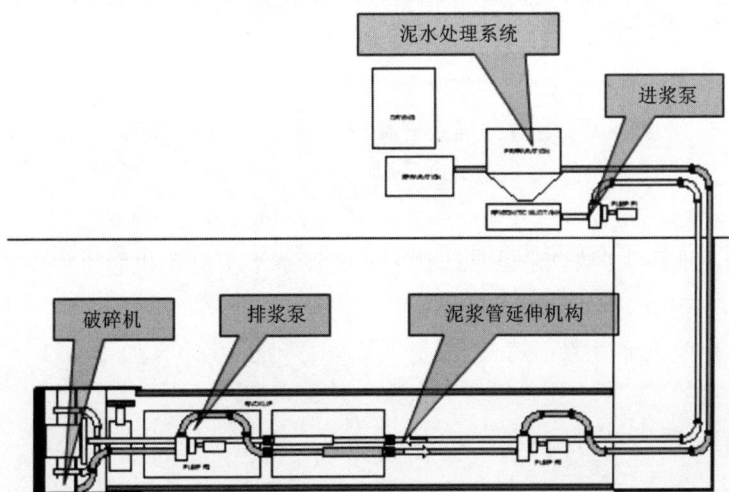

图 9 - 1　泥水循环系统

9.1.2　泥水循环系统的组成

泥水循环系统主要由三大部分组成,包括制浆系统、泥浆输送系统和泥浆处理系统。

1. 制浆系统

制浆系统主要由泥浆池、泵组、搅拌系统、阀组等组成。当盾构机始发时,制浆系统制备满足掘进指标的浆液,输送至盾构机舱内进行掘进;在掘进过程中,若旧浆液量不足时,将制备新的浆液进行补充。

调浆系统主要由沉淀池、进浆池、搅拌系统、泥浆管路、泥浆泵、清水泵等组成。在盾构掘进过程中,对浆液的指标进行监控和调整,以满足盾构掘进对泥浆的要求。

2. 泥水输送系统

泥浆输送系统主要包括进浆池、进浆泵、排浆泵、泥浆管等。主要作用是将调制好的浆液输送至盾构开挖舱,并将渣土携带至地面的处理设备。

3. 泥浆处理系统

泥浆处理系统主要包括泥水分离设备、离心机、沉淀池等。主要作用是将渣土从泥水中分离出来,使浆液的参数指标达到掘进要求。

4. 泥水场地平面布置

泥水场地平面布置如图 9 - 2 所示。

赣江区域主要以粉质黏土、黏土、细沙、泥质粉砂岩等地层为主,后续盾构施工面临以黏土颗粒等为代表的大量细微颗粒分离工作,而传统泥水分离系统无法实现细微颗粒分离作业,泥水场地作为泥水平衡盾构机施工的关键工作,需要配置完善的设备及设施。同时红谷中大道站作为两台泥水平衡盾构机始发场地,泥水平衡盾构机需要累计掘进 3520 m 过江段区间隧道,粉质黏土、细沙层等细微颗粒土层为主的地层中筛分出的渣土难以实现较高的渣土堆放高度,必须结合盾构掘进进度布置渣土存放场地,以满足盾构掘进对场地渣土存放的需求。复合地层泥水分离系统流程图如图 9 - 3 所示。

本工程泥水平衡盾构机计划最高掘进进度按 19 环/d 计算,则盾构施工出渣量及泥浆处理量计算如下:

出渣量: $V = 19 \times 1.2 \times 2 \times 1.3 \times 6.3 \times 6.3 \times 3.14/4 = 1846 (\text{m}^3)$。

渣土存放场占地面积(结合南昌市地铁 1 号线泥水平衡盾构机施工经验,渣土平均高度取 1.2 m): $S = 1846/1.2 = 1538 (\text{m}^2)$

泥浆处理量按照泥水系统泥浆密度变化及单日出土量计算如下: $V_{\text{泥}} = 1846/(1.25 - 1.1) = 12306.7 (\text{m}^3)$

其他设备及场地计算如表 9 - 1 所示。

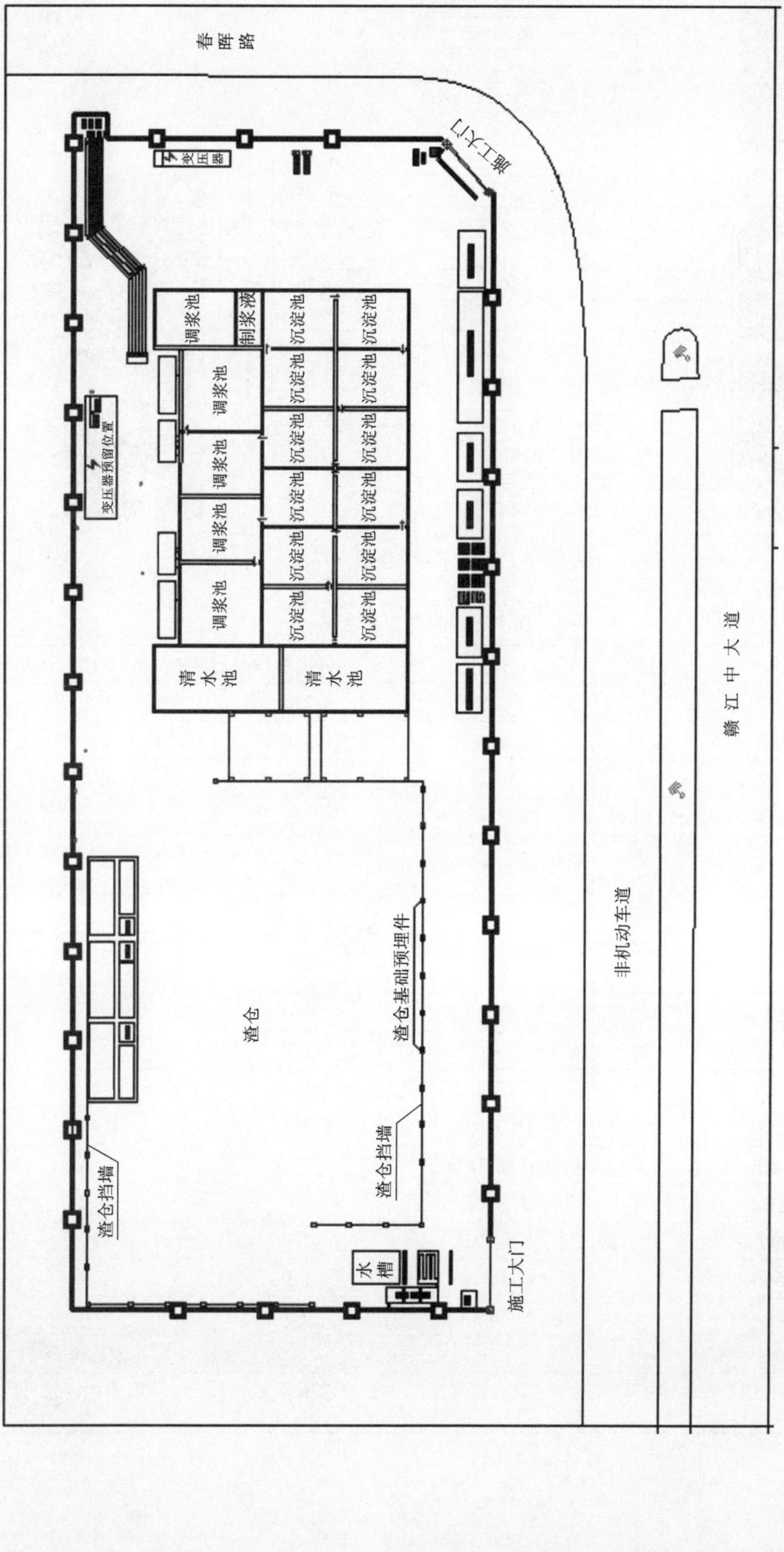

图 9-2　泥水场地平面布置图

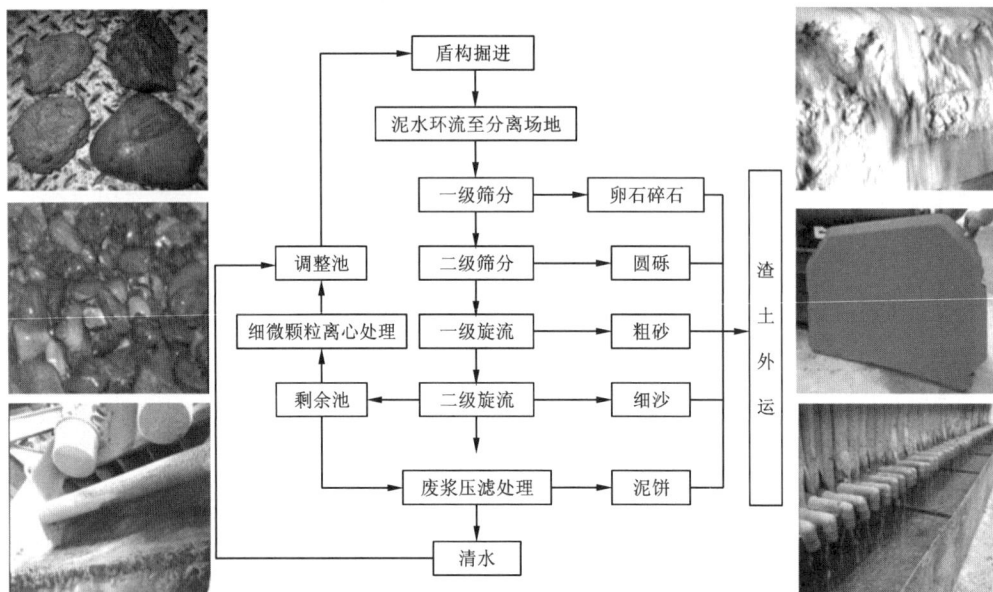

图 9 - 3　泥水分离流程图

表 9 - 1　泥水场地配置及占地表

编号	项目	数量	尺寸	占地面积/m²	备注
1	泥水分离设备	2 套	12 m×9 m	216	设备固有尺寸
2	离心机	3 台	30 m×7 m	210	设备固有尺寸
3	进浆泵	2 套	12 m×2.5 m	60	设备固有尺寸
4	泥浆调整池	2 套	18 m×10 m	360	
5	沉淀池	2 套（每套6个）	9 m×7 m	756	泥浆池分割成迷宫型小块，延长沉淀路径
6	渣土存放场	1 座	—	2435	
7	泥浆池清理便道	2 条	58 m×6 m×2（长×宽×数量）	696	便道内需进去挖机及存放挖出的渣土
8	膨润土库房	1 座	16.7 m×9 m(长×宽)	150	
9	泥浆制浆剂库房	1 座	16.7 m×9 m(长×宽)	150	
10	试验室	一座	16.7 m×9 m(长×宽)	150	
11	清水池	2 套	16 m×8 m	256	
12	洗车槽	1 套	8 m×8 m	64	
13	配电箱	4 座	2 m×3 m	24	
14	设备存放室	2 座	6 m×10 m	120	
15	物资存放室	2 座	6 m×10 m	120	
16	变压器	一套	15 m×4 m	60	
17	其他	—	—	1805	运输通道等
合计占地	7632 m²（为便于绿地移植及后期恢复，同时考虑绿地移植对市容影响，泥水场地占用需绕开大树区。）				

9.2　泥浆参数控制技术

9.2.1　压力控制

由于泥水平衡盾构机施工开挖面的稳定是通过对泥水舱的泥浆加压来保持的,所以泥浆压力控制是泥水平衡盾构施工的关键。

泥浆压力的控制主要分为两个阶段,首先为掘进前的压力设定计算,其次是掘进过程中的压力保持。

1. 泥水压力计算

作用在开挖面上的泥水压力一般设定为:

$$泥水压力 = 土压 + 水压 + 附加压(0.2 \text{ kgf/cm}^2) \qquad (9-1)$$

设泥水压力为 P,刀盘中心地层静水压力、土压力之和为 P_0,则 P 一般控制在 $P = P_0 + 20(\text{kPa})$,并在地层掘进过程中根据地质和埋深情况以及地表沉降监测信息进行反馈和调整优化。

地表沉降与工作面稳定关系以及相应措施与对策见表 9-2。

表 9-2　地表沉降与工作面稳定关系以及相应措施与对策

地表沉降信息	工作面状态	P 与 P_0 关系	措施与对策	备注
下沉超过基准值	工作面坍陷与失水	$P_{max} < P_0$	增大 P 值	P_{max}、P_{min} 分别表示 P 的最大峰值和最小峰值
隆起超过基准值	支撑土压力过大,开挖舱内水进入地层	$P_{min} > P_0$	减小 P 值	

2. 泥水压力保持

开挖舱泥浆压力主要是盾构机保压系统通过自动保持气垫舱内压力和掘进过程中控制气垫舱液位来间接控制。

当气垫舱液位位于中间时,根据规定的泥水压力调节设定保压系统的压力设定值,在掘进过程中,通过控制气垫舱液位来保持开挖舱泥浆压力。当液位降低时,开挖舱压力会随之降低,此时需要加大进浆量并减小排浆量补液位;当液位升高时,开挖舱压力会随之升高,此时需要减小进浆量并加大排浆量补液位。

9.2.2　密度控制

泥浆密度即是泥水密度,一般用相对密度的方式来表示,即相对于水的密度(水的密度为 1.0 g/cm^3)。掘进中进泥密度不应过高或过低,过高将影响泥水的输送能力,过低将破坏开挖面的稳定。切桩过程中,泥浆密度的范围设在 $1.06 \sim 1.10 \text{ g/cm}^3$,即从 $\rho = 1.10 \text{ g/cm}^3$ 开始,可对泥浆加水或通过置换降低泥浆密度,提高泥浆的携渣能力;在 $\rho = 1.06 \text{ g/cm}^3$ 时,可适当添加膨润土,以提高泥浆密度,保证开挖面泥膜的质量。因此在盾构切桩掘进过程中,需要时刻对进浆的密度进行监测,本工程盾构掘进过程中采用人工监测的方式对泥浆密度进行控制。

1. 仪器简介

实验器材采用 NB-1 型泥浆密度计、1000 mL 泥浆杯、清水和泥浆试样。其中 NB-1 型泥浆密度计用于对泥浆密度进行测试,该密度计结构如图 9-4 所示。

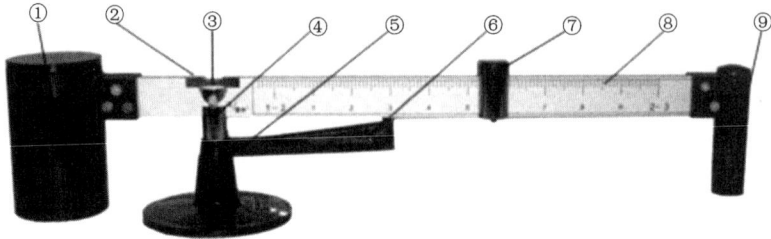

图 9-4　泥浆密度计结构
①—泥浆杯;②—水准泡;③—主刀口;④—主刀垫;
⑤—底座;⑥—挡臂;⑦—砝码;⑧—杠杆;⑨—平衡圆柱

2. 测试步骤

(1)准备工作

将密度计用清水清洗并擦拭干净。

泥浆杯中注满 20℃ 的清洁淡水,用同样测量泥浆的方法测得密度如为 1,则表明密度计是准确的,可以使用。如果测得结果不为 1,则可将泥浆密度计的平衡圆柱盖拧开,通过增减圆柱内的金属颗粒,使测量的清水密度为 1 即可。

(2)泥浆密度测试步骤

①取下杯盖,装满待测泥浆试样,如泥浆中浸入气泡,需轻轻敲击测试杯,直至气泡溢出杯外。

②将杯盖重新盖上,并转动盖紧,使多余的泥浆和空气从杯盖中间小孔挤出。

③将称体外表面及杯盖上多余的泥浆擦拭干净。

④将称体主刀刃对准刀口,放于支撑座上。

⑤将砝码移到刃口附近,然后再缓缓向右移动砝码,使杠杆主尺(主尺每一小格值为0.01,单位 g/cm^3)保持水平的平衡位置(可通过观察水准泡判断是否平衡)。

⑥读数时砝码左侧边线所对的刻线就是所测泥浆的密度。

⑦每次使用后要将仪器彻底洗净、擦干,然后放于仪器箱中。

9.2.3　黏度控制

切桩过程中,泥浆的黏度控制在 20~22 Pa·s 比较有利于掘进。因此,在掘进时可向循环池注入适量增粘剂增加黏度或加入清水以降低黏度,新制的泥浆黏度控制在 21 Pa·s 左右,循环泥浆最大黏度控制 22 Pa·s 以内。本工程泥水平衡盾构机掘进过程中采用人工监测的方式对泥浆黏度进行控制。

1. 仪器简介

泥浆在流动时,其内部存在着摩擦力。内摩擦力的大小,一般用"黏度"的大小来反映,黏度的倒数即为流动度,黏度越大,流动度就越小。通常以一定规格的漏斗,流出一定体积

（500 mL 或 946 mL）的泥浆所经历的时间（s）来衡量黏度的大小，称为漏斗黏度，它是一种相对黏度。

实验采用 1006 型泥浆黏度计对泥浆进行测试，实验器材如图 9 – 5 所示。泥浆黏度计的流出管孔径为 5 mm，长为 100 mm 的铜管。将清洁的水注入黏度计，流出 500 mL 水所需的时间为 15 s，有隔层的量杯其一端的容量为 500 cm^3，另一端的容量为 200 cm^3。

2. 仪器校验

常用 500 mL 清洁的淡水流出黏度计的时间来校验仪器，该值为黏度计的"水泥浆黏度计值"，如果该值大于 15 s，表示流出管未冲洗干净，可用软毛刷、布条等进行清洗；如果小于 15 s，则黏度计不能再使用，正常水值为 15 ±0.5 s。

3. 测试步骤

（1）准备工作

将仪器用清水清洗并擦拭干净。

（2）泥浆黏度测试步骤

①把需要测定的泥浆搅拌均匀，通过筛网倒入黏度计中，同时用手指堵住下部出口（图 9 – 6）。

图 9 – 5　泥浆黏度计

图 9 – 6　泥浆黏度测试

②测量时将 500 mL 的量杯置于流出口下，当放开堵住出口的手指时开始用秒表计时，待泥浆流满 500 mL 量杯且达到它的边缘时停止计时，记录下泥浆流出的时间（s），该值就是所测泥浆的黏度。

③测试完成后用清水将各黏度计清洗干净收入仪器箱中。

9.2.4　其他参数控制

1.含砂率

透水系数大的岩土体,泥浆中的砂粒对岩土体孔隙有堵塞作用,故泥膜形成与泥浆中砂的粒径及含量有很大关系。含砂量可用筛分装置测定,也可用砂量仪代测。

2.析水量和 pH

析水量和 pH 是泥水管理中的一项综合指标,它们在更大程度上与泥浆的黏度有关,悬浮性好的泥浆就意味着析水量小,反之就大。

泥浆的析水量须小于5%,pH 须呈碱性,降低含砂量、提高泥浆的黏度、在析浆槽中添加纯碱,是保证析水量合格的主要手段。

在砂性、砾砂性土中掘进时,由于工作泥浆不断地被劣化,就需要不断地调整泥水的各项参数,添加黏土、膨润土、CMC。

9.2.5　制浆系统

盾构掘进新泥浆的配置是由制浆系统来完成的。制浆系统由新浆制备池、制浆泵、新浆搅拌器、新浆贮存池、搅拌桶、搅拌器、泵、高速制浆机、阀等组成。

1.膨润土制浆工作流程

(1)上清水、上料

启动清水泵(6B‒13/11 kW),设定加水量并开启定量水表,向 ZJ‒1500 制浆机加水,当上完约1400 L 清水时,水阀自动关闭。同时启动螺旋输送机(螺旋输送机需人工上料)按配合比投放膨润土,膨润土重量由称重显示仪 PT650 M 显示和控制。

(2)制浆及输浆

当加足清水时,ZJ‒1500 制浆机运转后再打开电动平板闸阀加料进行制浆。制浆完成后手动切换打开输浆支路送至膨化池,进入下一循环。

(3)制浆机的清洗功能

每次台班(或使用过程中认为必要时)需要清洗制浆系统各部分管道、阀门。设定加水量并开启定量水表给制浆机上清水,进行清洗,清洗完后的清洗液送到膨化池。

(4)上清水的其他管路

清水泵第一条支路向两台 ZJ‒1500 桶内上清水,第二条支路向一台 ZJ‒400 制浆机内提供清水,分别配制 CMC 和 PHP 浆液,第三条支路提供给调浆池用于调浆。以上三条支路分别由一个清水阀和三个定量水表完成。

2.化学制浆

(1)化学制浆过程

采用一台 ZJ‒400 制浆机来分别配制 CMC 或 PHP 浆液或纯碱浆液。上水采用数控定量水表,上物料人工破袋上料,上完水后,手动切换回浆阀门开,出浆阀门关,开启制浆机电机,此为制浆过程。制完浆后进行人工输浆,回浆阀门关,出浆阀门开,输浆到化学池中(CMC 池或 PHP 池)。当调浆池需要化学液时,利用一台化学泵 BZYG40‒280‒CLZ,分别来输送 CMC 和 PHP 浆液或纯碱浆液。化学浆液的输送量由电磁流量计 LDZ‒6 记量并显示。

（2）制浆机、化学泵清洗

制浆机制浆完毕，化学泵输送浆液完成后，或使用过程中认为必要时，必须加水清洗，以保证下一次正常使用。

3. 技术参数

（1）ZJ－1500 手动制浆机主要技术参数

上桶容灰量为 200 kg；

下桶容浆量为 1500 L；

下桶制浆最大水灰比为 0.5∶1；

制膨润土浆最大密度为 1.10 g/mL；

制浆时间（水灰比 0.5∶1）为 3 min；

额定功率为 22 kW。

（2）ZJ－400 制浆机主要技术参数

公称直径为 400 L；

许用水灰比为 0.5∶1；

制浆时间（水灰比 0.5∶1）为 3 min；

额定功率为 7.5 kW。

9.3　泥水输送系统

盾构机掘进需要的泥浆主要通过泥浆泵和泥浆管输送。常规情况下，进浆池设置一台进浆泵，盾构机上设置一台排浆泵，当隧道较长时，可在隧道中间增加中继泵站，进浆管选用 DN350 钢管，排浆管选用 DN300 钢管。

1. 泥浆泵的设计与配置

本工程配备的进浆泵功率为 315 kW，流量为 860 m³/h，共两台；排浆泵功率为 400 kW，流量为 970 m³/h，共三台。泥浆泵均为变频控制，可以实时调整泵的转速和流量，控制出渣量和气垫舱液位的变化。

为了能够观测泥浆管内泥浆的流量，在管道上设置了流量计测量实际流量，并及时反馈在操作屏幕上，使操作司机能够准确控制泥浆泵的转速。

2. 泥浆管路的设计与配置

针对管片设计宽度为 1.2 m 的隧道，每掘进 6 m，即盾构掘进 5 环，需连接一次进排浆管和一次轨道。连接进排浆管时，需将拖车后面进排浆管的闸阀关紧，将进排浆管接头拆开，再将需要安装的进排浆管用法兰与盾构机上的进排浆管连接，中间夹橡胶衬垫，采用电动扳手将螺栓拧紧，待进排浆管安装完成后，将后面的闸阀打开，使进排浆管形成一个回路，保证浆液的畅通。

9.4　泥水循环控制技术

9.4.1　泥水循环模式

泥水循环模式转换如图9-7所示。

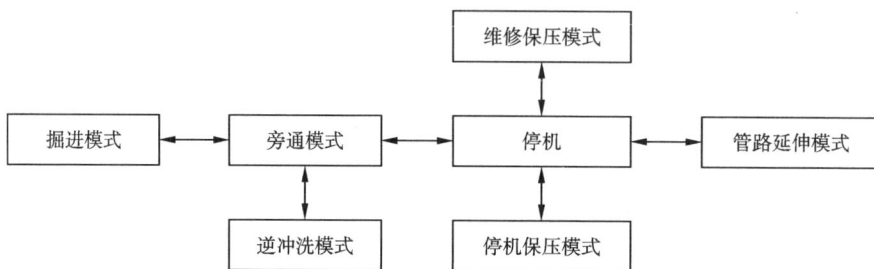

图9-7　泥水循环模式转换图

1.旁通模式

旁通模式为中间过渡模式。通过调节进浆泵和排浆泵的转速来控制进浆管和排浆管的流量、压力,同时将隧道内的进/排浆泵同步调整至需要的转速和流量。

2.掘进模式

掘进模式需通过旁通模式切换。通过调节进/排浆泵转速达到要求的流量和压力,此流量和压力与推进速度和地质条件相适应。

3.逆冲洗模式

逆冲洗模式需通过旁通模式切换。通过进/排浆液流向的切换对气垫舱底部滞排区域和排浆泵前方堵塞管路进行冲洗。

4.管路延伸模式

管路延伸模式需在停机情况下切换。整个施工周期性对泥浆管进行加长,同时需对泥浆管内浆液进行收集处理。

9.4.2　液位控制

泥水舱液位的上升与下降直观地反映出切口水压的波动,也客观地反映出泥水舱内泥渣的堆积情况。注意观察液位的升降趋势,发现液位的升降趋势较大时,要及时调节进浆流量、出浆流量、掘进速度等参数,使液位升降趋于稳定。为避免泥水舱压力波动太大,需要保证泥浆液位的相对稳定,液位的稳定则需通过调节进浆和排浆的流量差值来实现。进、排浆流量的调节又通过调整进浆泵和排浆泵的转速来实现。由于携带渣土的原因,进浆流量和排浆流量存在一定的差值。操作时,其流量调节基准是调节排浆泵的转速,在确保排浆流量能够达到盾构掘进携渣能力的前提下,根据液位变化,调节进浆流量,使液位保持在某一个相对的稳定位置。在盾构实际操作中,气垫舱的保压值通常是以开挖面中心的压力值来设定的,所以液位应该控制在50%左右波动范围。

9.4.3　进、排浆量控制

泥浆循环的目的是携带渣土,为避免渣土沉淀,泥浆必须具备一定的流速,对于不同的地质,其要求的流速是不同的,且与泥浆的比重及黏度有关。

为保证盾构掘进速度,首先必须保证进、排浆量。进、排浆流量应根据泥水舱内液位以及盾构掘进速度,进行及时调整。当盾构掘进速度较高时,单位时间内切削下来的渣土量就多,此时应选择与之适应的进、排浆流量,以保证能够将切削的渣土及时排出;反之当盾构掘进速度较低时,可适当减小进、排浆流量。

9.5　废浆复利用及达标排放技术

9.5.1　泥水处理总流程

泥水平衡盾构机泥浆处理设备共两种,其中一种为 MTP - 1000A 型筛分设备,每台盾构机配置一台,另一种为离心机,共配置 3 台,两台泥水平衡盾构机共用。泥水处理总流程如图 9 - 8 所示。

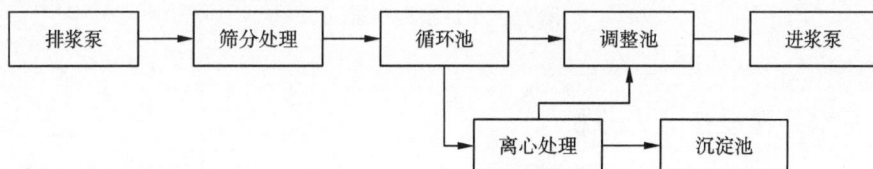

图 9 - 8　处理总流程图

9.5.2　泥浆池配置

泥水场地泥浆池布置如图 9 - 9 所示,泥浆池总长为 52.3 m,宽为 32.2 m,总占地面积为 1684 m²,泥浆池内共设置两套泥水循环池,每套包括一个清水池、5 个沉淀池、1 个小的调浆池和 1 个大的进浆池。各个功能池的尺寸和数量如表 9 - 3 所示。

表 9 - 3　泥浆池尺寸表

序号	泥浆池种类	尺寸(长×宽×高)	数量	备注
1	进浆池	10 m×10 m×4.5 m	2	直接供给盾构泥浆(左右线各一个)
2	小调浆池	7.7 m×10 m×4.5 m	2	
3	沉淀池	7 m×9 m×4.5 m	12	每套6个
4	清水池	15.8×7.9×4.5 m	2	
5	新浆池	7 m×10 m×4.5 m	1	新浆储浆池
6	制浆泵设备坑	7 m×3 m×4.5 m	1	放置制浆泵
7	挡墙	宽0.3 m×高4.5 m	441.2 m	

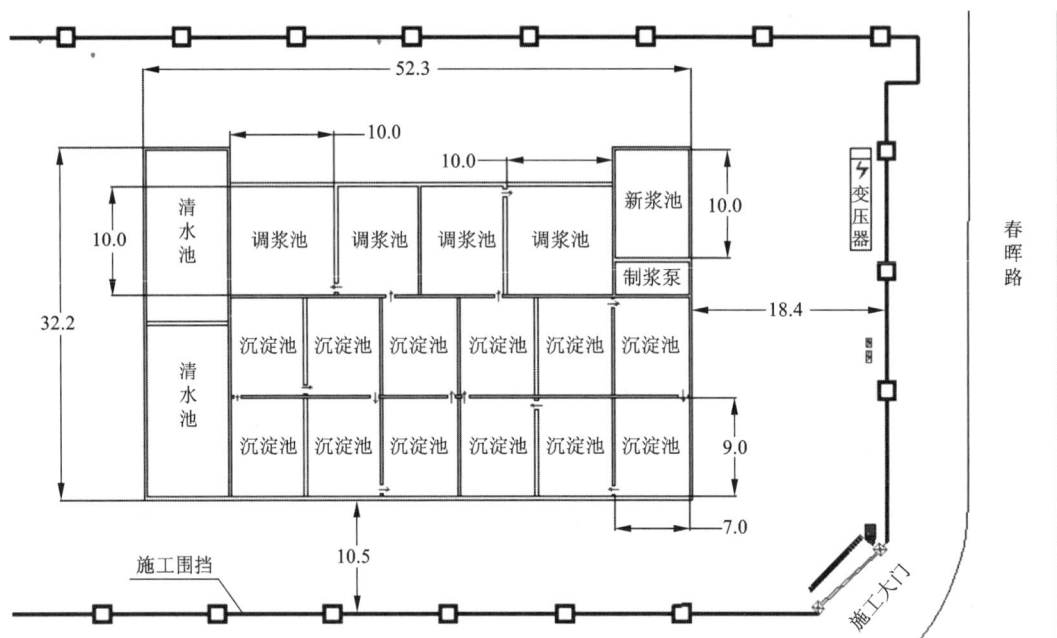

图 9 - 9　泥浆池布置图

9.5.3　泥水处理设备能力分析

　　本工程采用的泥水平衡盾构机的排浆泵最大流量为 970 m³/h,对应的泥水设备处理能力为 1000 m³/h,故其处理能力完全能满足盾构的施工需要。

　　由于泥质粉砂岩黏性颗粒过大,在泥水设备分离后有小于 0.02 mm 的颗粒泥水处理设备无法处理。若这种颗粒泥浆进入到循环池,从以往掘进的情况分析,每环掘进时进入到泥浆池的微小颗粒(小于 0.020 mm)约为 15 m³,微小颗粒每环重量为 27 t,采用小循环掘进时调整池泥浆密度上升 0.06,当泥浆密度达到 1.2 时,盾构将由于泥浆密度过大而造成掘进困难,因此调整池泥浆密度应控制在 1.05 ~ 1.15g/cm³,当泥浆密度达到 1.15 g/cm³,采用离心机对调整池中的泥浆进行脱泥处理,降低泥浆密度。掘进的进度按 150 ~ 180 环/月进行计算,离心机进浆密度按 1.15 g/cm³,出浆密度按 1.0 ~ 1.01 g/cm³,离心机效率按总功率的80% 计算,额定功率为 100 m³/h,实际按 80% 功率计算,每小时处理浆液 80 m³,有效工作时间按 70% 工作时间计算。

　　每月进入调整池的微小颗粒总重为:150(180) × 15 × 1.8 = 4050(4860)t

　　离心机的月处理能力为:[1.15 - 1.01(1.0)] × 80 × 0.7 × 24 × 30 = 6048(5644.7)t >4050(4860)t,离心机的月处理能力满足现场施工要求。

9.5.4　泥水分级筛分处理技术

　　1.筛分设备组成
　　泥水筛分设备的组成如图 9 - 10 所示。

①粗选：粗筛。

②一级旋流分离：一级旋流器、一级脱水筛。

③二级旋流分离：二级旋流器、二级脱水筛。

图 9 - 10　泥水筛分设备图

2. 筛分工作方法

①粗选：盾构机掘进过程中产生的泥浆经 P2.1 泵进入粗筛，粗筛将泥浆中 2 mm 以上的颗粒分离出来，并送入渣场堆置。渣土含水率不大于 25%，满足卡车运输要求。

②一级旋流分离：通过粗筛 2 mm 以下的颗粒及泥浆进入储存槽并由一组渣浆泵将泥浆以 0.25 MPa 的压力送入一级旋流器。一级旋流器分离后 0.074 ~ 2 mm 的颗粒从旋流器下方的底流口排入一级脱水筛，经一级脱水筛脱水后的渣土送入渣场堆积，其含量水率不大于 25%，满足卡车运输要求。一级旋流的溢流浆液进入下一环节继续进行处理。

③二级旋流分离：一级旋流器的溢流口浆液(0.074 mm)以下的颗粒及泥浆排出，送入储存槽(C 槽)。二级渣浆泵将泥浆以 0.25 MPa 的压力送入二级旋流器处理。二级旋流器分离后 0.074 mm 以上颗粒从二级旋流器下方的底流口排入二级脱水筛，经二级脱水筛脱水后的渣土送入渣场堆积，其含量水率不大于 25%。而二级旋流器上方的溢流口同时将 0.020 mm 以下的颗粒及泥浆送入制调浆系统，由制调浆系统调整后继续送入盾构机循环使用。

9.5.5　泥水离心处理技术

1. 脱泥处理流程

脱泥处理工作流程如图 9 - 11 所示。

2. 离心机处理方法

离心机是利用离心沉降原理来实现泥浆中固液分离的设备。泥浆由进料管连续进入转

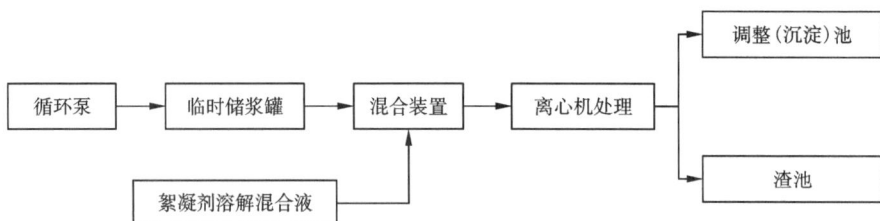

图 9 – 11　脱泥处理工作流程

鼓,在离心力的作用下,密度较大的固相物质沉降在转鼓壁上形成外层沉渣,密封相对较小的液相物质则形成内层液环。沉降的固相物质由螺旋推料器连续不断推至转鼓锥端,经过双向挤压进一步脱水后经排渣口排出。液相物由转鼓柱端溢流口连续的溢出转鼓,经排液口排出。

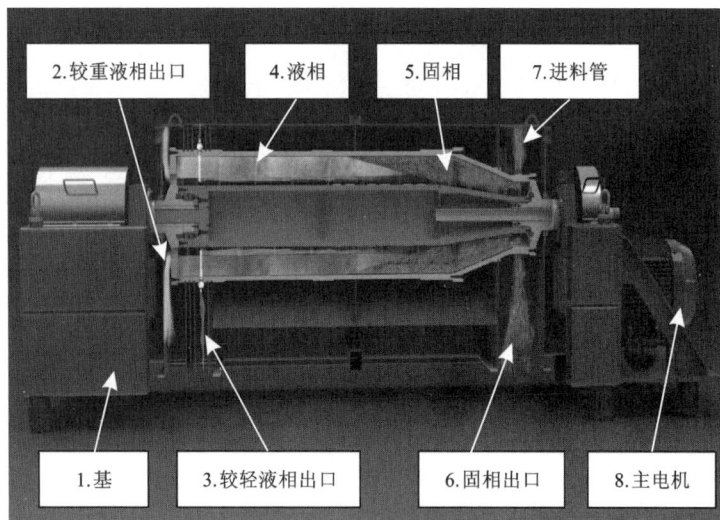

图 9 – 12　卧螺离心机结构图

9.5.6　泥水处理效果

1. 筛分处理效果

现场实际筛分结果显示,粗筛和一级旋流分离基本能达到设计处理要求,二级旋流分离无法达到设计处理要求,部分大于 0.020 mm 颗粒送回循环池后,泥浆密度迅速增加,降低了泥浆的循环使用次数,为了提高泥浆的循环使用次数,根据实际情况增加了脱泥处理。

2. 离心处理效果

对脱泥处理后的排液进行测定,试验结果显示泥浆与絮凝剂混合液混合后再由离心机分离,排液密度为 $1.00 \sim 1.01 \ g/cm^3$,与自来水密度相当,符合南昌污水排放标准。

图 9 – 13　泥水分离设备筛分效果图

9.6　本章小结

①简单介绍了泥水循环系统对盾构掘进的主要作用及泥水循环系统的三大组成部分，即制浆系统、泥浆输送系统和泥浆处理系统。

②详细阐述了泥浆参数控制技术，包括泥浆压力、密度、黏度等，并对制浆系统和泥水输送系统进行了简要的介绍。

③介绍了泥水循环模式及泥水循环中需要注意的泥水舱液位控制及进、排浆量控制。

④介绍了废浆复利用及达标排放的绿色施工技术。阐述了泥水分级筛分处理技术和泥水离心处理技术，通过泥水处理设备能力分析和泥水处理效果总结，表明废浆符合南昌污水排放标准。

第 10 章

盾构下穿桥梁安全控制技术

10.1　托换新桩顶升阶段沉降超限控制技术

①托换新桩为端承桩设计，采用钻孔灌注桩施工工艺，成桩清孔过程中应严格控制桩底沉渣厚度不大于 50 mm，确保桩底沉渣厚度满足设计规范要求。

②为预防托换新桩顶升阶段沉降超限，可采用后注浆技术，在桩内预埋注浆管，通过高压注浆泵以一定压力将预定水灰比的水泥浆压入桩底，对桩底沉渣、桩端持力层及桩周泥皮起到渗透、充填、密实和固结的作用，以此来提高桩端承载力，减少托换新桩的沉降量。

③在顶升施工前，采用 PLC 液压同步控制系统对托换梁进行预顶，对托换新桩进行预压，预压荷载力为顶升荷载力总值的 30%，其目的是使顶升施工阶段托换新桩沉降不超过控制值。

10.2　千斤顶的顶升不同步、托换梁受力不均防控技术

①PLC 液压同步控制系统由液压系统(油泵、油缸等)、检测传感器、计算机控制系统等组成，因此在顶升施工前，应进行对各系统设备进行检查、维修和保养工作，然后对各系统进行调试，确保顶升施工中各设备系统运转正常。

②在托换承台与托换梁施工期间，应按设计严格控制钢板的位置及平整度，保证后续安装的千斤顶与预埋钢板中心上下轴线垂直，避免托换梁及托换承台受力不均。

③桩基托换在顶升施工前应派专人对 PLC 液压同步控制系统各设备和管线进行巡视，预防顶升施工过程中发生油液污染、油温升高、元器件磨损、传感器失灵、液压油管老化或破损等情况。油液污染将引起污染物堵塞滤油器造成油管流量不足，油温升高可能导致油液黏度降低，摩擦阻力增大进而引起千斤顶油缸动作不灵敏，最终使千斤顶同步失效。

④钢管安全装置具有随时无级调节功能，托换承台与托换梁之间在预顶施工中所产生的间隙通过楔块钢板来填充，每级加载过程中钢管安全装置与托换梁产生的间隙均通过人工将楔块钢板打入间隙内，保证千斤顶与钢管安全装置同时受力。其目的是保证预顶系统故障发生时，钢管安全装置能起到独立支撑的作用。

10.3　刀盘、刀具配置风险控制措施

①根据托换桩位置模拟刀盘受力情况，并对刀盘的强度、刚度进行检算。

②按照滚刀先行、环压切割钢筋、刮刀扯断钢筋的原则进行刀具配置；滚刀刀体应对钢筋具有足够的切削能力，布置方式应便于在筋身的若干个切削点集中连续切削。

③盾构切桩施工时，应包括试切桩和切桩两个阶段，试切桩和切桩阶段掘进参数及施工参数相同，其目的是判断盾构试切桩参数控制及盾构刀盘刀具配置是否合理。若盾构试切桩参数稳定无异常，试切桩即可转为切桩阶段；若试切桩参数及刀盘刀具出现波动异常，则应进舱观察后制订相应措施。

④盾构切桩完成后，根据方案内容针对不同桩基位置采用常压或带压模式进舱检测刀盘刀具磨损情况，刀具磨损达到更换条件时，应及时更换，以确保刀盘刀具配置满足下一步作业要求。

10.4　堵舱、堵管控制措施

①通过在排浆泵口设置采石箱，过滤大块渣土及钢筋异物，避免发生卡泵叶轮、堵塞管路等现象发生，采石箱安装在 1 号拖车排浆泵进口前部，采石箱功能主要有进排浆口、冲洗口、格栅及快速清理窗口。

②由于刀盘主动搅拌臂距前盾面板较近，在切桩时进入到开挖舱的钢筋容易缠绕到搅拌臂上，主动搅拌臂割除 200 mm，减小钢筋缠绕到搅拌臂上的风险。同时对泥浆门前部的锥形板进行割除处理，并加焊短圆柱式开放格栅，避免钢筋及大块渣土直接进入到气垫舱排渣口发生堵塞现象。

③为避免盾构机在磨桩过程中磨下的长条钢筋经过碎石机格栅后堵泵、堵管，在泥水舱泥舱门处加设一道格栅，其设计孔径大于碎石机格栅孔（135 mm × 135 mm 方孔）为 180 mm × 180 mm 方孔。

10.5　地面冒浆控制措施

①通过地质资料计算泥水压力，确保泥水土压力平衡，预防保压过大引起地面冒浆的情况发生。

②盾构掘进过程中，严格控制同步注浆压力及注浆量，并在注浆管路中安装安全阀，以免注浆压力或注浆量过高引起地面冒浆。

③地面桩基托换基坑开挖回填应按照设计要求进行分层分段回填，回填过程中应注意控制压实度，以确保回填质量，预防后续盾构切桩过程过中造成旧桩扰动，使泥浆沿旧桩与周边土体缝隙冒浆至地面。

10.6　刀盘、盾壳卡住风险控制措施

①盾构切桩完成后，应组织人员进舱观察盾构切桩的桩体破碎后钢筋是否缠绕刀盘，如发现钢筋缠绕刀盘或刀具时，应将钢筋取出舱外。同时应组织人员对开挖舱下部（下部为泥浆）进行打捞钢筋，预防开挖面因大量遗留钢筋引起刀盘转动困难，造成刀盘抱死。

②盾构切桩完成后，应组织人员进舱进行刀盘、刀具磨损量统计，通过检测刀具（超挖刀）磨损量判定刀具是否达到更换条件。其目的是确保盾构后续掘进开挖面直径满足设计要求，预防因刀具变小造成开挖直径变小而引起盾构卡壳。

③盾构切桩完成后如果长时间停机，为预防盾构切桩的桩体破除后开挖面大量遗留钢筋及泥浆渣土混合沉淀到盾构机底部而卡住切口环位置，造成盾构刀盘转动困难，盾构司机可阶段性地左右向转动刀盘，利用搅拌臂均匀搅拌泥浆混合液，以确保刀盘稳定转动。

④盾构机若长时间停机，应及时向盾尾注入膨润土，确保注浆管内充满膨润土，防止浆液凝固堵塞注浆管并抱死盾尾。

10.7　复合地层盾构切桩开挖面稳定控制措施

①盾构在复合地层切桩前，应根据地质情况与盾构设计轴线的位置关系，采取相应的措施对土体进行加固，加固控制指标及参数应满足设计要求。其目的是预防在盾构切桩过程中对旧桩扰动而造成开挖面失稳，同时也为后续盾构进舱提供有利条件。

②盾构在复合地层切桩施工中应均匀、平稳、速快通过；盾构司机应严格控制盾构推力、掘进速度、刀盘转速、扭矩等参数达到稳定状态且控制值应与切桩设定值相符，切桩过程中严禁出现参数大波动、盾构大推力、大扭矩的情况。其目的是预防盾构切桩引起开挖面出现大的扰动，造成因加固体质量下降或失效而引发开挖面失稳。

③盾构位于上软下硬地层，稳定性较差，施工过程中应注意出渣量控制，严禁进行长时间泥浆循环和刀盘转动。其目的是预防出渣超量引发开挖面失稳及地面塌陷。

10.8　开舱风险控制措施

10.8.1　开挖面有害气体泄漏及应对措施

掘进过程中开挖面可能会涌出有害气体，包括一氧化碳、一氧化氮、甲烷等，有害气体达到一定浓度后，将危及作业人员的生命健康。因此，必须执行以下措施：

①舱内手持便携式有害气体检测仪的人员发现异常情况后，必须立即通知作业人员撤离至舱外，并加强气垫舱内通风换气。

②舱内排出气体检测合格后，应佩戴防毒面罩进入工作舱内，在进一步确认刀盘舱内气体检测合格后，方可通知作业人员再次进入刀盘舱内进行余下的工作。

③舱内和舱外监护人员必须做好突发情况执行过程的相关记录。

10.8.2　设备出现故障导致舱内二氧化碳浓度增高及应对措施

如设备出现故障将导致舱内空气质量下降、二氧化碳浓度增高，危及舱内作业人员生命安全，必须采取以下措施：

①舱外监护人员必须立即通知舱内指挥人员下达紧急撤离指令，同时通知主管领导。

②舱内指挥人员接到指令后立即通知舱内人员紧急撤离至舱外。

③在舱外准备好氧气瓶，必要时舱外人员可携带氧气瓶进舱进行抢救。

10.8.3　开挖面坍塌应对措施

①当地面沉降超过警戒值后，应组织作业人员停止作业并出舱，关闭舱门，建立舱内压力，适当提高开挖舱顶部压力，维护土体稳定。

②当地层渗水量过大时，易导致开挖面发生坍塌。在作业时，应认真仔细观察开挖面的情况，发现有渗水、开挖面掉皮及掉块现象时立即通知舱内人员停止作业，迅速回到气垫舱并关闭舱门。拧紧舱门螺栓后，人员回到人舱，并启动泥浆系统，提高舱内液位与开挖面压力，防止坍塌扩大，并邀请专家召开专家会后采取有效措施处理。

10.8.4　开挖面涌水量过大应对措施

①舱内作业时，应安排经验丰富的专业技术人员在舱内观察开挖面的涌水情况，如果开挖面涌水量正常，舱内作业可正常进行。

②若涌水量有少量增加，开挖面地层无变化，且抽水设备能满足要求，则舱内仍可正常作业；若涌水量较多，且开挖面地层有变化，抽水设备无法满足抽排时，应立即通知舱内人员有序撤出泥水舱，并把舱内工器具全部带出，最后留一人在舱门处观察涌水量及开挖面的情况是否有进一步发展。若涌水量及开挖面变化没有发展，则采取其他措施后，再进舱作业；若涌水量及开挖面变化仍在进一步发展，则关闭舱门并出舱。

10.8.5　减压病预控措施

减压期间必须释放溶解在体内的气体并按照减压方案减压，这样体内的气体就会通过血液循环和肺排出来。如果压力降低太快，会在人体液体和组织内形成气泡（二氧化碳—水反应），气体栓塞就是带压作业后最容易出现的组织病症根源。另外，释放的气体会造成暂时性或者永久性组织损伤，从压力状态下到常压下的转变周期过短，就会造成严重的压缩空气病症，经常会在减压期间或者几小时后出现。因此在减压过程中，应注意以下事项：

①人员舱管理员必须认真履行带压作业人员的减压程序，并做好时间记录，坚决杜绝减少减压时间的现象与跳期减压的现象。

②为保证舱内作业人员的安全，减压过程中应确保舱内通风量。

③减压期间注意事项：在减压期间舱内工作人员必须穿上干燥衣服，避免因冷感冒或者发抖，避免浅/轻呼吸，禁止非自然姿势；定期站立，移动胳膊/腿关节；如果有人出现压缩空气病症或其他病症，必须立即停止减压，并维持目前的压力状况，直到病症消失。几分钟以后，如果病症没有消失，就要将舱内压力升至原来的水平，同时人闸管理员必须立即通知值班医生，仔细对病人进行减压。

④出舱后注意事项：工作人员减压后应禁止剧烈运动，注意多休息，禁止长时间热水浴，多饮水，加压至少24 h后(完全没有压力后)才能乘坐飞机。带压作业后应随身携带应急工作卡，如果出现关节痛以及其他突发病症要及时按照应急卡片联系负责医生，及时医治。

10.9　盾尾密封失效控制措施

①盾构掘进时，因与管片外弧面长时间接触摩擦，盾尾刷存在一定磨损变形，尤其在盾构姿态不佳、掘进纠偏幅度过猛的情况下，局部盾尾间隙过小，盾尾刷弹性钢片因受到过分挤压造成回弹性能减弱甚至永久变形，局部刷片甚至因受力过大发生损坏脱落，进而引起盾尾密封失效。

②壁后注浆压力要根据地层的水土压力计算确定，压力过大可能导致浆液击穿盾尾止浆板、侵入盾尾刷钢丝及油脂腔，致使密封效果降低甚至漏浆；侵入钢丝内的浆液凝固后，会造成刷体弹性降低、盾尾刷与管片外弧面形成半刚性接触，导致盾尾刷损坏加快；速凝型浆液注入时，要控制浆液凝固时间，避免因盾尾空隙浆液凝固堆积导致注入压力增高进而击穿损坏盾尾刷。

③因油脂泵管路堵塞或油脂泵故障造成的密封刷内油脂压力过低，或因密封油脂压入量不足，不能起到密封作用，都会造成盾尾密封失效。因此，盾构施工过程中应及时观察、掌握盾尾油脂管路、油脂泵站、盾尾刷注脂压力的运转情况，发现问题及更维修、更换，确保盾尾密封正常运行。

④管片拼装变形(非标准圆)和管片错台后，使盾尾密封无法紧密包裹整环管片，易形成渗漏通道；管片破损后若带盾尾密封舱也会损坏盾尾刷，形成渗漏水通道。当盾尾密封失效后，应在盾尾密封失效位置增大注脂量和注脂压力，待油脂沿失效密封路径溢出时，集中全环压入油脂量，确保盾尾刷内腔填满并达到密封条件。

10.10　主轴承损坏风险控制措施

①桩基托换旧桩布设位置若与隧道中心轴线存在偏差，则盾构机切桩过程中刀盘受力不均。在施工过程中若掘进参数过大且盾构机主轴承载偏载力，主轴承和齿轮在转动中将带动泥砂并严重磨损密封、衬套、齿轮(轴承大齿轮、电机小齿轮)，造成密封损坏，泥砂直接涌入齿轮箱，大齿轮严重磨损、无法啮合，并且衬套磨损严重轴承滚珠存在外漏的风险。

②严格按照盾构机维修保养手册进行日常检查保养；定期提取主轴承齿轮油样送检并及时更换齿轮油或滤芯。

③重点监控主轴承润滑脂及密封脂的压力和用量，异常时必须立即进行处理，严禁盲目推进。

10.11　桥梁监测数据异常控制措施

①桩基托换顶升施工过程中，桥梁监测体系主要采用无线传输的方式进行数据自动化采集监测，同时对关键测点采用两种不同方法、设备进行监测，确保数据的准确和真实有效。

②盾构掘进及切桩过程中，对桥墩沉降、同跨相邻桥墩沉降差、桥墩倾斜、主梁关键断面应力进行监测，严密监测倾斜、沉降的发展趋势，对沉降、水平位移和应力等进行资料整理与分析，并将监测结果指导施工。当监测出现异常时，应停止掘进并及时查明原因，立即采取注浆加固等措施控制变形、裂缝进一步发展。

③监测中严格遵守技术人员现场监测制度，保证监测数据的可靠性。将监测数据整理后，使用计算机绘制图表并在当天或隔日提交。当所监测结果数据接近或达到报警值时，应立即校测，及时分析原因，跟踪加密观测，并及时通报现场施工人员及业主单位、设计单位、监理单位以便共同研究确定防范措施，确保桥梁结构的安全。

10.12　本章小结

在整个盾构施工过程中，存在着许多影响施工安全稳定的不确定性因素，往往需要采取各种安全控制措施减少这些不可控因素对施工的危害。本章从盾构隧道施工风险、桩基托换风险、盾构切桩风险等方面出发，详细地罗列了一些在盾构下穿桥梁施工中需要注意的风险和相应的安全控制指标及应急处理方案，为安全施工提供了保障。

第 11 章

监控量测

11.1　监控量测的原则

　　监控量测是一项系统工程，工作的成败与监测方法的选取及测点的布置直接相关。根据相关监测工作的经验，归纳出以下 5 条原则。

　　(1)可靠性原则

　　可靠性原则是监测系统设计中最重要的原则。为了确保监测的可靠性，需要采用可靠的监测仪器，且应在监测期间保护好测点。

　　(2)多层次监测原则

　　①在监测对象上以位移为主，兼顾其他监测项目。

　　②在监测方法上以仪器监测为主，以巡检为辅。

　　③在监测仪器选择上以机测仪器为主，以电测仪器为辅。

　　④在地表、邻近建筑物及地下管线上布点以形成具有一定测点覆盖率的监测网。

　　(3)重点监测关键区原则

　　对于具有不同工程地质及水文地质条件的建筑物或地下管线，其稳定的标准是不同的。稳定性差的地段应重点监测，以保证建筑物及地下管线的安全。

　　(4)方便实用原则

　　为减少监测与施工的相互干扰，监测系统的安装和测量应尽量做到方便实用。

　　(5)经济合理原则

　　系统设计时考虑经济实用的仪器，以降低监测费用。

11.2　监控量测的控制标准

　　托换梁施工是一项技术难度高、施工风险大的工程，监控量测是确保施工安全的关键手段，控制值及预警值的设定又是其中的关键一环。根据施工方案设计和相关规范，桩基托换实施阶段安全监测量测控制值及预警值如表 11－1 所示。

表 11 - 1　监测控制值及预警值

序号	监测项目	预警值	控制值
1	桥墩位移/mm	2.00	3.00
2	新桩沉降/mm	-3.50	-5.00
3	桥墩倾斜/(°)	0.057	0.117
4	托换梁混凝土应力/MPa	1.10	1.57
5	托换梁钢筋应力/MPa	176	252
6	托换梁沉降/mm	-3.5	-5
7	同跨相邻桥墩沉降差/mm	3.5	5

11.3　监控量测的组成

11.3.1　监测内容

桥梁监测主要针对桩基托换过程中桥梁安全监测和托换后区间隧道盾构下穿阶段桥梁的安全监测。

对涉及八一大桥南引桥托换的 7 根桩基进行监测，编号分别为 C15、C17 - 2、C18、F5、F7 - 1、F8、F9；另考虑桥梁结构类型为连续梁，被测墩柱如果发生沉降很可能对同梁段的其他墩柱产生影响，因此考虑将高墩周边的 F7 - 2、C17 - 1 两根墩柱也划入监测范围。

监测系统主要采用无线传输的方式进行数据自动化采集监测，同时对关键测点采用两种方法，两种不同设备进行监测，确保数据的准确和真实有效。

监控量测总体分为托换过程中新旧桥墩及桩基变形监控和托换后区间隧道盾构下穿阶段桥梁结构安全监控。托换过程中对每个环节的监测数据进行采集、分析，若发现问题及时提出。监测项目详见表 11 - 2。

表 11 - 2　监控量测项目表

序号	施工阶段	监控量测项目	监测仪器	精度
1	托换实施阶段	桥墩沉降	静力水准仪	0.1 mm
2		桥墩倾斜	倾角仪	0.001°
3		托换梁内力观测	应变计或钢筋应力计	1 $\mu\varepsilon$ 0.1 Hz
4		新桩和托换梁沉降	静力水准仪	0.1 mm
5		托换过程中顶升监控		
6		主梁关键断面应力监测	应变计	1 $\mu\varepsilon$

续表 11 – 2

序号	施工阶段	监控量测项目	监测仪器	精度
7	托换后区间隧道盾构下穿阶段	桥墩沉降	静力水准仪	0.1 mm
8		同跨相邻桥墩沉降差	静力水准仪	0.1 mm
9		桥墩倾斜	倾角仪	0.001°
10		主梁关键断面应力监测	应变计	1με

11.3.2　监测方法

1. 桥墩沉降监测

八一大桥南引桥实施托换桩的 7 个墩柱(C15,C17 – 2,C18,F5,F7 – 1,F8,F9)及附近 2 个墩柱(C17 – 1,F7 – 2)均采用晶硅式静力水准仪进行沉降监测。每个桥墩安装一个静力水准仪,静力水准仪安装在墩柱上部,具体位置根据现场情况确定。

静力水准监测沉降的工作原理如下(图 11 – 1):

静力水准仪是通过一根透明的 PU 管连起来的,最后连接到一个储液罐上,相比于管线的容量,储液罐拥有足够大的容量,能够有效减少由于温度变化导致的管线容量细微变化所带来的影响。储液罐视为基准面,可通过压力传感器的压力变化直接获取该测点的相对沉降(或抬升),基准点放置在影响区域之外的桥墩上。

为消除大气压的影响,每条线路上所有的传感器共用一根通气管,最后连接到储液罐,形成了一个封闭的气压自平衡系统。

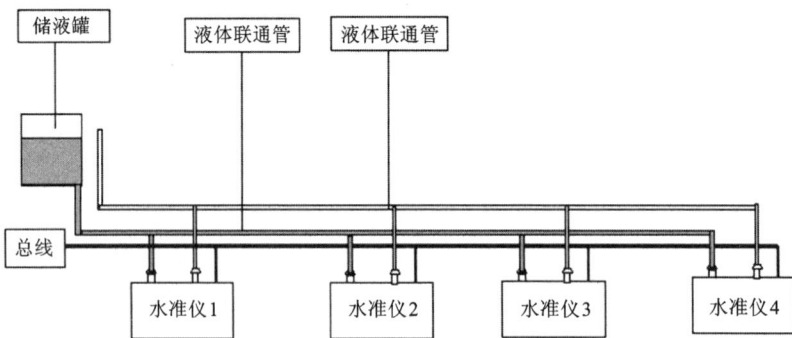

图 11 – 1　静力水准工作原理示意图

2. 桥墩倾斜

桥墩倾斜监测采用双轴倾角仪测量,倾角仪安装在墩柱顶部与桥梁轴线平行的桥墩侧面,以监测墩柱受到扰动可能引起的倾斜(桥墩沿桥轴线方向及其垂直方向)。

倾角仪利用电容微型摆锤原理,当倾角单元倾斜时,重力在相应的摆锤上会产生分量,相应的电容量会变化,通过对电容量处量放大、滤波、转换之后得出倾角。安装时保持传感器安装面与被测目标面(水平面)平行,双轴倾角仪通过 L 形支架固定在桥墩侧面,安装方式如图 11 – 2 所示。

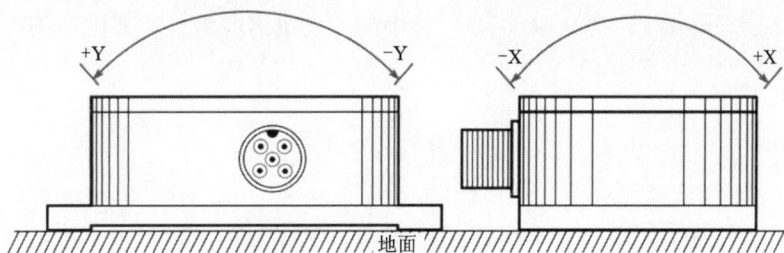

图 11 – 2　双轴倾角仪安装示意图

3. 全站仪位移监测

由于静力水准仪只能反映结构竖向位移，而桩基托换过程水平向位移的监测也很重要，因此采用全站仪设置测点进行水平位移监测。同时，采用全站仪对系统采集的倾斜数据进行校核检测。

用全站仪对桥墩进行水平位移和倾斜度监测时，在托换梁影响范围之外，选取两个基准点 A_0 和 A_1。工作基点应布设在相对稳定且便于观测的位置，根据现场位置实地布设。在托换施工过程中，采取措施避免施工对监测点的破坏和遮蔽。监测过程中经常巡视，发现监测点被破坏和遮蔽后，及时在原处重新布设，当原处不能布设时，须换位置布设，并及时测定初次观测值，考虑到数据的连续性，其点号须采用原先的点号，其观测值经换算后采用原先点的观测值，并在监测报告中加以说明。

监测点布设在桥墩的中部和顶部相应铅直位置上，安装反射片，观测桥墩的位移变化。

4. 精密水准仪沉降监测

在施工开始前，对需要监测的 9 根墩柱设置沉降监测点，控制点采用既有控制网上的测点，基准点根据实际情况加密。精密水准仪第一次读取数据作为初始值。

在后视基准点和墩柱上各固定一个标尺，精密水准仪架设在 2 个测点之间，在施工监测过程中，通过监测桥墩沉降变化，校核静力水准沉降系统数据。

5. 地表沉降监测

地表沉降监测采用精密水准仪、配套铟钢尺等。

观测方法采用精密水准测量方法，基点和附近基准点联测取得初始高程。观测时各项限差应严格控制。按照《建筑变形测量规范》二等水准测量要求，变形观测点的高差中误差不大于 0.5 mm，相邻变形观测点的高差中误差不大于 0.3 mm，对于不在水准路线上的观测点，一个测站不宜超过 3 个；如超过则应重读后视点读数，以做核对。

地表监测基点为标准基准点（高程已知），监测时通过测得各测点与基准点（基点）的高程差 ΔH，可得到各监测点的标准高程 Δh_t，然后与上次测得高程进行比较，差值 Δ 即为该测点的沉降值，即：$\Delta H(1, 2) = \Delta h_t(2) - \Delta h_t(1)$。

6. 托换梁应力监测

在托换梁顶升过程中，监测托换梁的最大正弯矩位置和梁体应力。监测不仅可以观察桩基的荷载传递,还可以使托换梁的正截面弯矩得到有效控制。

托换梁应力监测主要针对梁的受拉区,在托换大梁底部的原基桩剖面投影两侧埋设表面应变计或钢筋应力计(图 11-3),对托换过程中的托换梁体应力进行严密监测。

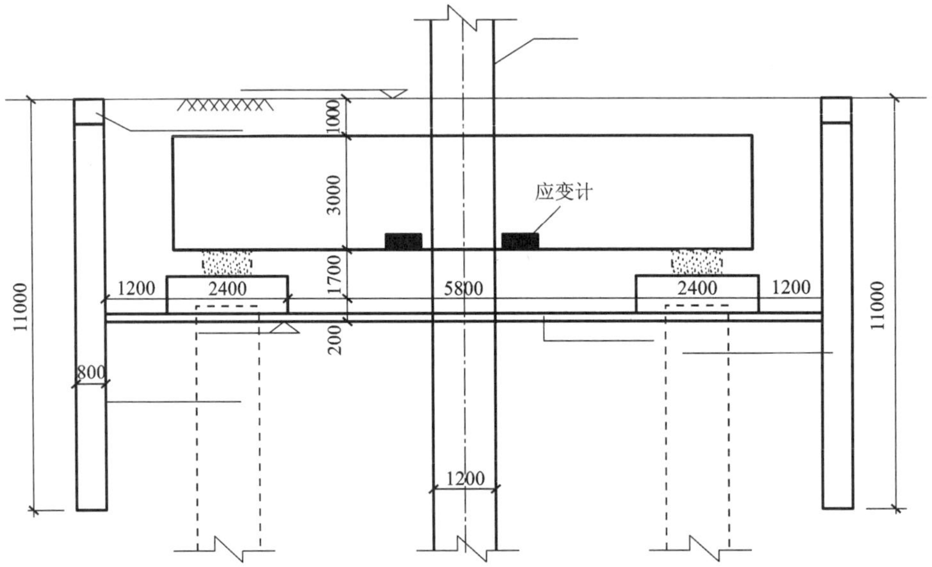

图 11-3　托换梁应力(应变)监测测点布置图

7. 托换梁挠度监测

托换梁挠度监测主要针对梁的最大正弯矩位置(即原桩位处),选取新桩桩位处托换梁两端梁体顶面布置基准点,架设基准梁并在基准梁上安装磁性表座,采用数显式位移传感器的方式测读。

8. 新桩和托换梁沉降监测

托换新桩承载力不足、桩底沉渣等因素可能会导致桩基在顶升过程中发生沉降,从而使上部结构产生附加应力而造成梁体的损伤,故对新桩沉降进行监测十分必要。

新桩沉降监测采用静力水准仪,在两个新桩顶部各设置一个静力水准监测点如图 11-4 所示。主要监测参数包括:托换梁两边新桩的绝对沉降及差异沉降。

由于墩身的绝对沉降可以通过静力水准测得,在新桩顶设置静力水准测点,通过测试新桩顶与墩身的相对沉降,即可得到新桩顶的绝对沉降,以此来测试顶升过程中新桩沉降的变化以及主梁两边新桩的差异沉降。

托换过程中,由于受力不均,托换梁可能会出现倾斜,导致墩身和主梁受到附加荷载,影响托换施工及桥梁结构的安全,故对托换梁的沉降监测十分必要。

托换梁沉降监测采用静力水准仪,在托换梁的两端(新桩相应位移)各设置一个静力水准测点,如图 11-5 所示。主要监测参数包括:托换梁两端的绝对沉降及差异沉降。

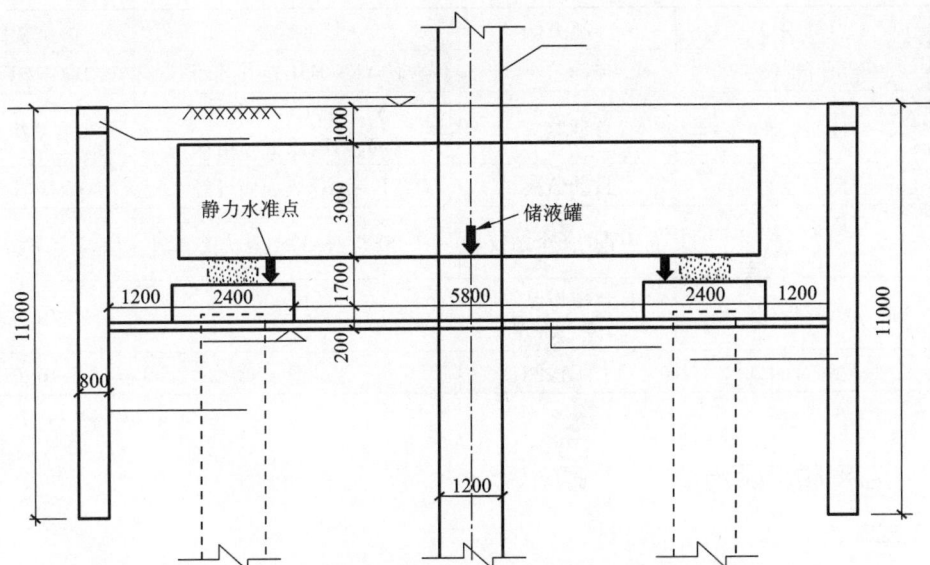

图 11-4　新桩沉降测点布置示意图(上图补充标注文字说明)

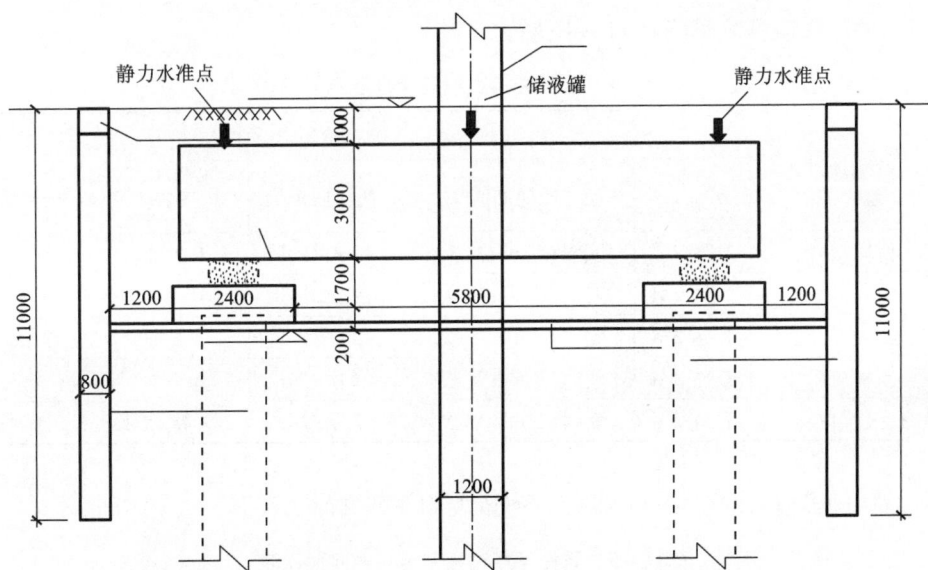

图 11-5　托换梁沉降测点布置示意图(上图补充标注文字说明)

11.3.3　监测仪器设备

监测时使用的主要监测仪器设备如表 11-3 所示。

表 11 - 3　监测方法与测量精度要求

编号	监测项目	监测方法	仪器设备	测量精度
1	沉降监测	自动监测	岩联 YL - HSL 静力水准仪	0.01% F. S
2	倾斜监测	自动监测	YL - IMG(B)全温补高精度双轴倾角计	0.001°
3	应力监测	自动监测	YL - BSG 表面应变计	1 με(0.1 Hz)
4	桥墩水平位移和倾斜校核监测	自由设站(全站仪)	SET - 1130R 全站仪	1″
5	桥墩沉降校核监测	自由设站(精密水准仪)	天宝	0.01 mm
6	裂缝综合测试仪	人工检测	武汉博泰斯	0.01 mm

11.3.4　监测频率及周期

1. 监测频率

监测频率按时段及施工工况进行:

①在早晚交通高峰期,应加大监测频率,在一般时段则相应减少监测频率;

②在施作托换承台、施作托换梁、预顶、顶升施工、施作托换桩等关键节点等应加大监测频率。

桩基托换过程监测频率按表 11 - 4 执行。

表 11 - 4　桩基托换过程安全性监测频率表

序号	监测项目	施工阶段				
		托换前期观测期间	托换期间	托换后 1 周	托换后 2 周	托换结束后
1	桥墩沉降	1 次/2 d	实时(5 min 一次)	2 次/1 d	1 次/1 d	1 次/2 d
2	桥墩倾斜	1 次/2 d	实时(5 min 一次)	2 次/1 d	1 次/1 d	1 次/2 d
3	托换梁内力观测	1 次/2 d	实时(5 min 一次)	2 次/1 d	1 次/1 d	1 次/2 d
4	新桩沉降	1 次/2 d	实时(5 min 一次)	2 次/1 d	—	—
5	托换梁位移	1 次/2 d	实时(5 min 一次)	2 次/1 d	1 次/1 d	—

托换后区间隧道盾构下穿过程监控频率按表 11 - 5 执行。

表 11 - 5　盾构下穿过程安全性监测频率表

序号	监测项目	施工阶段				
		下穿前期观测期间	下穿期间	下穿后 1 周	下穿后 2 周	下穿结束后
1	桥墩沉降	1 次/d	1 次/1 h	4 次/1 d	1 次/1 d	1 次/7 d
2	桥墩倾斜	1 次/d	1 次/1 h	4 次/1 d	1 次/1 d	1 次/7 d
3	托换梁位移	1 次/d	1 次/1 h	4 次/1 d	1 次/1 d	1 次/7 d

2. 监测周期

监测工作持续到各项监测数据稳定为止,桥墩静力水准和倾角观测系统保留至盾构下穿时继续使用,直至盾构穿越该区域。

11.4　施工监控数据

监控数据采集工作除在施工关键节点(顶升、千斤顶卸载、旧桩切割和盾构穿越等)密集进行外,其他时间正常采集。但整体而言,施工关键节点的监控值普遍大于日常监控数据。因此,本书仅列出施工关键节点的监控数据。

11.4.1　F5 墩监测结果

1. F5 墩顶升时监测结果

F5 墩托换顶升于 2016 年 7 月 10 日凌晨进行,各监测项目数据变化曲线如图 11 - 6 ~ 图 11 - 10 所示。

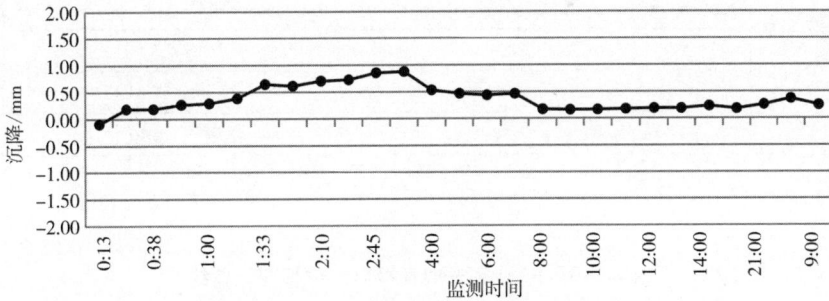

图 11 - 6　F5 墩顶升时桥墩沉降变化曲线

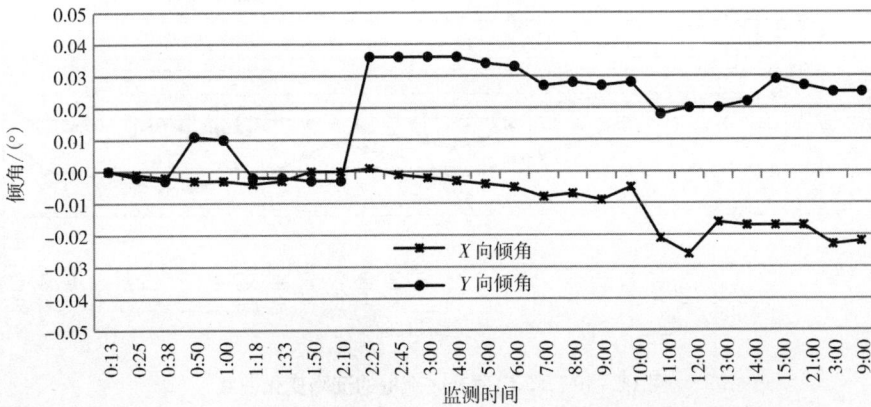

图 11 - 7　F5 墩顶升时桥墩的倾角变化曲线

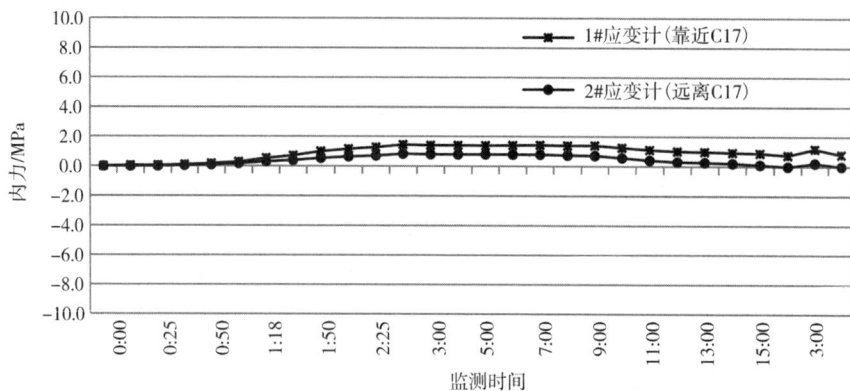

图 11 - 8　F5 墩顶升时托换梁内力变化曲线

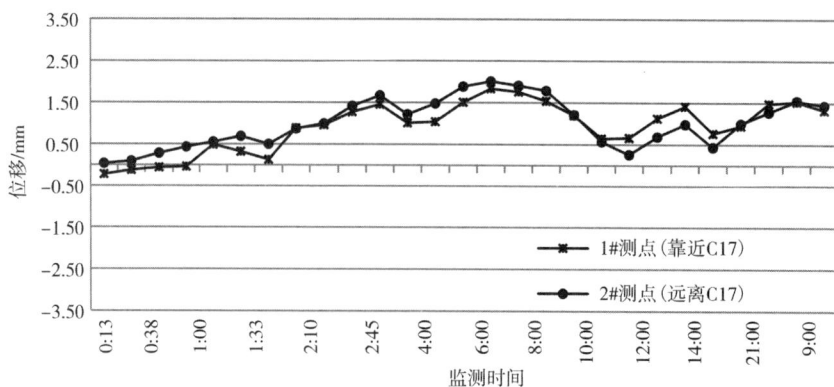

图 11 - 9　F5 墩顶升时托换梁的位移变化曲线

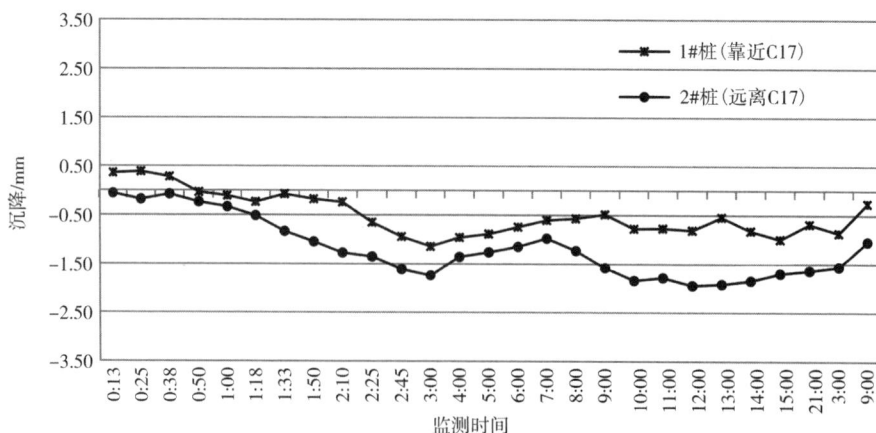

图 11 - 10　F5 墩顶升时新桩的沉降变化曲线

　　F5 墩顶升分 11 级加载(各级加载共计 3 h 45 min 完成)。由图 11 - 6 ~ 图 11 - 10 可以看出,除托换梁位移和其中一根新桩的沉降最大值出现在加载完成后 3 h,其他各监测项目最大值均出现在最后一级加载后 1 h 内。各监测项目最大值见表 11 - 6。

表 11 - 6　F5 墩顶升时各监测数据最大值汇总表

监测项目	本次最大变化量	累计最大值	预警值	控制值	备注
桥墩沉降	0.344 mm/h	0.876 mm	3.5 mm	5 mm	
桥墩倾斜	0.039°/h	0.036°	0.057°	0.115°	
托换梁混凝土应力	0.40 MPa/h	1.40 MPa	1.10 MPa	1.57 MPa	报警
托换梁挠度	0.84 mm/h	0.92 mm	—	—	
托换梁位移	- 0.64 mm/h	2.01 mm	3.5 mm	5 mm	
新桩沉降	- 0.61 mm/h	- 1.95 mm	- 3.5 mm	- 5 mm	

托换梁混凝土应力监测值在顶升过程中超过预警值,其他项目监测值无异常。顶升后 18 h 监测结果显示,靠近 C 匝道 1#测点位移速率略大于 0.1 mm/h,但因受交通影响,该位移速率仅作参考。

总的来说,F5 墩顶升施工时整体监测项目累计值和变化速率较小。

2. F5 墩千斤顶卸载时监测结果

F5 墩千斤顶卸载各监测项目数据变化曲线如图 11 - 11 ~ 图 11 - 15 所示,各监测项目最大值如表 11 - 7 所示。

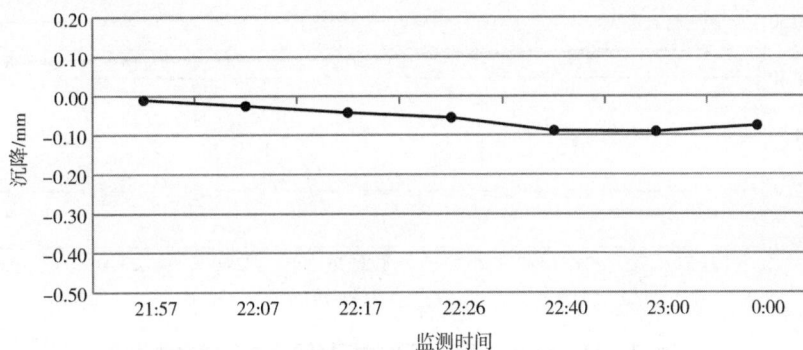

图 11 - 11　F5 墩千斤顶卸载时桥墩沉降变化曲线

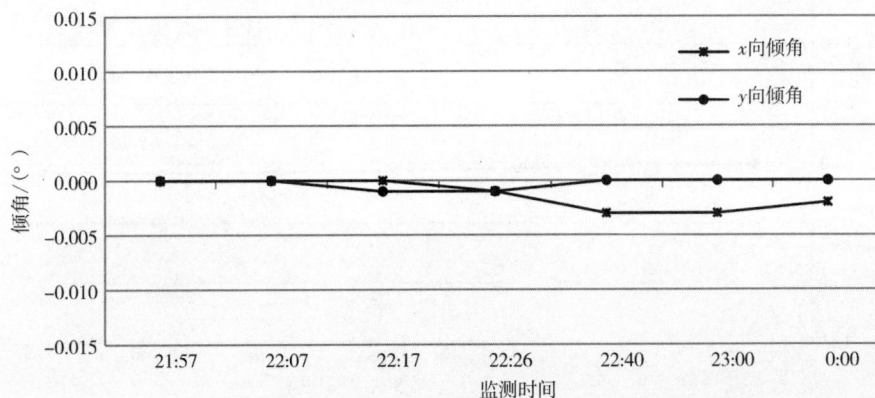

图 11 - 12　F5 墩千斤顶卸载时桥墩的倾角变化曲线

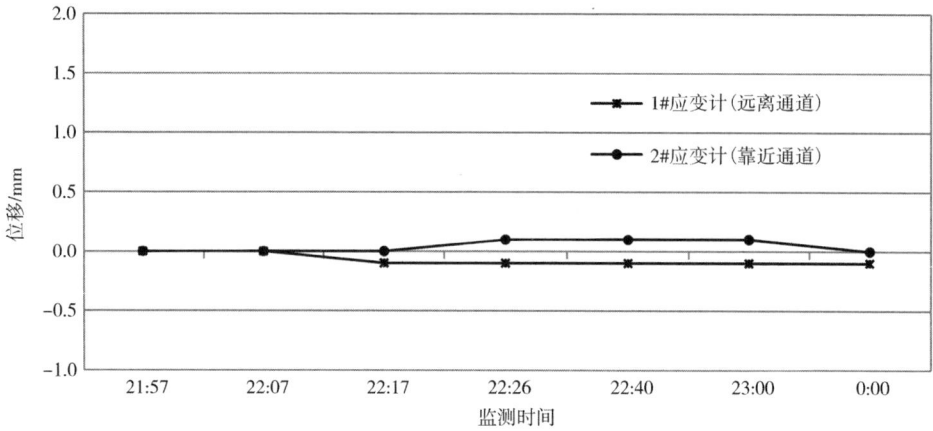

图 11 - 13 F5 墩千斤顶卸载时托换梁内力变化曲线

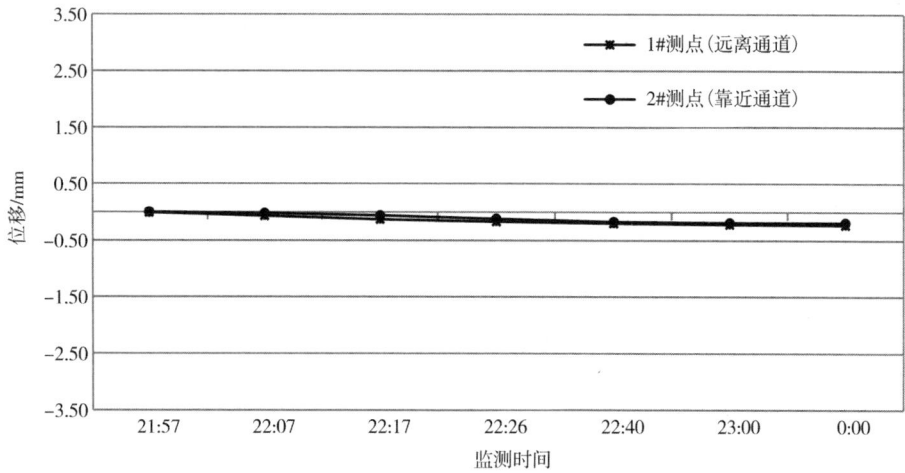

图 11 - 14 F5 墩千斤顶卸载时托换梁的位移变化曲线

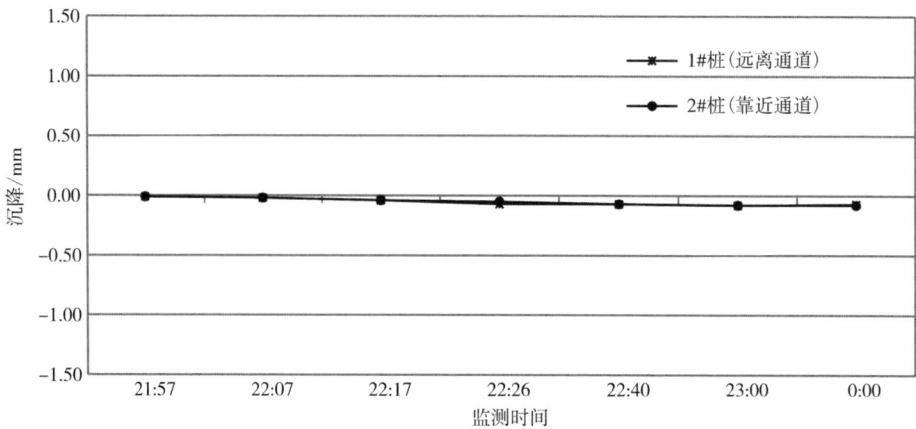

图 11 - 15 F5 墩千斤顶卸载时新桩的沉降变化曲线

表 11 −7　F5 墩千斤顶卸载时各监测数据最大值汇总表

监测项目	本次最大变化量	累计最大值	预警值	控制值
桥墩沉降	− 0.03 mm/h	− 0.09 mm	3.5 mm	5 mm
桥墩倾斜	− 0.002°/h	− 0.03°	0.057°	0.115°
托换梁混凝土应力	0.1 MPa/h	0.1 MPa	1.10 MPa	1.57 MPa
托换梁位移	− 0.06 mm/h	− 0.23 mm	3.5 mm	5 mm
新桩沉降	− 0.03 mm/h	− 0.08 mm	− 3.5 mm	− 5 mm

由图 11 −11 ~ 图 11 −15 可以看出，千斤顶卸载引起的各监测项目数据变化很小。对比表 11 −6 和表 11 −7 可以发现，千斤顶卸载对各监测项目的影响比顶升时小很多，表明新桩有效承担了桥墩传递的荷载。

3. F5 墩旧桩切割时监测结果

F5 墩旧桩切割时各监测项目数据变化曲线如图 11 −16 ~ 图 11 −19 所示，各监测项目最大值如表 11 −8 所示。

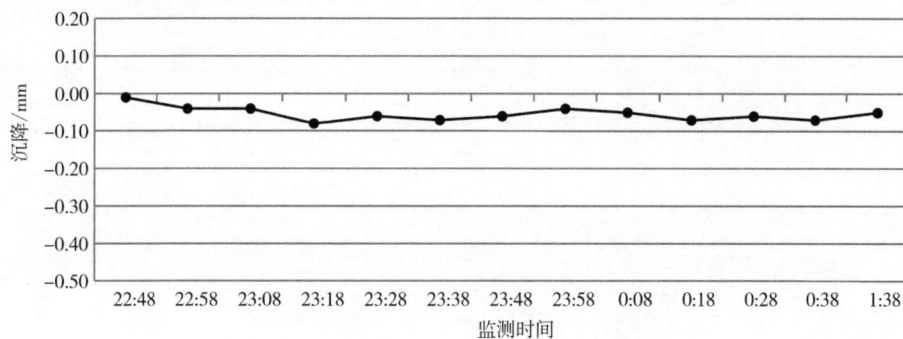

图 11 −16　F5 墩旧桩切割时桥墩沉降变化曲线

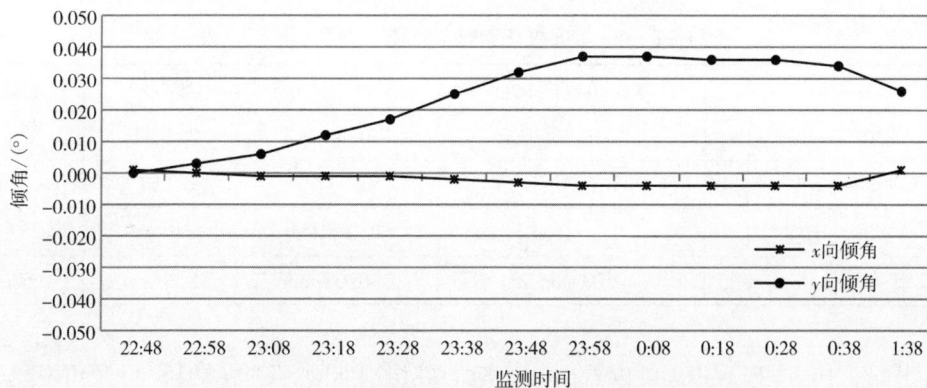

图 11 −17　F5 墩旧桩切割时桥墩的倾角变化曲线

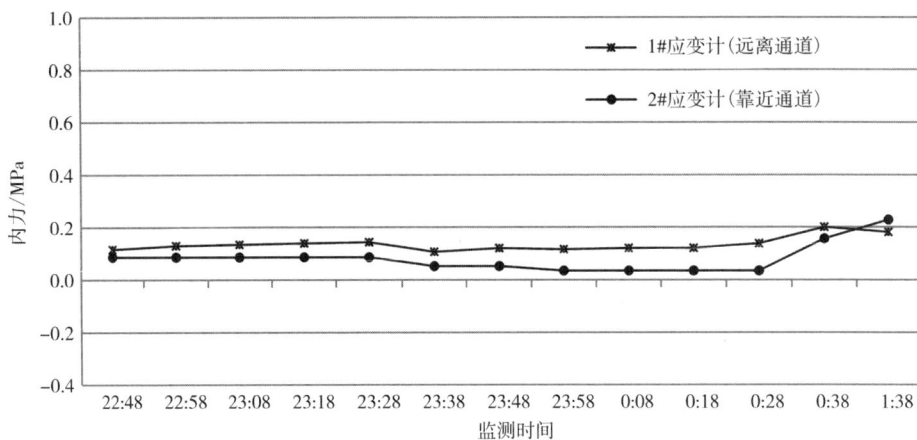

图 11 - 18　F5 墩旧桩切割时托换梁内力变化曲线

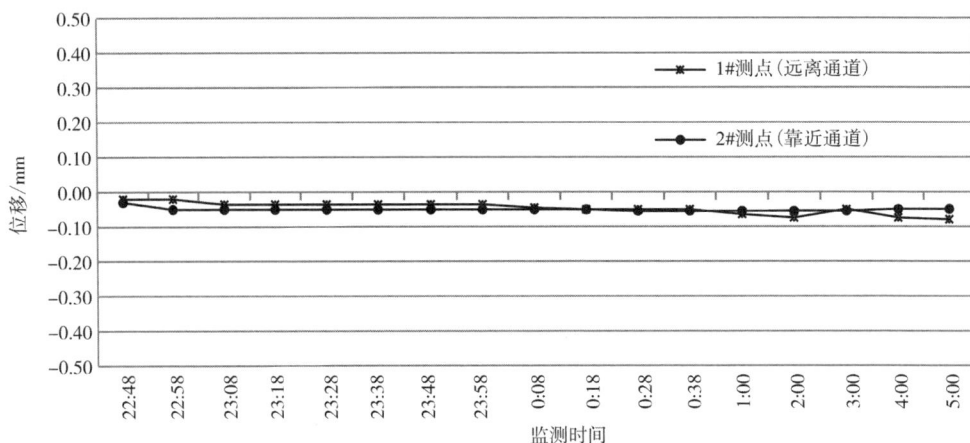

图 11 - 19　F5 墩旧桩切割时托换梁位移变化曲线

表 11 - 8　F5 墩旧桩切割时各监测数据最大值汇总表

监测项目	本次最大变化量	累计最大值	预警值	控制值
桥墩沉降	- 0.01 mm/h	- 0.08 mm	3.5 mm	5 mm
桥墩倾斜监测	0.008°/h	0.037°	0.057°	0.115°
托换梁混凝土应力	0.1 MPa/h	0.2 MPa	1.10 MPa	1.57 MPa
托换梁位移	0.03 mm/h	- 0.08 mm	3.5 mm	5 mm

由图 11 - 16 ~ 图 11 - 19 可以看出, F5 墩旧桩切割期间, Y 向(顺桥向)倾角变化较大为 0.037°(预警值为 0.057°), 其他项目监测值均变化较小。顺桥向倾角变化较大可能与现场道路上恰好有大型车辆通过有关, 之后倾角值逐渐减小。

4. 盾构下穿 F5 墩监测结果

盾构穿越 F5 墩各监测项目数据最大值如表 11 - 9 所示。由表 11 - 9 可知，各项目监测数据最大值均较小。

表 11 - 9　盾构下穿 F5 墩时各监测数据最大值汇总表

监测项目	最大变化量	累计最大值	预警值	控制值
桥墩沉降	0.07 mm/h	1.27 mm	3.5 mm	5 mm
桥墩倾斜	−0.013°/h	0.029°	0.057°	0.115°
托换梁位移	0.05 mm/h	0.29 mm	3.5 mm	5 mm

综上，F5 墩桩基托换施工过程中，除了 F5 墩顶升过程中，托换梁应力监测值超过了预警值(小于控制值)，在其他施工阶段(千斤顶卸载、旧桩切割及盾构下穿 F5 墩)，各监测项目监测值无异常，整体监测结果累计值和变化速率均较小。

11.4.2　F7 - 1 墩监测结果

因 F5 墩顶升过程进行了托换梁挠度监测，监测数据显示托换梁挠度非常小，因此，后续各墩未再进行托换梁挠度监测。

1. F7 - 1 顶升时监测结果

F7 - 1 墩千斤顶的顶升过程中各监测项目数据变化曲线如图 11 - 20 ~ 图 11 - 24 所示。

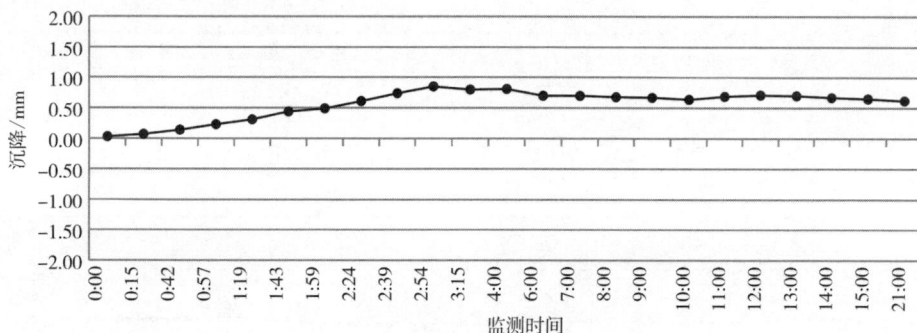

图 11 - 20　F7 - 1 墩顶升时桥墩沉降变化曲线

F7 - 1 墩顶升分 10 级加载(各级加载共计 2 h 54 min 完成)。由图可以看出，桥墩沉降最大值出现在加载完成后的 1 h 内，随后略有减小并逐渐稳定。桥墩倾斜两个方向的最大值均较小，最大仅为 0.005°，出现在第 8 级加载完成后。托换梁内力监测值也较小，最大值为 0.4 MPa。因桥墩两侧的托换梁长度不一致，在桥墩两侧的托换梁位移监测值也不同。较长侧最大位移为 1.57 mm，较短侧最大位移为 0.30 mm。托换梁较长侧最大位移出现在加载完成后，随后基本稳定；较短一侧的监测位移最大值出现在加载完成后 8 h，且稳定所花时间长于较长侧。

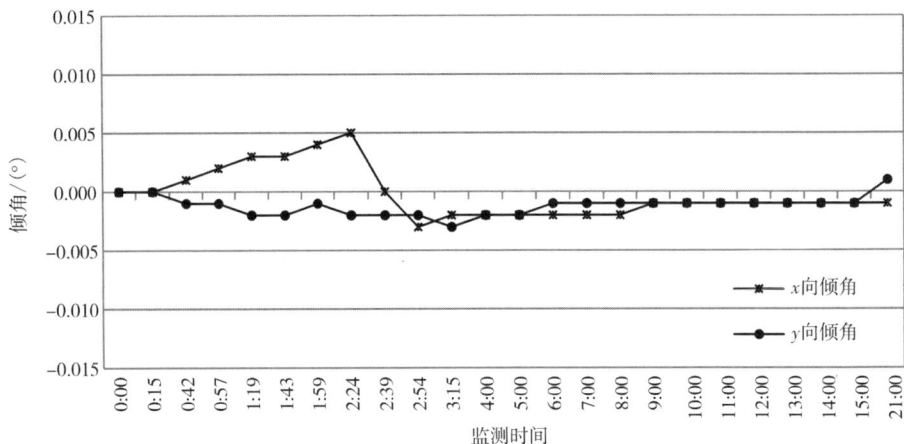

图 11-21 F7-1 墩顶升时桥墩的倾角变化曲线

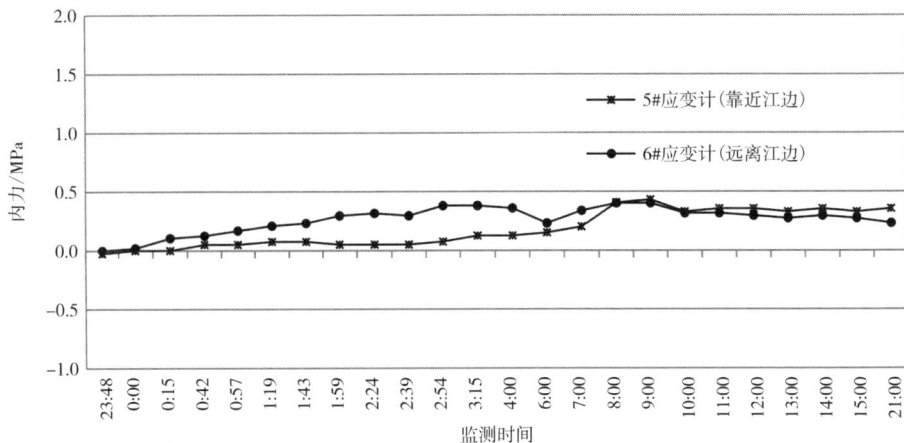

图 11-22 F7-1 墩顶升时托换梁内力变化曲线

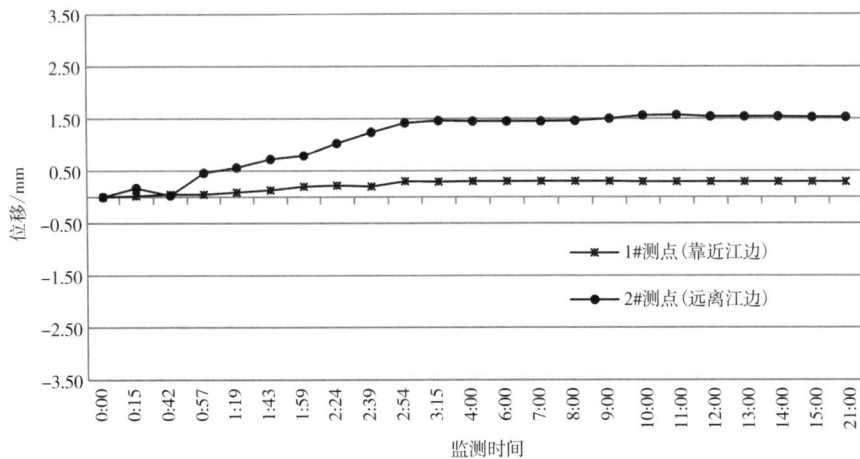

图 11-23 F7-1 墩顶升时托换梁的位移变化曲线

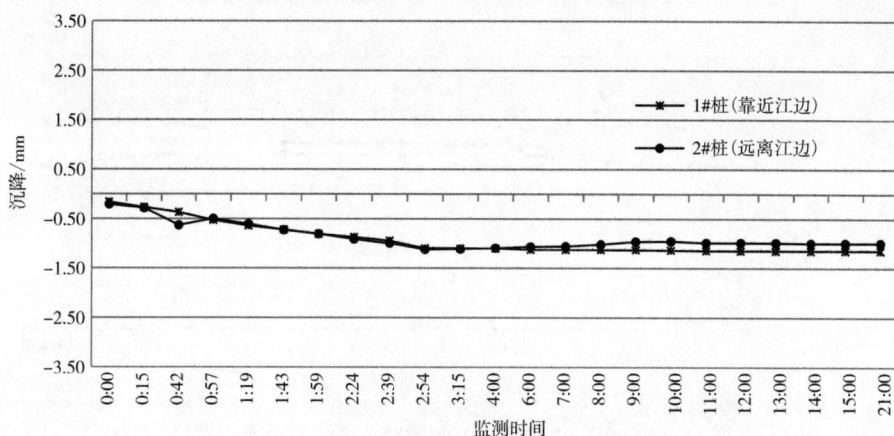

图 11 - 24　F7 - 1 墩顶升时新桩的沉降变化曲线

F7 - 1 墩顶升过程的各监测项目数据最大值如表 11 - 10 所示。

表 11 - 10　F7 - 1 墩顶升时各监测数据最大值汇总表

监测项目	本次最大变化量	累计最大值	预警值	控制值
桥墩沉降	0.13 mm/h	0.81 mm	3.5 mm	5 mm
桥墩倾斜	-0.000°/h	0.005°	0.057°	0.115°
托换梁混凝土应力	0.2 MPa/h	0.4 MPa	1.10 MPa	1.57 MPa
托换梁位移	0.43 mm/h	1.57 mm	3.5 mm	5 mm
新桩沉降	-0.16 mm/h	-1.15 mm	-3.5 mm	-5 mm

F7 - 1 墩顶升过程中各监测项目监测值无异常。整体监测结果累计值和变化速率均较小。

2. F7 - 1 千斤顶卸载时监测结果

F7 - 1 墩千斤顶卸载过程中各监测项目数据变化曲线如图 11 - 25 ~ 图 11 - 29 所示,各监测项目最大值如表 11 - 11 所示。

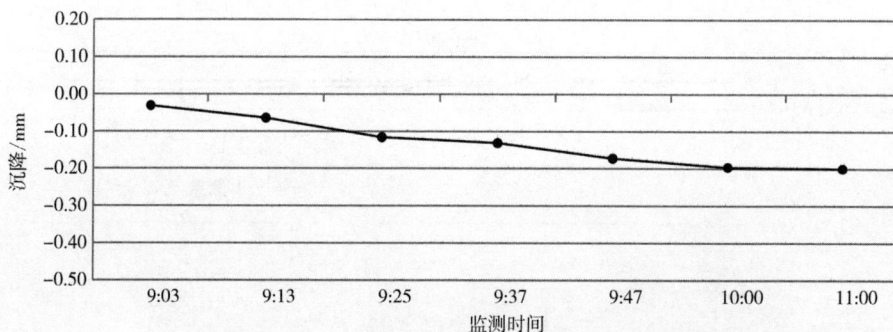

图 11 - 25　F7 - 1 墩千斤顶卸载时桥墩沉降变化曲线

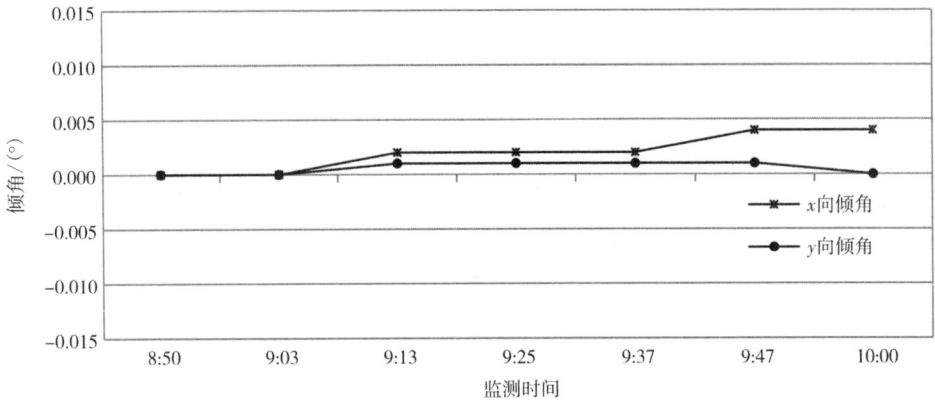

图 11 - 26　F7 - 1 墩千斤顶卸载时桥墩的倾角变化曲线

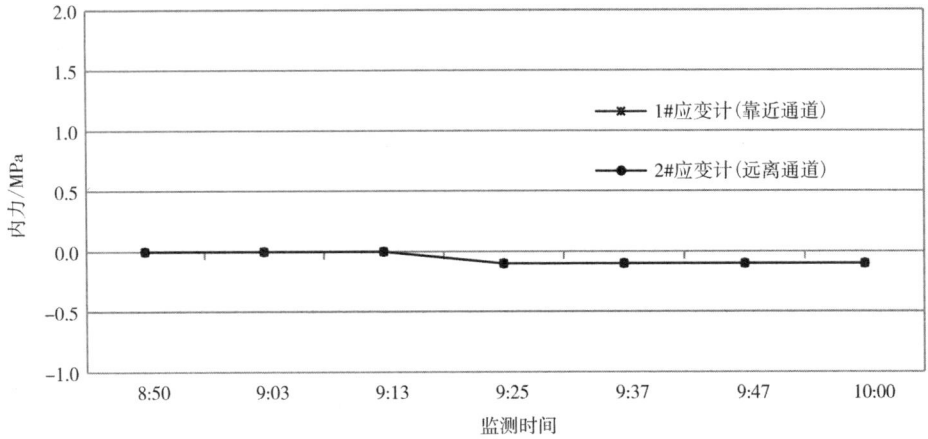

图 11 - 27　F7 - 1 墩千斤顶卸载时托换梁内力变化曲线

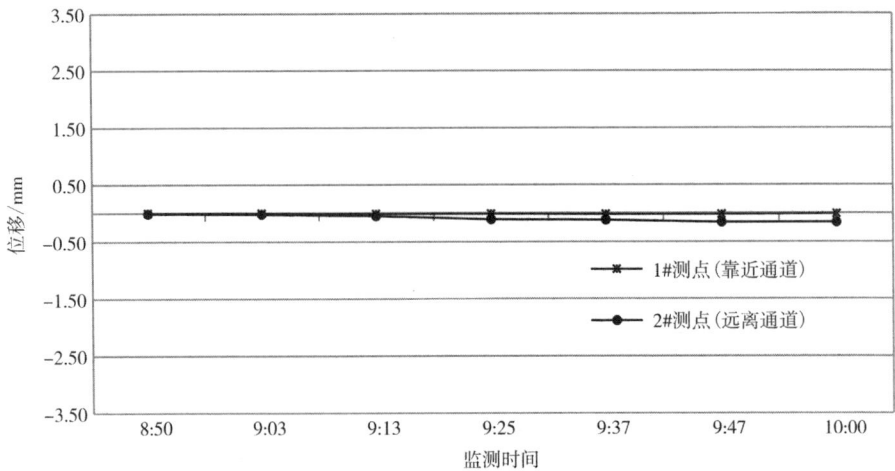

图 11 - 28　F7 - 1 墩千斤顶卸载时托换梁的位移变化曲线

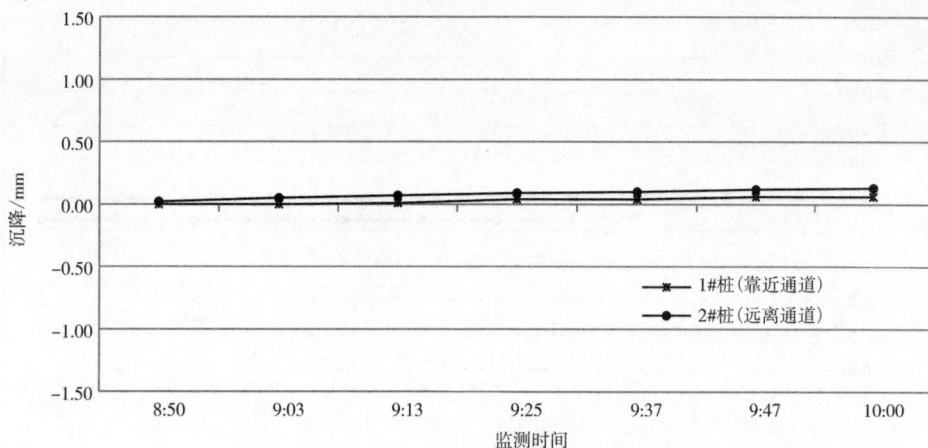

图 11 - 29　F7 - 1 墩千斤顶卸载时新桩的沉降变化曲线

由图 11 - 25 ~ 图 11 - 29 可以看出，千斤顶卸载引起的各监测项目数据变化很小。

表 11 - 11　F7 - 1 墩千斤顶卸载时各监测数据最大值汇总表

监测项目	本次最大变化量	累计最大值	预警值	控制值
桥墩沉降	- 0.05 mm/h	- 0.20 mm	3.5 mm	5 mm
桥墩倾斜	0.002°/h	0.04°	0.057°	0.115°
托换梁混凝土应力	- 0.1 MPa/h	- 0.1 MPa	1.10 MPa	1.57 MPa
托换梁位移	- 0.06 mm/h	- 0.16 mm	3.5 mm	5 mm
新桩沉降	0.03 mm/h	0.13 mm	- 3.5 mm	- 5 mm

3. F7 - 1 墩旧桩切割时监测结果

F7 - 1 墩旧桩切割过程中各监测项目数据变化曲线如图 11 - 30 ~ 图 11 - 33 所示，各监测项目最大值如表 11 - 12 所示。

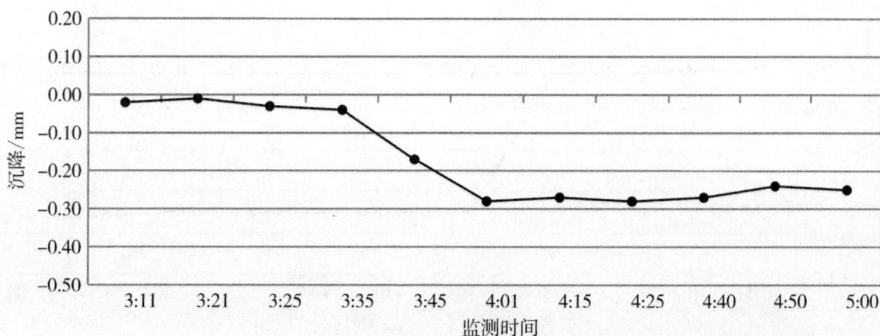

图 11 - 30　F7 - 1 墩旧桩切割时桥墩沉降变化曲线

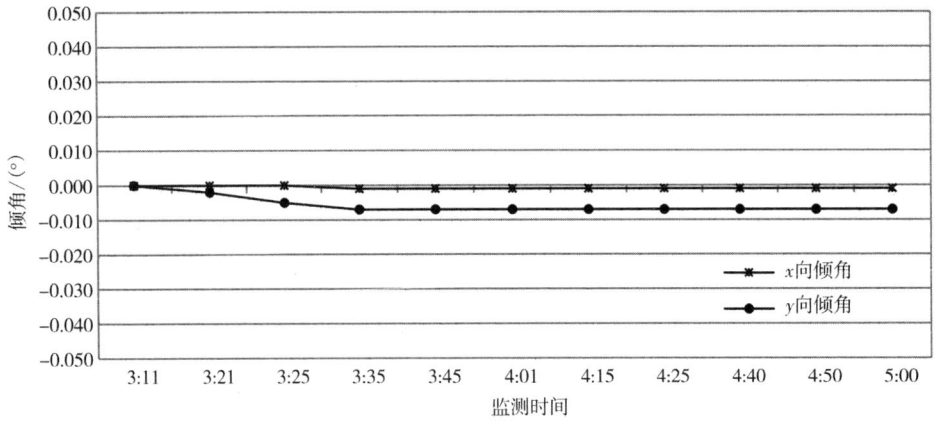

图 11 – 31　F7 – 1 墩旧桩切割时桥墩的倾角变化曲线

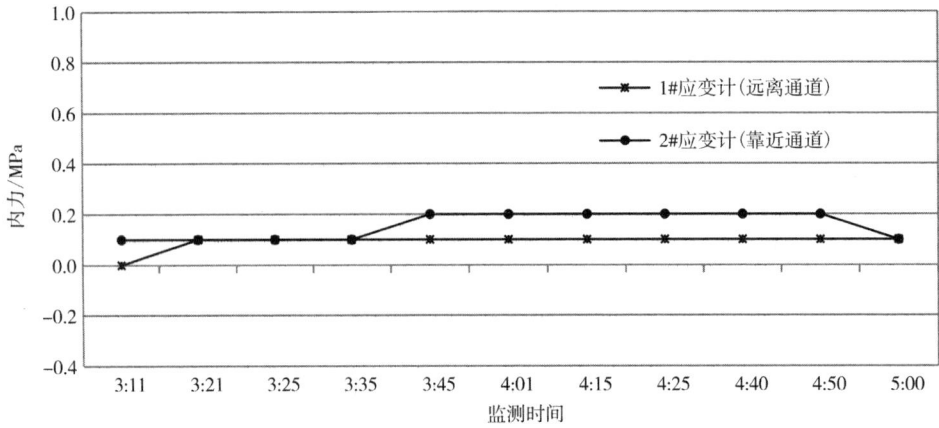

图 11 – 32　F7 – 1 墩旧桩切割时托换梁内力变化曲线

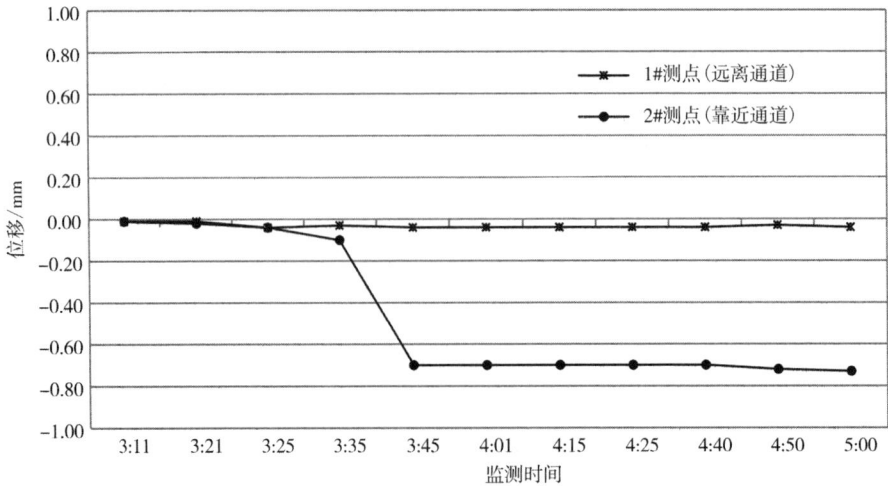

图 11 – 33　F7 – 1 墩旧桩切割时托换梁位移变化曲线

由图 11 - 30 ~ 图 11 - 33 可以看出，旧桩切割引起的各监测项目数据变化很小。

表 11 - 12 F7 - 1 墩旧桩切割时各监测数据最大值汇总表

监测项目	本次最大变化量	累计最大值	预警值	控制值
桥墩沉降	- 0.13 mm/h	- 0.28 mm	3.5 mm	5 mm
桥墩倾斜	- 0.003°/h	- 0.007°	0.057°	0.115°
托换梁混凝土应力	0.1 MPa/h	0.2 MPa	1.10 MPa	1.57 MPa
托换梁位移	- 0.60 mm/h	- 0.73 mm	3.5 mm	5 mm

4. 盾构下穿 F7 - 1 墩监测结果

盾构穿越 F7 - 1 墩过程各监测项目数据最大值如表 11 - 13 所示。

表 11 - 13 盾构下穿 F7 - 1 墩时各监测数据最大值汇总表

监测项目	最大变化量	累计最大值	预警值	控制值
桥墩沉降	0.05 mm/h	0.08 mm	3.5 mm	5 mm
桥墩倾斜	0.033°/h	0.052°	0.057°	0.115°
托换梁位移	0.05 mm/h	0.14 mm	3.5 mm	5 mm

由表 11 - 10 ~ 表 11 - 13 可以看出，F7 - 1 墩顶升、千斤顶卸载、旧桩切割及盾构下穿 F7 墩过程中，各监测项目监测值无异常，整体监测结果累计值和变化速率均较小。

11.4.3 C15 墩监测结果

1. C15 墩顶升时监测结果

C15 墩柱托换顶升过程中各监测项目数据变化曲线如图 11 - 34 ~ 图 11 - 39 所示，监测数据最大值如表 11 - 14 所示。

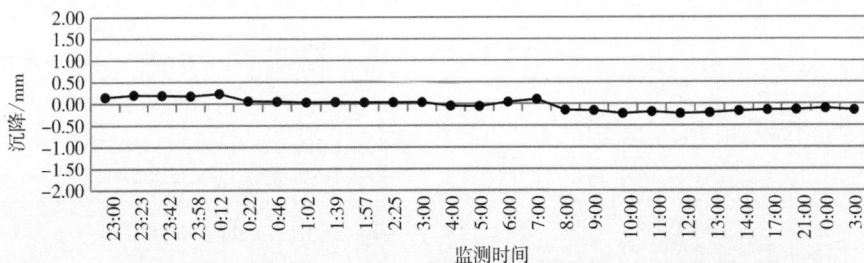

图 11 - 34 C15 墩顶升时桥墩沉降变化曲线

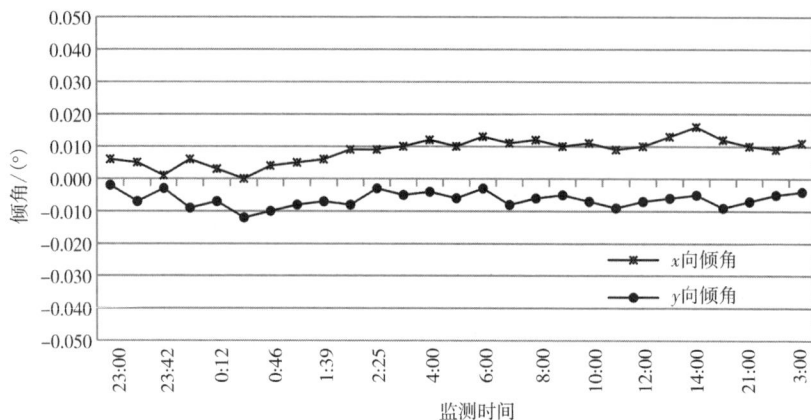

图 11-35 C15 墩顶升时桥墩的倾角变化曲线

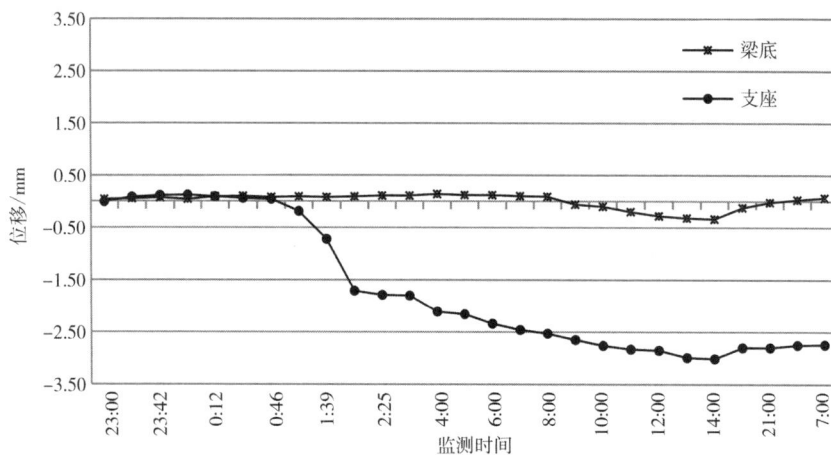

图 11-36 C15 墩顶升时梁体相对水平位移变化曲线

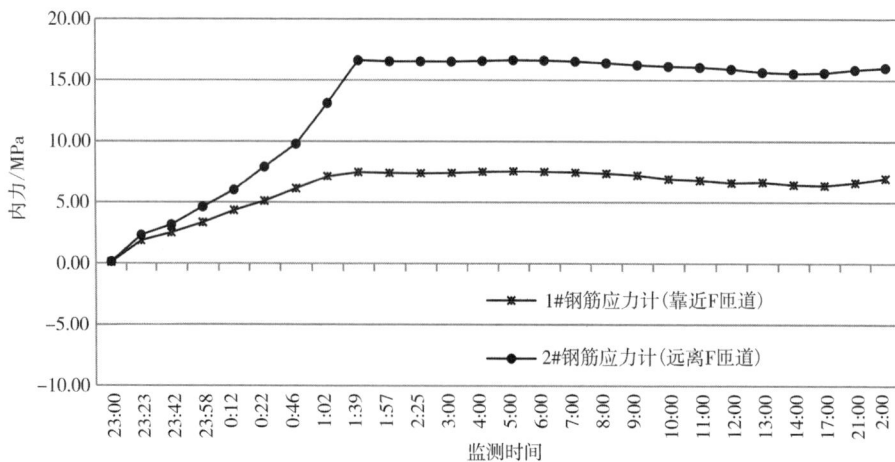

图 11-37 C15 墩顶升时托换梁内力变化曲线

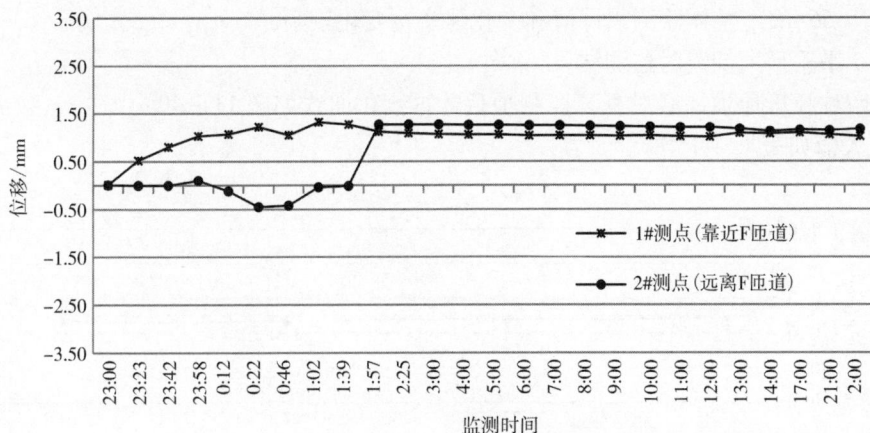

图 11－38 C15 墩顶升时托换梁的位移变化曲线

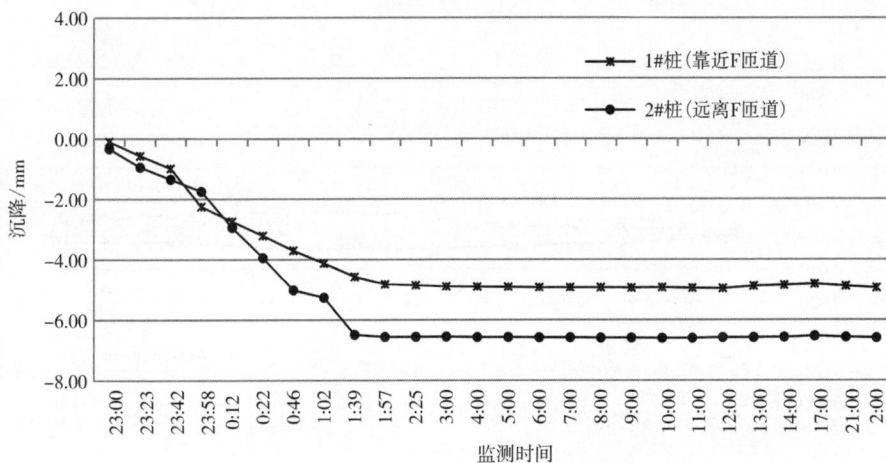

图 11－39 C15 墩顶升时新桩的沉降变化曲线

表 11－14 C15 墩顶升时各监测数据最大值汇总表

监测项目	本次最大变化量	累计最大值	预警值	控制值	备注
桥墩沉降	－0.25 mm/h	0.23 mm	3.5 mm	5 mm	
桥墩倾斜	0.006°/h	0.016°	0.057°	0.115°	
桥墩水平位移	－0.99 mm/h	－3.01 mm	5 mm	10 mm	
托换梁钢筋应力	3.49 MPa/h	16.62 MPa	176 MPa	252 MPa	
托换梁位移	1.28 mm/h	1.32 mm	3.5 mm	5 mm	
新桩沉降	－1.26 mm/h	－6.60 mm	－3.5 mm	－5 mm	报警

C15 桩基托换顶升过程中，监测值中新桩两测点沉降均出现报警，其中 2#测点（远离 F 匝道）在第 7 级加载完成后测值超过控制值，10 级加载完成后新桩差异沉降为 1.74 mm，其他监测项目监测值无异常。顶升后 30 h 监测结果显示，各监测项目测值均趋于稳定，新桩差

异沉降为 1.66 mm, 整体监测累计值和变化速率均变化较小。

2. C15 墩千斤顶卸载时监测结果

C15 墩柱托千斤顶卸载过程各监测项目数据变化曲线如图 11 - 40 ~ 图 11 - 44 所示, 监测数据最大值如表 11 - 15 所示。

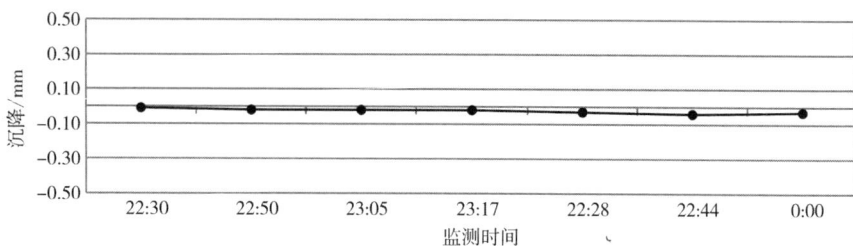

图 11 - 40　C15 墩千斤顶卸载时桥墩沉降变化曲线

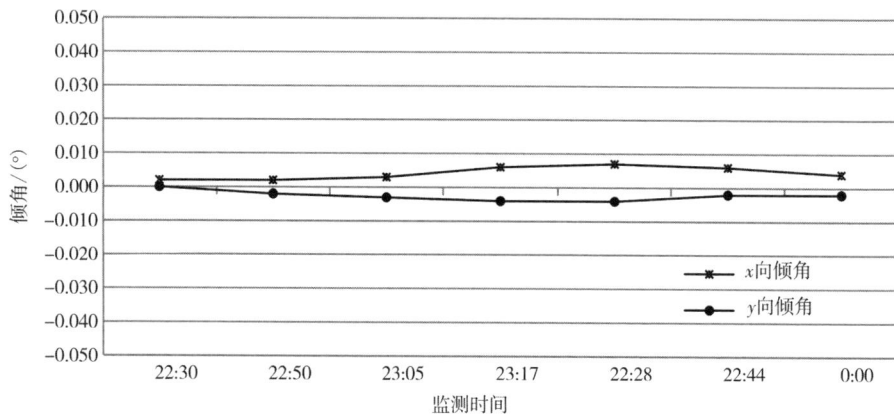

图 11 - 41　C15 墩千斤顶卸载时桥墩的倾角变化曲线

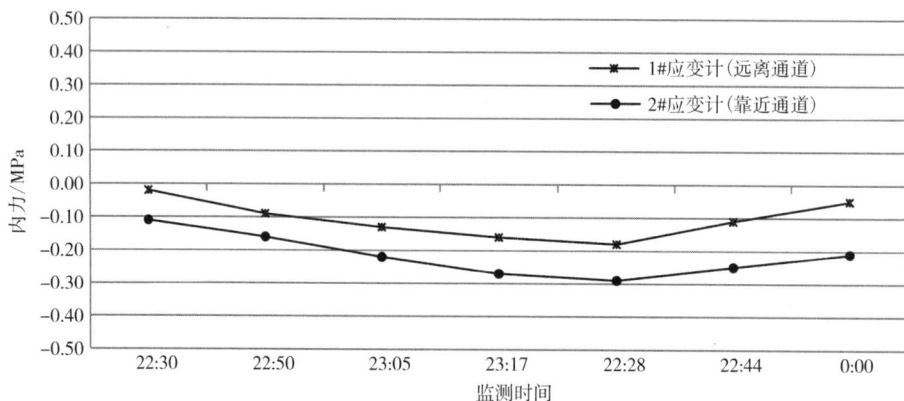

图 11 - 42　C15 墩千斤顶卸载时托换梁内力变化曲线

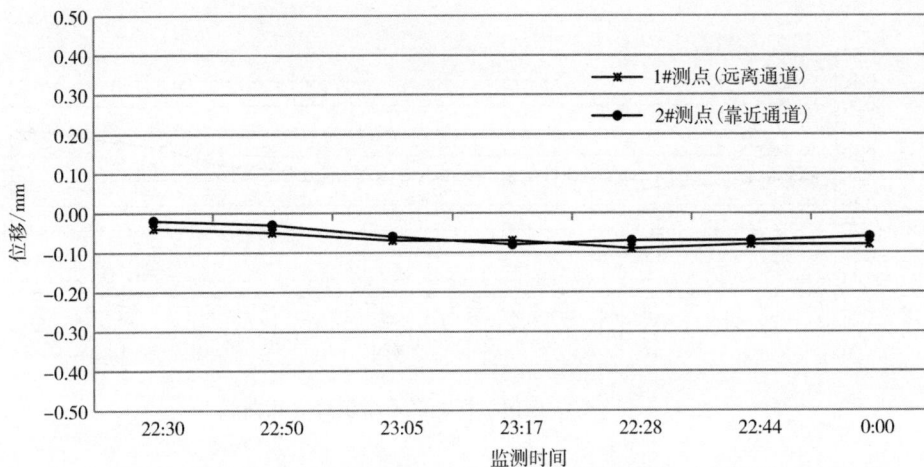

图 11 - 43　C15 墩千斤顶卸载时托换梁的位移变化曲线

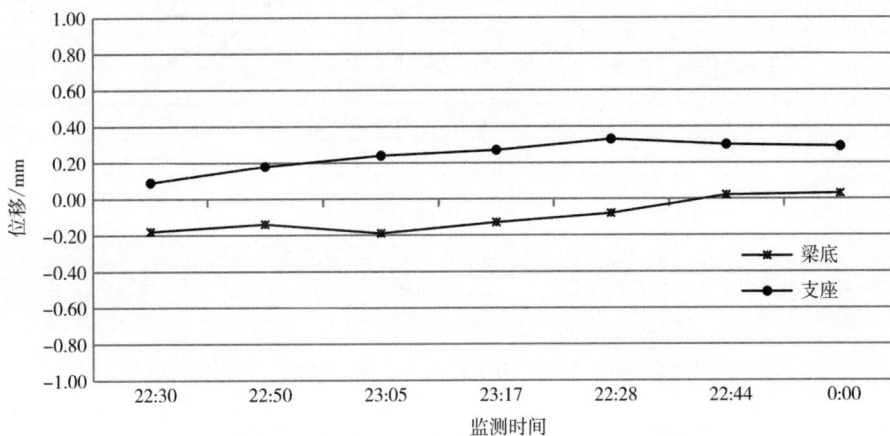

图 11 - 44　C15 墩千斤顶卸载时梁体相对水平位移变化曲线

表 11 - 15　C15 墩千斤顶卸载时各监测数据最大值汇总表

监测项目	本次最大变化量	累计最大值	预警值	控制值
桥墩沉降	- 0.01 mm/h	- 0.04 mm	3.5 mm	5 mm
桥墩倾斜	0.003°/h	0.007°	0.057°	0.115°
托换梁钢筋应力	- 0.11 MPa/h	- 0.29 MPa	176 MPa	252 MPa
托换梁位移	- 0.04 mm/h	- 0.09 mm	3.5 mm	5 mm
梁体水平位移	- 0.18 mm/h	0.33 mm	5 mm	10 mm

3. C15 墩旧桩切割时监测结果

C15 墩旧桩切割过程中各监测项目数据变化曲线如图 11 - 45 ~ 图 11 - 48 所示,监测数据最大值如表 11 – 16 所示。

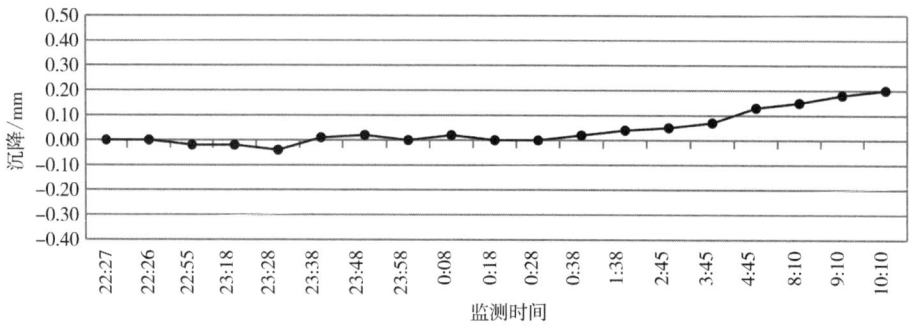

图 11 – 45　C15 墩旧桩切割时桥墩沉降变化曲线

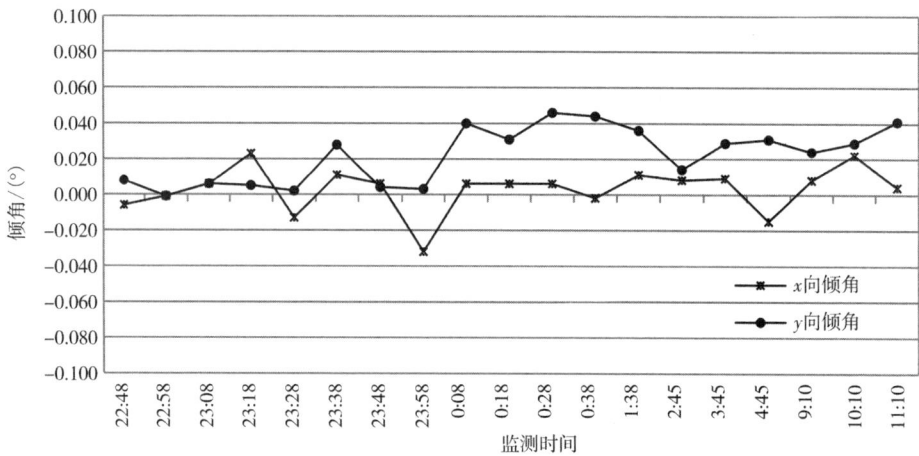

图 11 – 46　C15 墩旧桩切割时桥墩的倾角变化曲线

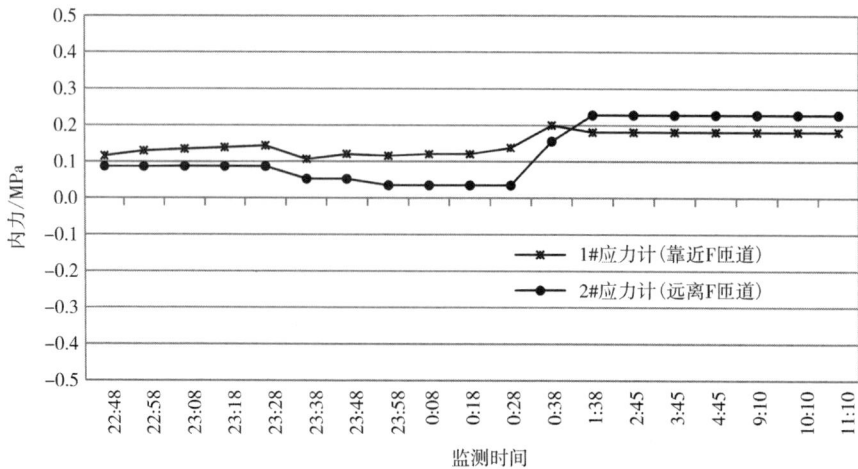

图 11 – 47　C15 墩旧桩切割时托换梁内力变化曲线

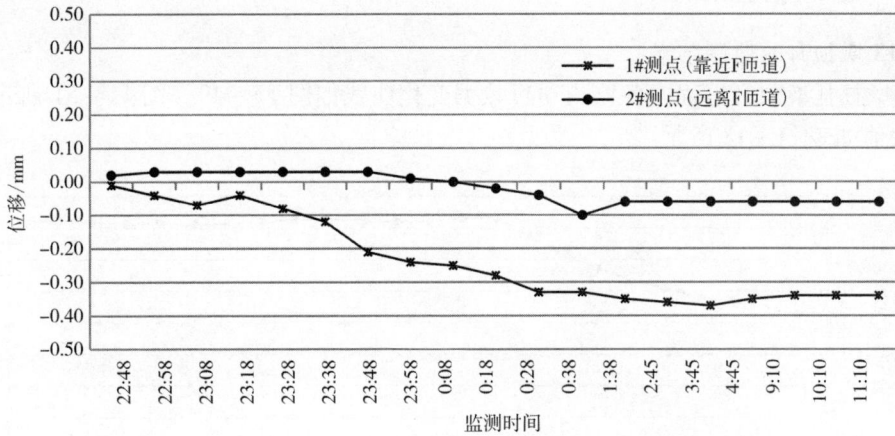

图 11－48　C15 墩旧桩切割时托换梁位移变化曲线

表 11－16　C16 墩旧桩切割时各监测数据最大值汇总表

监测项目	本次最大变化量	累计最大值	预警值	控制值
桥墩沉降	0.06 mm/h	0.2 mm	3.5 mm	5 mm
桥墩倾斜	0.038°/h	0.046°	0.057°	0.115°
托换梁钢筋应力	0.1 MP9a/h	0.2 MPa	176 MPa	252 MPa
托换梁位移	－0.1 mm/h	－0.42 mm	3.5 mm	5 mm

4. 盾构下穿 C15 墩的监测结果

盾构穿越 C15 墩过程中各监测项目数据最大值如表 11－17 所示。

表 11－17　盾构下穿 C15 墩时各监测数据最大值汇总表

监测项目	本次最大变化量	累计最大值	预警值	控制值
桥墩沉降	0.03 mm/h	0.93 mm	3.5 mm	5 mm
桥墩倾斜	0.003°/h	0.019°	0.057°	0.115°
托换梁位移	0.04 mm/h	0.28 mm	3.5 mm	5 mm

由表 11－14 ~ 表 11－17 可以看出，C15 墩顶升过程中新桩沉降出现超过控制值的情况。经各参建单位讨论后，考虑为由新桩桩底沉渣较厚所致，认为通过顶升可压实，故继续加载至顶升设计荷载。

千斤顶卸载、旧桩切割及盾构下穿 C15 墩过程中，各监测项目监测值无异常，整体监测结果累计值和变化速率均较小。

11.4.4　C18 墩监测结果

1. C18 墩顶升时监测结果

C18 墩柱托换顶升过程中各监测项目数据变化曲线如图 11 - 49 ~ 图 11 - 51 所示，监测数据最大值如表 11 - 18 所示。

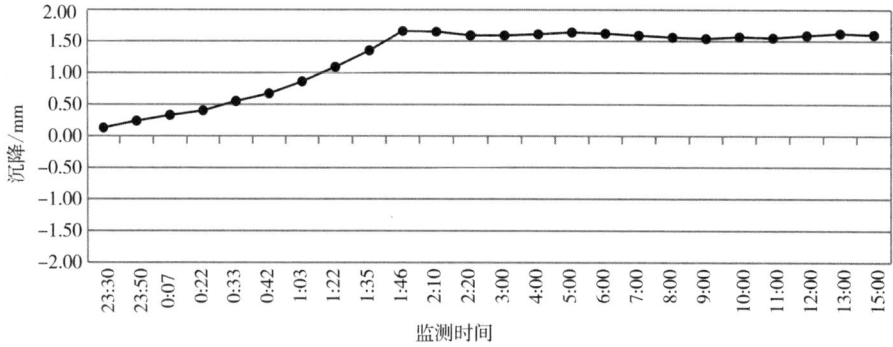

图 11 - 49　C18 墩顶升时桥墩沉降变化曲线

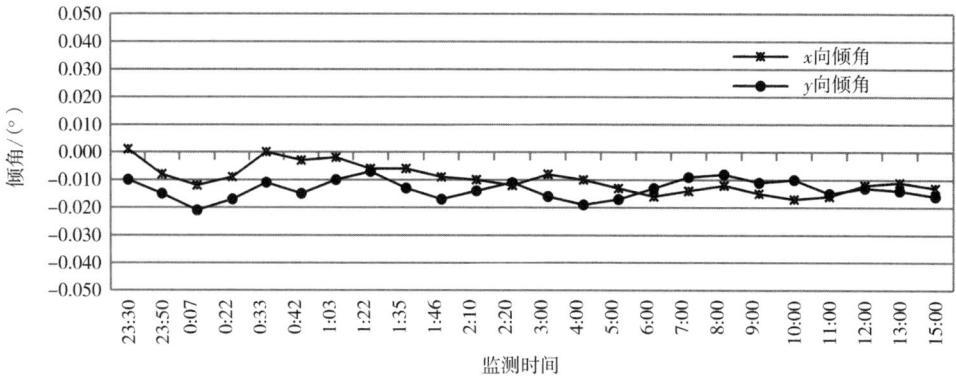

图 11 - 50　C18 墩顶升时桥墩的倾角变化曲线

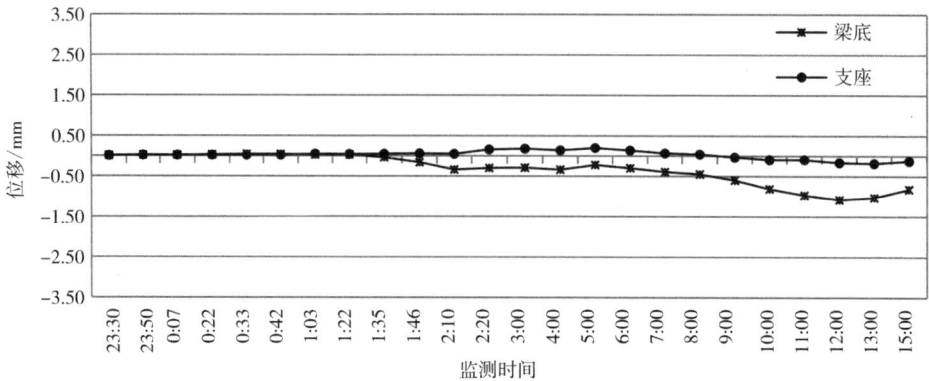

图 11 - 51　C18 墩顶升时梁体相对水平位移变化曲线

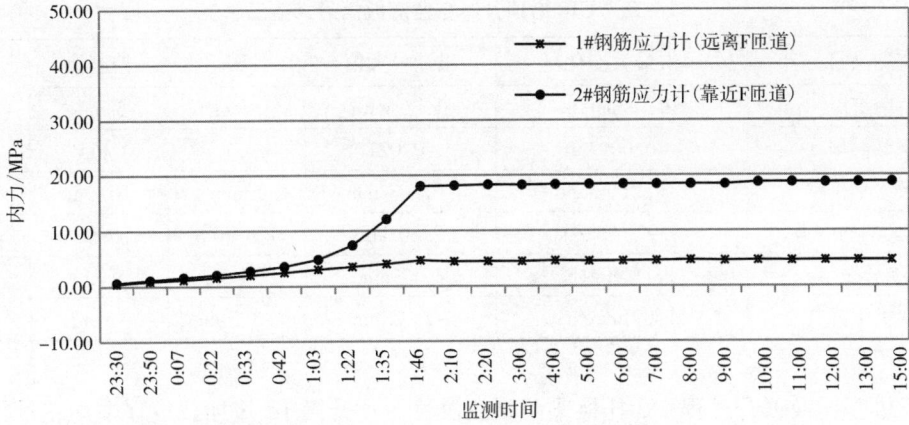

图 11－52　C18 墩顶升时托换梁内力变化曲线

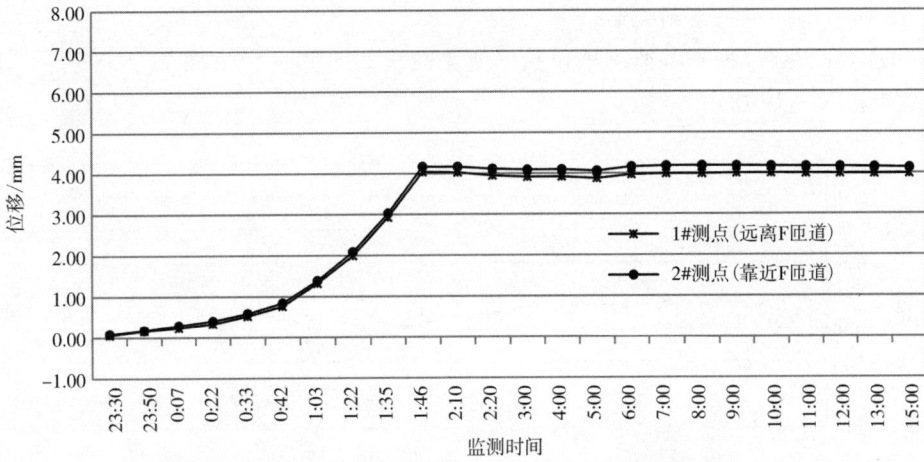

图 11－53　C18 墩顶升时托换梁的位移变化曲线

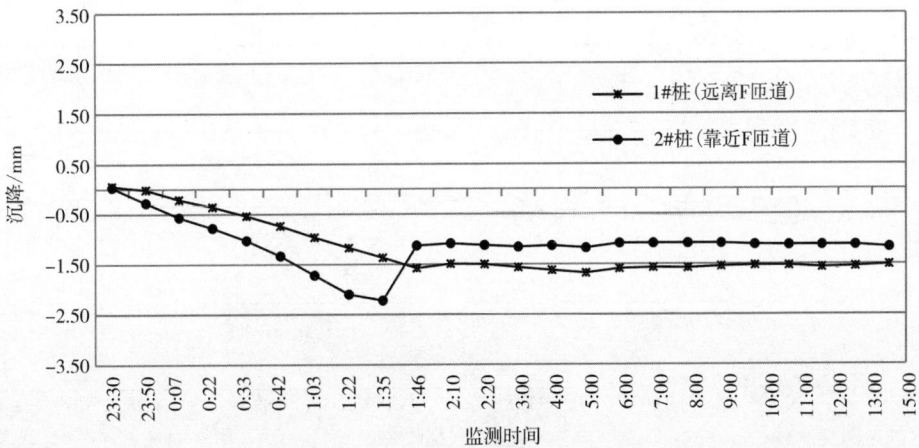

图 11－54　C18 墩顶升时新桩的沉降变化曲线

表 11 - 18　C18 墩顶升时各监测数据最大值汇总表

监测项目	本次最大变化量	累计最大值	预警值	控制值	备注
桥墩沉降	0.31 mm/h	1.66 mm	3.5 mm	5 mm	
桥墩倾斜	-0.009°/h	-0.021°	0.057°	0.115°	
桥墩水平位移	-0.21 mm/h	-1.08 mm	5 mm	10 mm	
托换梁钢筋应力	5.97 MPa/h	18.80 MPa	176 MPa	252 MPa	
托换梁位移	1.15 mm/h	4.17 mm	3.5 mm	5 mm	报警
新桩沉降	1.09 mm/h	-2.22 mm	-3.5 mm	-5 mm	

　　C18 桩基托换顶升过程中，托换梁两测点位移在顶升第 10 级加载过程中均超过预警值，但未超过控制值，其他监测项目监测值无异常。顶升后 15 h 监测结果显示，各监测项目监测值均趋于稳定，整体监测累计值和变化速率均变化较小。

　　2. C18 墩截桩切割时监测结果

　　C18 墩旧桩切割过程中各监测项目数据变化曲线如图 11 - 55 ~ 图 11 - 58 所示，监测数据最大值如表 11 - 19 所示。

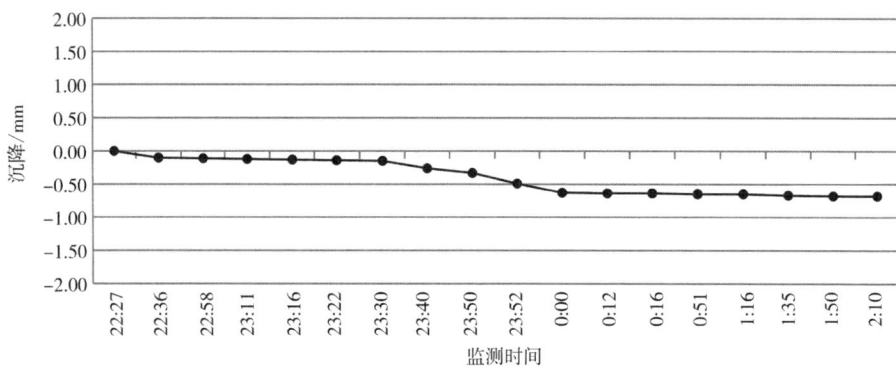

图 11 - 55　C18 墩旧桩切割时桥墩沉降变化曲线

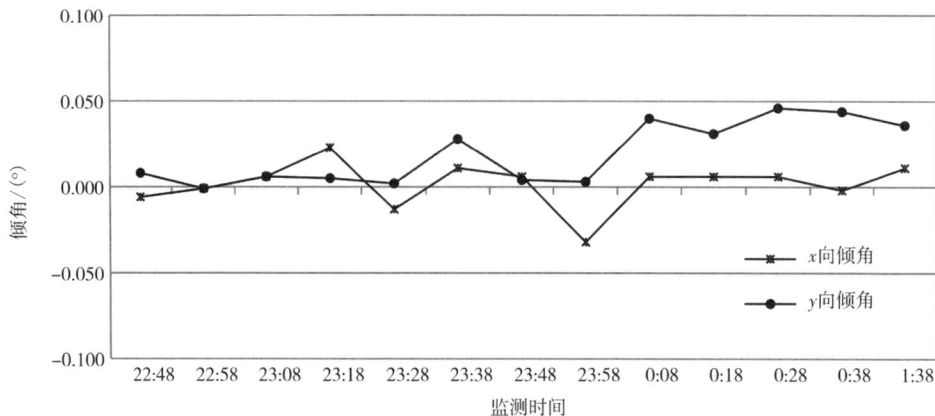

图 11 - 56　C18 墩旧桩切割时桥墩的倾角变化曲线

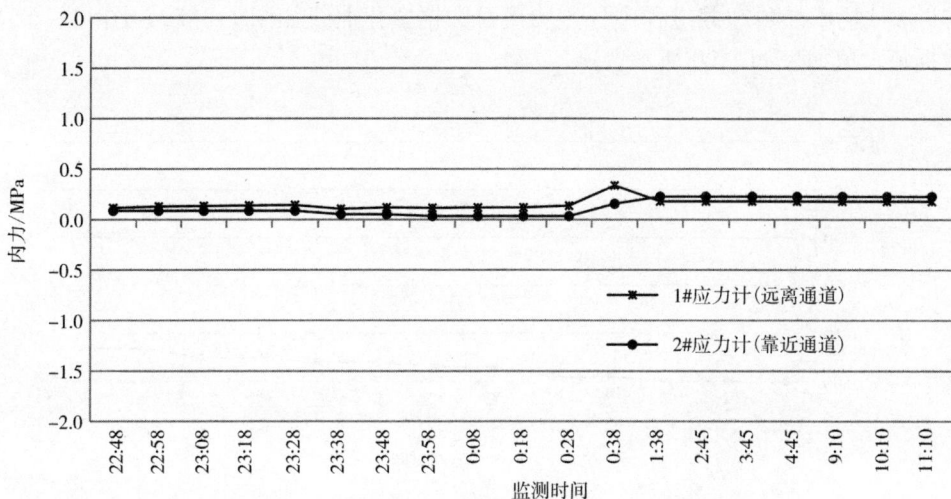

图 11 - 57 C18 墩旧桩切割时托换梁内力变化曲线

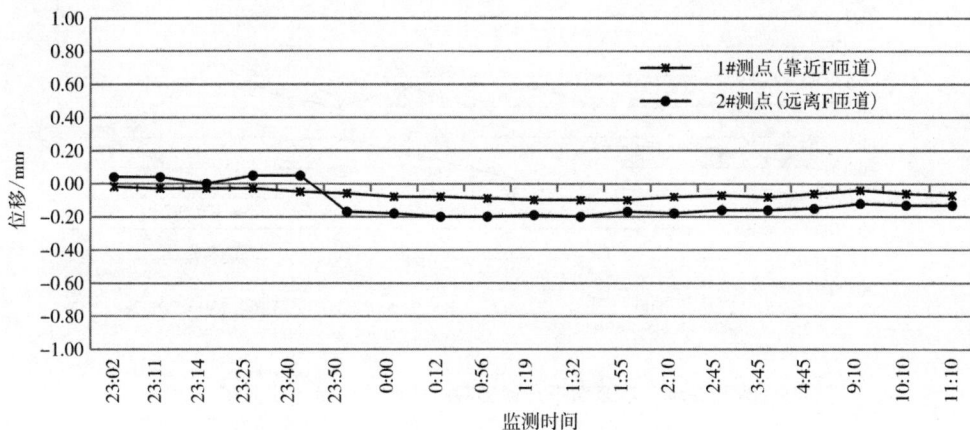

图 11 - 58 C18 墩旧桩切割时托换梁位移变化曲线

表 11 - 19 C18 墩旧桩切割时各监测数据最大值汇总表

监测项目	本次最大变化量	累计最大值	预警值	控制值
桥墩沉降	0.16 mm/h	0.68 mm	3.5 mm	5 mm
桥墩倾斜	0.038°/h	0.046°	1‰(0.057°)	2‰(0.115°)
托换梁钢筋应力	0.1 MPa/h	0.3 MPa	176 MPa	252 MPa
托换梁位移	0.22 mm/h	-0.20 mm	3.5 mm	5 mm

3. C18 墩千斤顶卸载时监测结果

C18 墩柱托千斤顶卸载过程中各监测项目数据变化曲线如图 11 - 59 ~ 图 11 - 62 所示，监测数据最大值如表 11 - 20 所示。

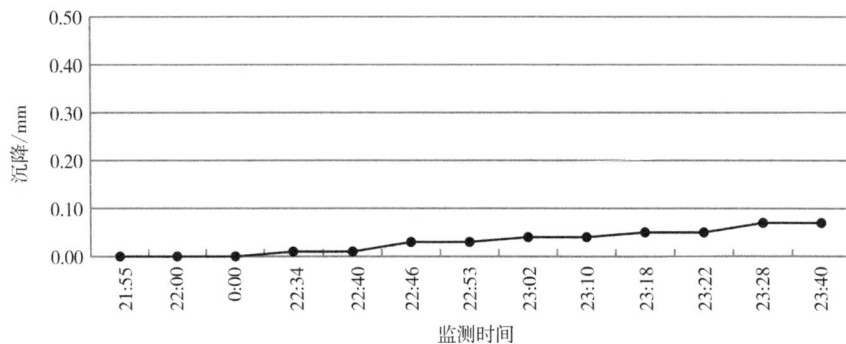

图 11 - 59　C18 墩千斤顶卸载时桥墩沉降变化曲线

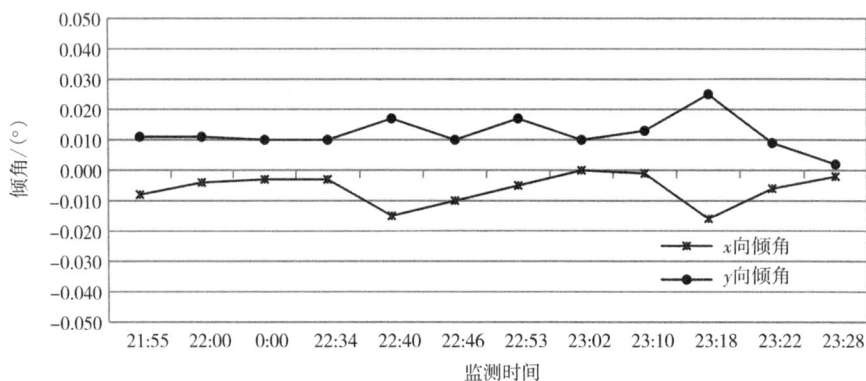

图 11 - 60　C18 墩千斤顶卸载时桥墩的倾角变化曲线

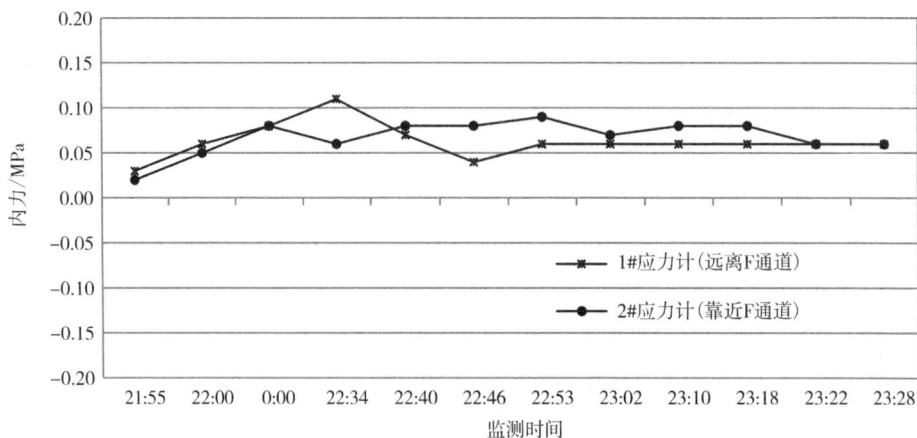

图 11 - 61　C18 墩千斤顶卸载时托换梁内力变化曲线

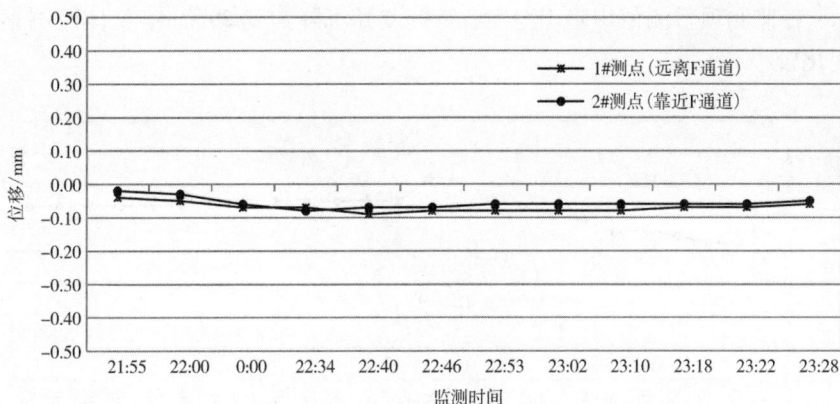

图 11 - 62　C18 墩千斤顶卸载时托换梁的位移变化曲线

表 11 - 20　C18 墩千斤顶卸载时各监测数据最大值汇总表

监测项目	本次最大变化量	累计最大值	预警值	控制值
桥墩沉降	0.02 mm/h	0.07 mm	3.5 mm	5 mm
桥墩倾斜	0.016°/h	0.025°	0.057°	0.115°
托换梁钢筋应力	0.03 MPa/h	0.11 MPa	176 MPa	252 MPa
托换梁沉降	- 0.04 mm/h	- 0.09 mm	3.5 mm	5 mm

4. 盾构下穿 C18 墩的监测结果

盾构穿越 C18 墩过程中各监测项目数据最大值如表 11 - 21 所示。

表 11 - 21 盾构下穿 C18 墩时各监测数据最大值汇总表

监测项目	本次最大变化量	累计最大值	预警值	控制值
桥墩沉降	0.09 mm/h	0.11 mm	3.5 mm	5 mm
桥墩倾斜	0.042°/h	0.047°	0.057°	0.115°
托换梁位移	0.05 mm/h	0.14 mm	3.5 mm	0.5 mm

由表 11 - 18 ~ 表 11 - 21 可以看出，C18 墩除顶升过程中出现托换梁位移超过预警值，千斤顶卸载、旧桩切割及盾构下穿 C18 墩过程中，各监测项目监测值均无异常，整体监测结果累计值和变化速率均较小。

11.4.5　C17 - 2 墩监测结果

1. C17 - 2 墩顶升时监测结果

C17 - 2 墩柱托换顶升过程中各监测项目数据变化曲线如图 11 - 63 ~ 图 11 - 68 所示，监测数据最大值如表 11 - 22 所示。

C17 - 2 桩基托换顶升过程中，托换梁位移 2# 测点（远离 F 匝道）在第 10 级加载过程中监测值为 4.58 mm，超过预警值，但低于控制值，其他监测项目监测值无异常。顶升后 15 h 监测结果显示,各监测项目测值均趋于稳定,新桩差异沉降为 0.29 mm,整体监测累计值和变化速率均变化较小。

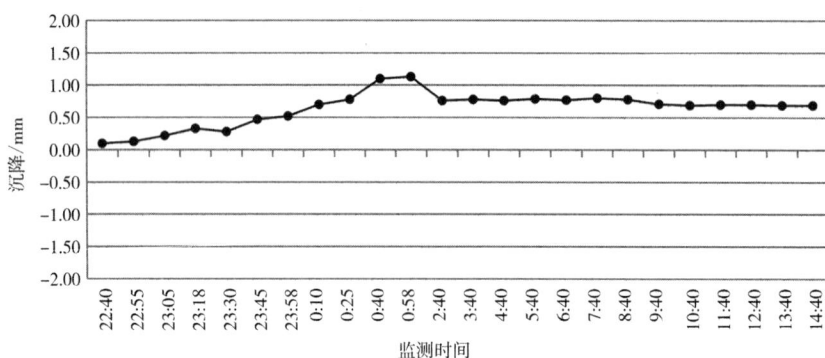

图 11 - 63 C17 - 2 墩顶升时桥墩沉降变化曲线

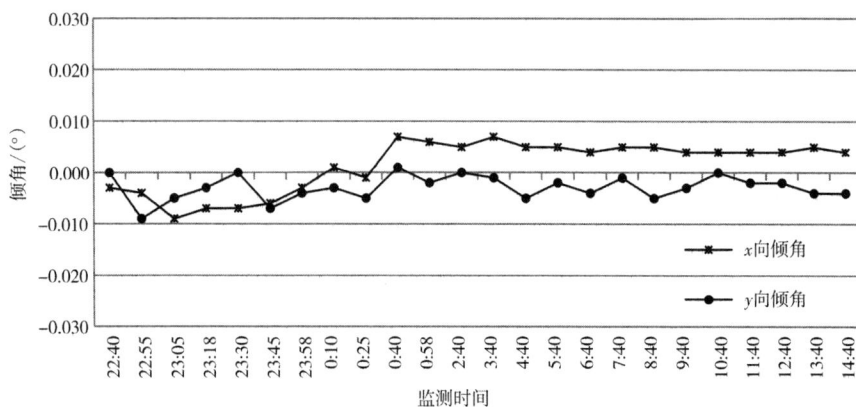

图 11 - 64 C17 - 2 墩顶升时桥墩的倾角变化曲线

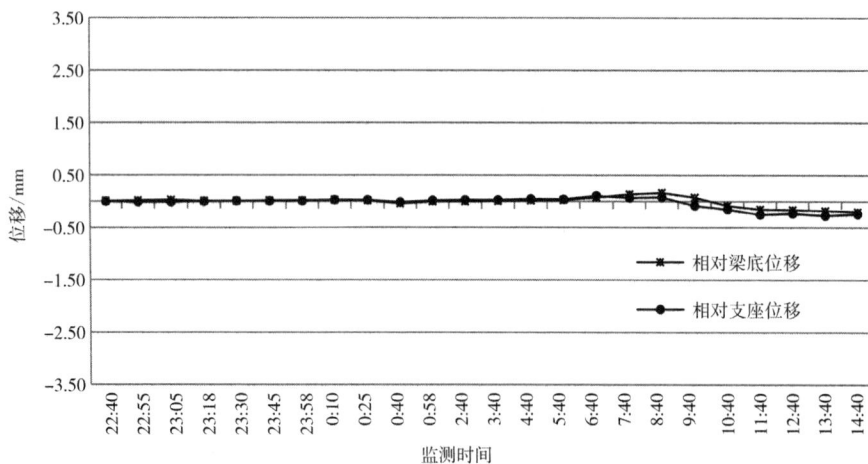

图 11 - 65 C17 - 2 墩顶升时梁体相对水平位移变化曲线

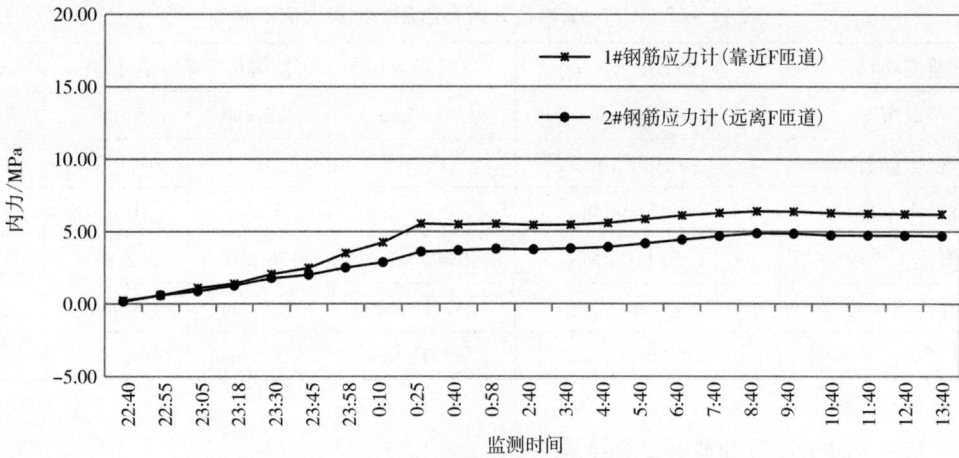

图 11 – 66　C17 – 2 墩顶升时托换梁内力变化曲线

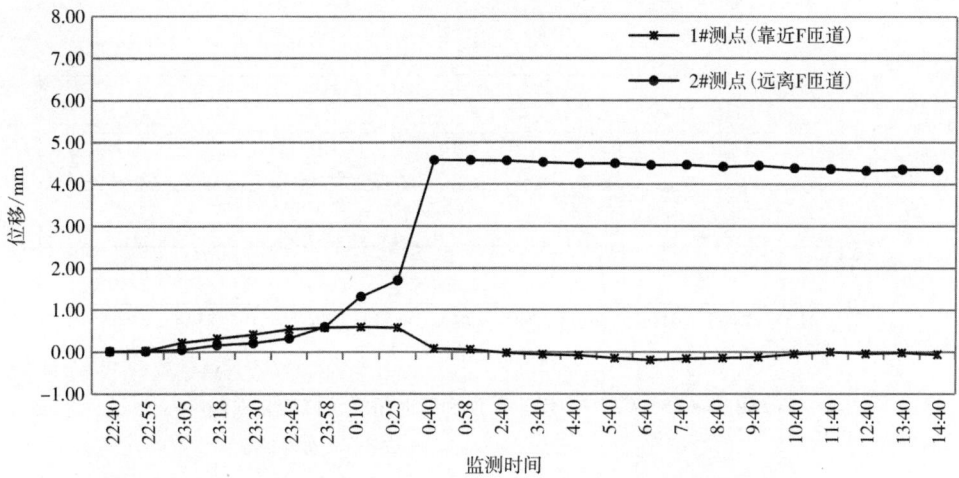

图 11 – 67　C17 – 2 墩顶升时托换梁的位移变化曲线

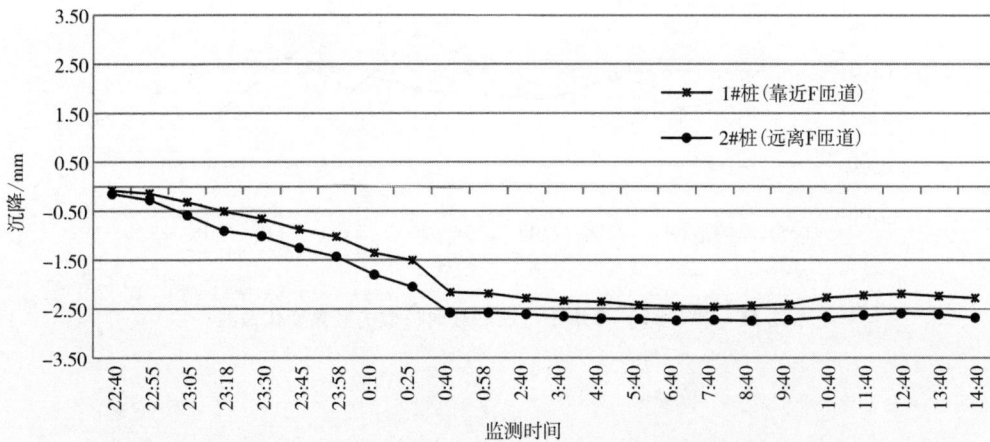

图 11 – 68　C17 – 2 墩顶升时新桩的沉降变化曲线

表 11 - 22　C17 - 2 墩顶升时各监测数据最大值汇总表

监测项目	本次最大变化量	累计最大值	预警值	控制值	备注
桥墩沉降	0.32 mm/h	1.13 mm	3.5 mm	5 mm	
桥墩倾斜	− 0.007°/h	− 0.009°	0.057°	0.115°	
桥墩水平位移	− 0.16 mm/h	− 0.27 mm	5 mm	10 mm	
托换梁钢筋应力	1.30 MPa/h	6.40 MPa	176 MPa	252 MPa	
托换梁位移	2.87 mm/h	4.58 mm	3.5 mm	5 mm	报警
新桩沉降	− 0.66 mm/h	− 2.75 mm	− 3.5 mm	− 5 mm	

2. C17 - 2 墩千斤顶卸载时监测结果

C17 - 2 墩柱托千斤顶卸载过程中各监测项目数据变化曲线如图 11 - 69 ~ 图 11 - 72 所示，监测数据最大值如表 11 - 23 所示。

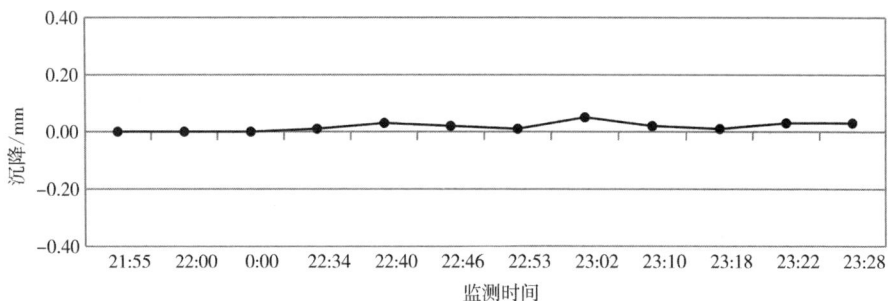

图 11 - 69　C17 - 2 墩千斤顶卸载时桥墩沉降变化曲线

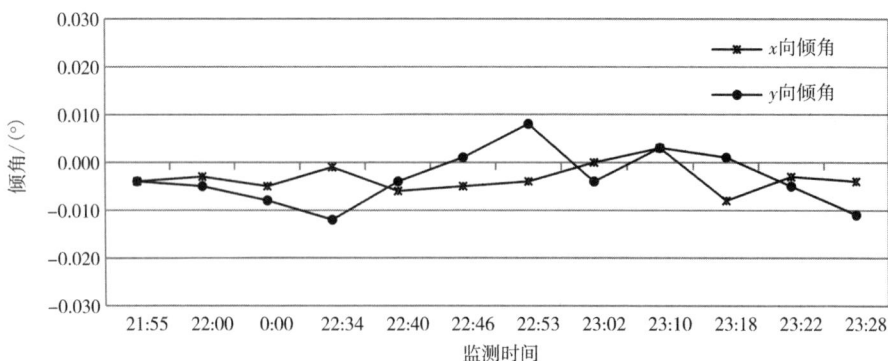

图 11 - 70　C17 - 2 墩千斤顶卸载时桥墩的倾角变化曲线

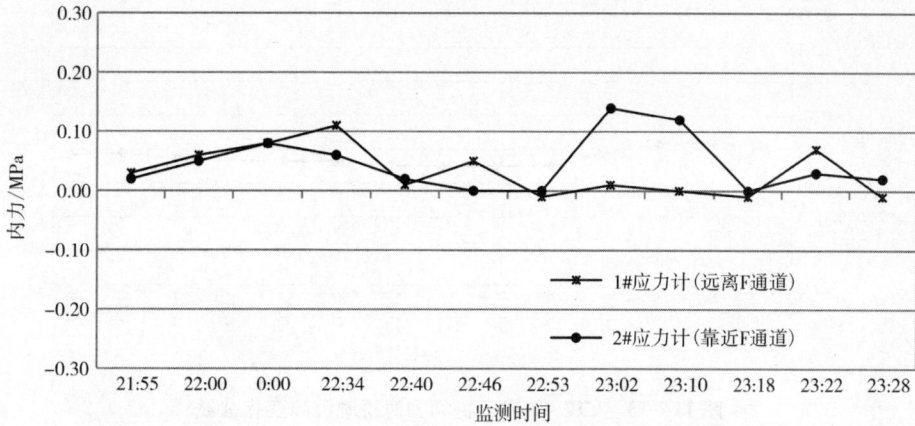

图 11 – 71　C17 – 2 墩千斤顶卸载时托换梁内力变化曲线

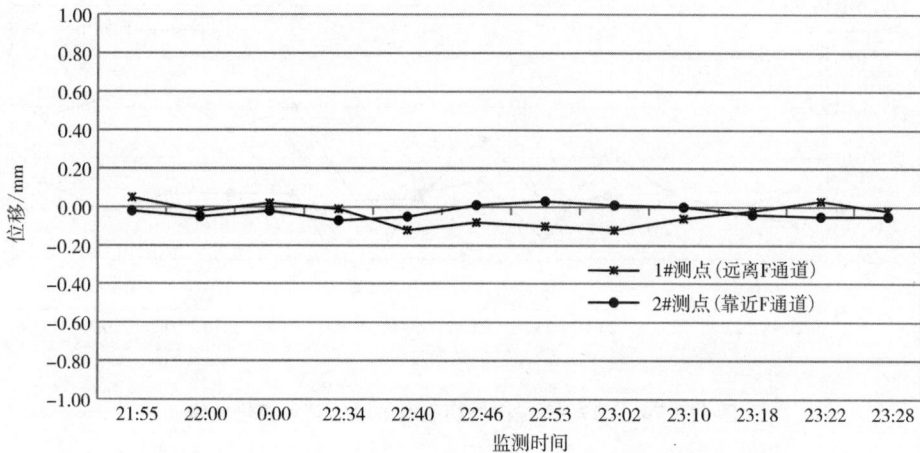

图 11 – 72　C17 – 2 墩千斤顶卸载时托换梁的位移变化曲线

表 11 – 23　C17 – 2 墩千斤顶卸载时各监测数据最大值汇总表

监测项目	本次最大变化量	累计最大值	预警值	控制值
桥墩沉降	0.04 mm/h	0.05 mm	3.5 mm	5 mm
桥墩倾斜	0.012°/h	0.015°	0.057°	0.115°
托换梁钢筋应力	0.14 MPa/h	0.11 MPa	176 MPa	252 MPa
托换梁位移	− 0.07 mm/h	− 0.12 mm	3.5 mm	5 mm

3. C17 – 2 墩旧桩切割时监测结果

C17 – 2 墩旧桩切割过程中各监测项目数据变化曲线如图 11 – 73 ~ 图 11 – 76 所示，监测数据最大值如所示表 11 – 24。

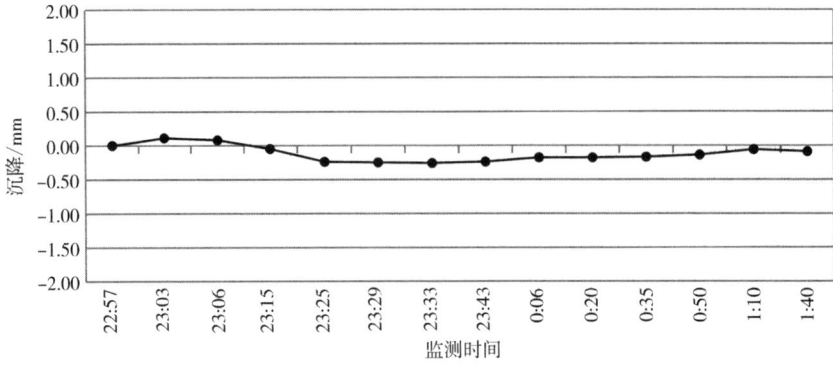

图 11 − 73　C17 − 2 墩旧桩切割时桥墩沉降变化曲线

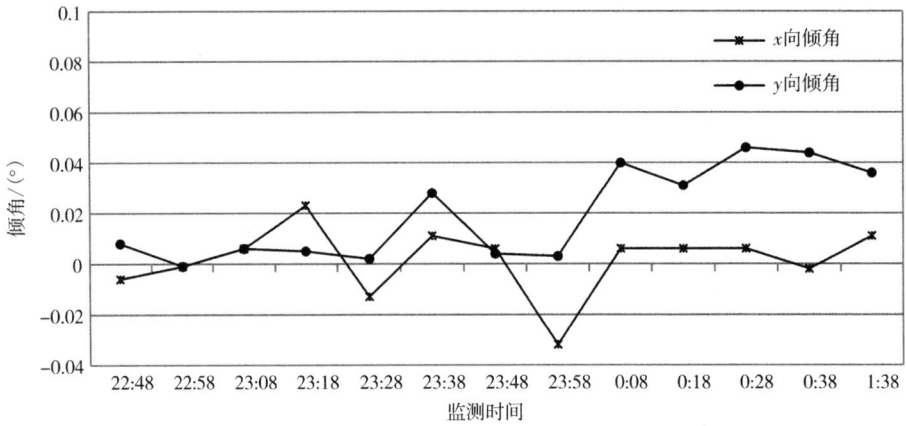

图 11 − 74　C17 − 2 墩旧桩切割时桥墩的倾角变化曲线

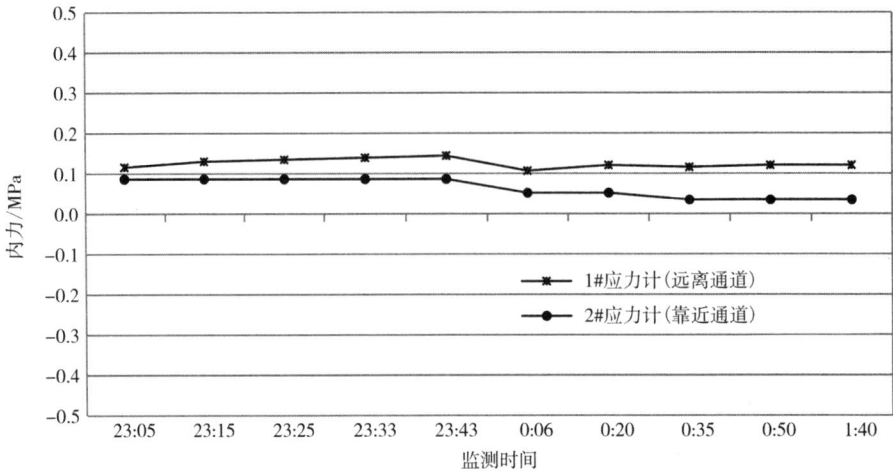

图 11 − 75　C17 − 2 墩旧桩切割时托换梁内力变化曲线

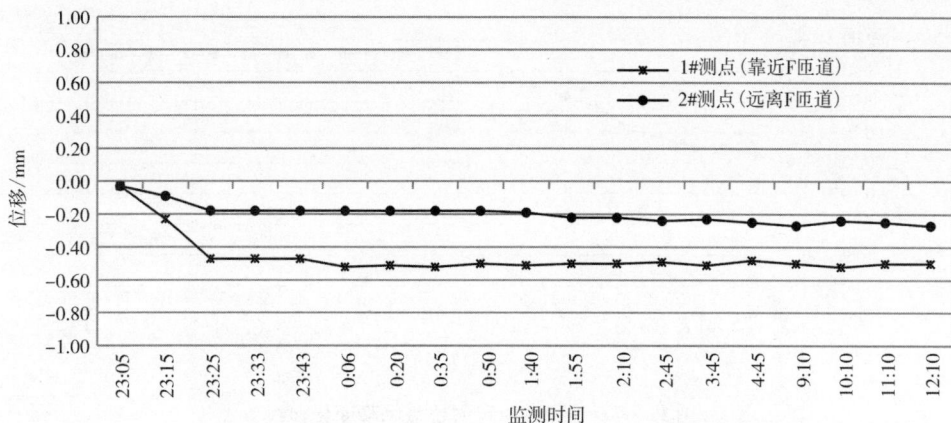

图 11 - 76 C17 - 2 墩旧桩切割时托换梁位移变化曲线

表 11 - 24 C17 - 2 墩旧桩切割时各监测数据最大值汇总表

监测项目	本次最大变化量	累计最大值	预警值	控制值
桥墩沉降	0.19 mm	0.26 mm	3.5 mm	5 mm
桥墩倾斜	0.021°	0.027°	1‰(0.057°)	2‰(0.115°)
托换梁钢筋应力	0.1 MPa	0.1 MPa	176 MPa	252 MPa
托换梁位移	− 0.52 mm	− 0.27 mm	3.5 mm	5 mm

4. 盾构下穿 C17 - 2 墩监测结果

盾构穿越 C17 - 2 墩过程中各监测项目数据最大值如表 11 - 25 所示。

表 11 - 25 盾构下穿 C17 - 2 墩时各监测数据最大值汇总表

监测项目	本次最大变化量	累计最大值	预警值	控制值
桥墩沉降	0.09 mm/h	0.08 mm	3.5 mm	5 mm
桥墩倾斜	0.035°/h	0.030°	0.057°	0.115°
托换梁位移	0.10 mm/h	0.11 mm	3.5 mm	5 mm

由表 11 - 22 ~ 表 11 - 25 可以看出，除 C17 - 2 墩顶升过程中托换梁位移超过预警值外，千斤顶卸载、旧桩切割及盾构下穿 C17 - 2 墩过程中，各监测项目监测值无异常。整体监测结果累计值和变化速率均较小。

11.4.6 F8 墩监测结果

1. F8 墩顶升时监测结果

F8 墩柱托换顶升过程中各监测项目数据变化曲线如图 11 - 77 ~ 图 11 - 82 所示，监测数据最大值如表 11 - 26 所示。

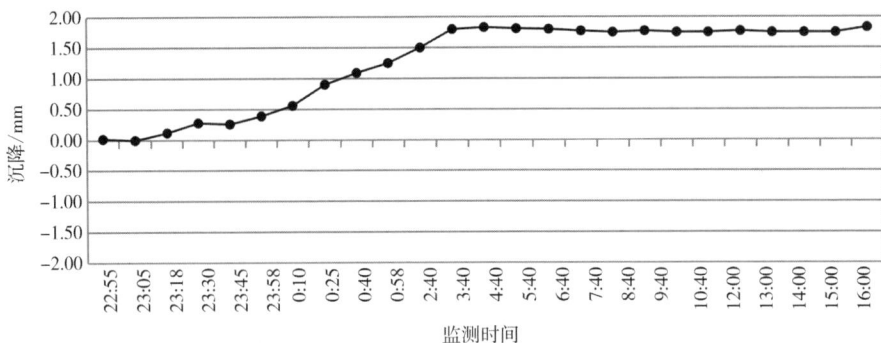

图 11 - 77　F8 墩顶升时桥墩沉降变化曲线

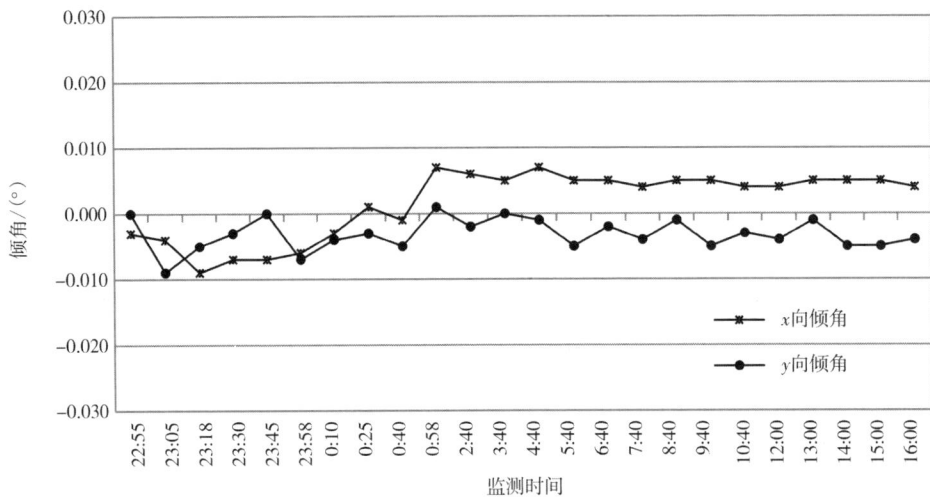

图 11 - 78　F8 墩顶升时桥墩的倾角变化曲线

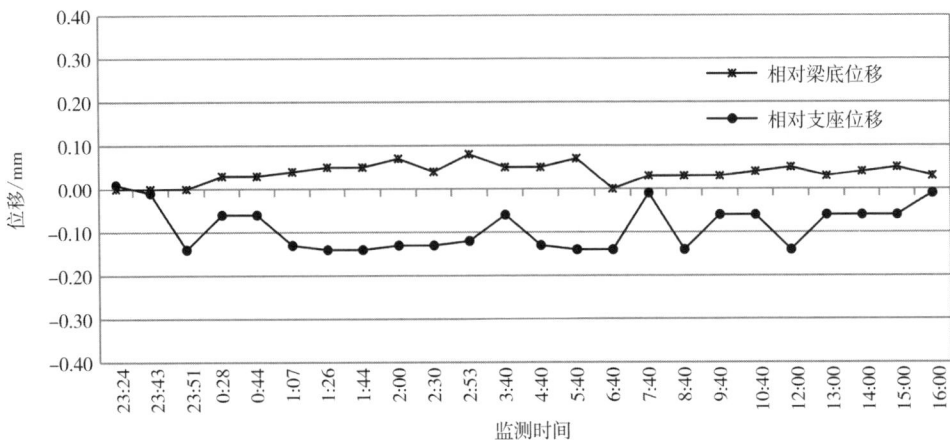

图 11 - 79　F8 墩顶升时梁体相对水平位移变化曲线

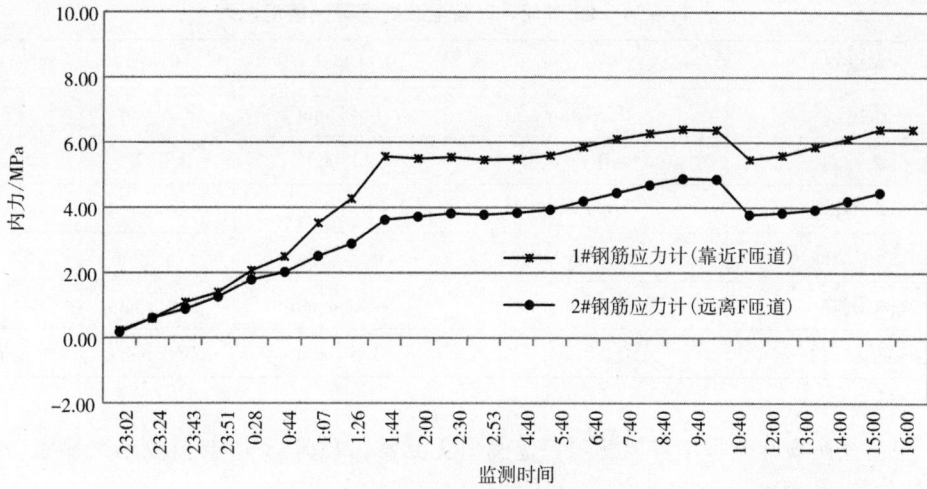

图 11 –80 F8 墩顶升时托换梁内力变化曲线

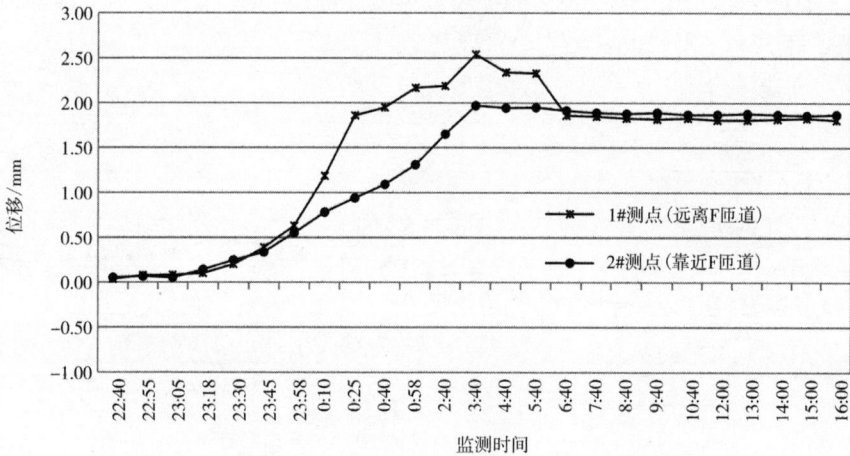

图 11 –81 F8 墩顶升时托换梁的位移变化曲线

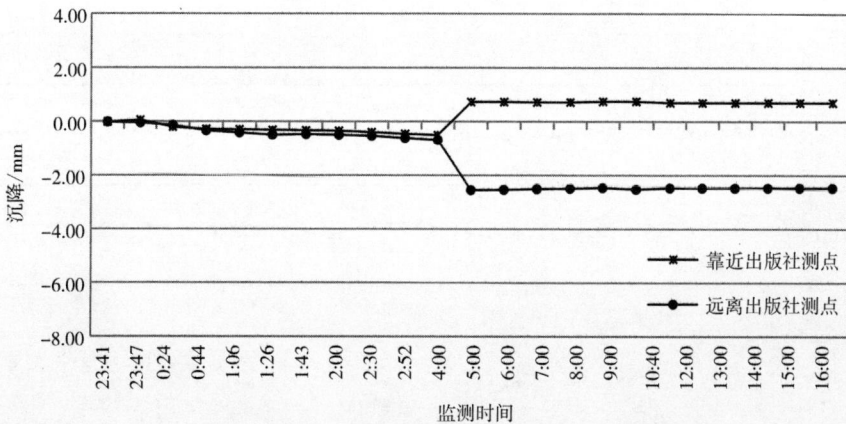

图 11 –82 F8 墩顶升时新桩的沉降变化曲线

表 11-26　F8 墩顶升时各监测数据最大值汇总表

监测项目	本次最大变化量	累计最大值	预警值	控制值
桥墩沉降	0.34 mm	1.83 mm	3.5 mm	5 mm
桥墩倾斜	-0.007°	-0.009°	0.057°	0.115°
桥墩水平位移	-0.13 mm	-0.14 mm	5 mm	10 mm
托换梁钢筋应力	1.3 MPa	6.4 MPa	176 MPa	252 MPa
新桩沉降	1.23 mm	-2.54 mm	-3.5 mm	-5 mm
托换梁位移	0.68 mm	2.54 mm	3.5 mm	5 mm

　　F8 桩基托换顶升过程中各监测项目监测值无异常。顶升后 15 h 监测结果显示,各监测项目监测值均趋于稳定,整体监测累计值和变化速率均变化较小。

　　2. F8 墩千斤顶卸载时监测结果

　　F8 墩柱托千斤顶卸载过程中各监测项目数据变化曲线如图 11-83 ~ 图 11-86 所示,监测数据最大值如表 11-27 所示。

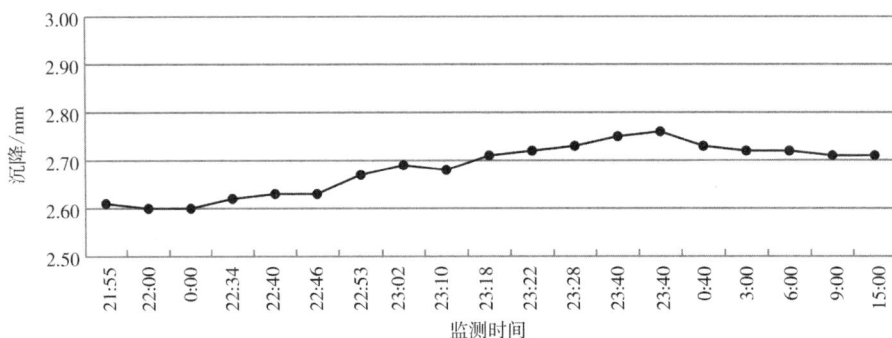

图 11-83　F8 墩千斤顶卸载时桥墩沉降变化曲线

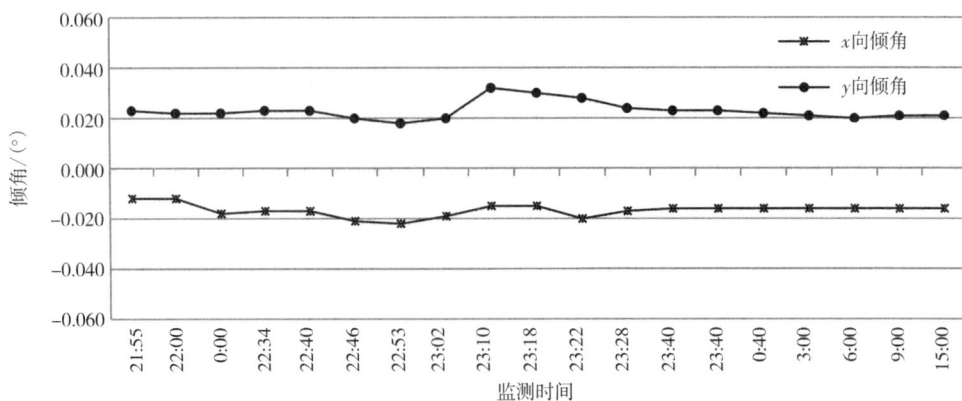

图 11-84　F8 墩千斤顶卸载时桥墩的倾角变化曲线

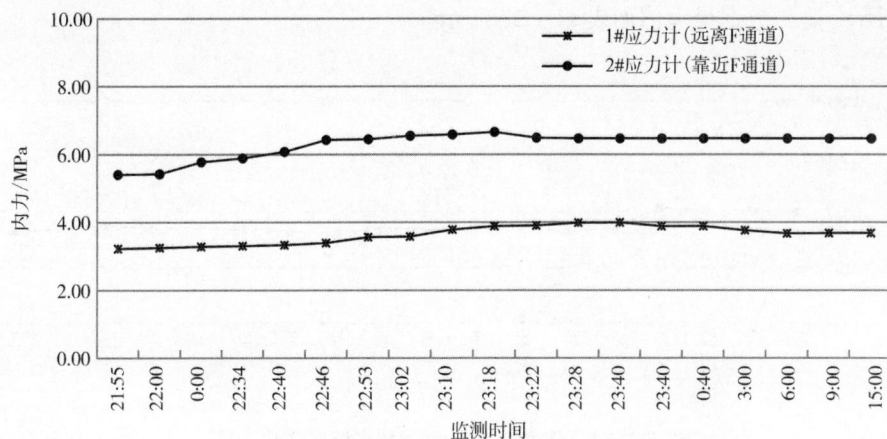

图 11-85 F8 墩千斤顶卸载时托换梁内力变化曲线

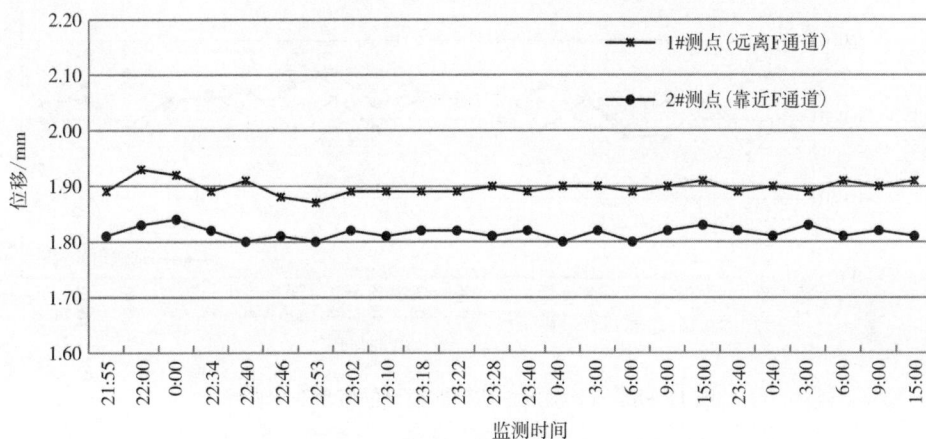

图 11-86 F8 墩千斤顶卸载时托换梁的位移变化曲线

表 11-27 F8 墩千斤顶卸载时各监测数据最大值汇总表

监测项目	本次最大变化量	累计最大值	预警值	控制值
桥墩沉降	0.04 mm/d	2.76 mm	3.5 mm	5 mm
桥墩倾斜	0.012°/d	0.032°	0.057°	0.115°
托换梁钢筋应力	0.35 MPa/d	6.66 MPa	176 MPa	252 MPa
托换梁沉降	0.04 mm/h	1.93 mm	3.5 mm	5 mm

3. F8 墩旧桩切割时监测结果

F8 墩旧桩切割于 2018 年 1 月 21 日进行。各监测项目数据变化曲线如图 11 - 87 ~ 图 11 - 90 所示，监测数据最大值如表 11 - 28 所示。

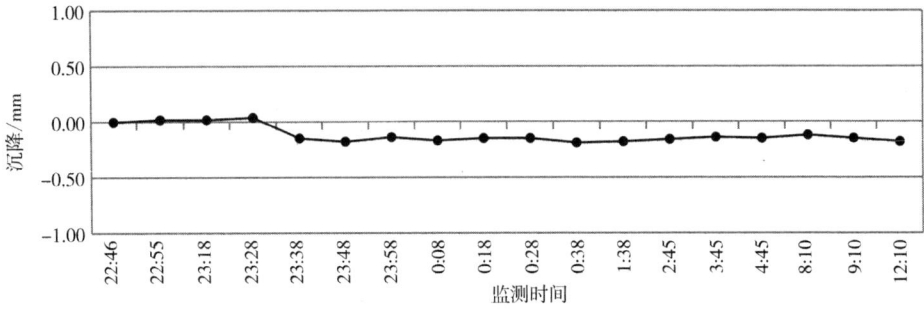

图 11 - 87　F8 墩旧桩切割时桥墩沉降变化曲线

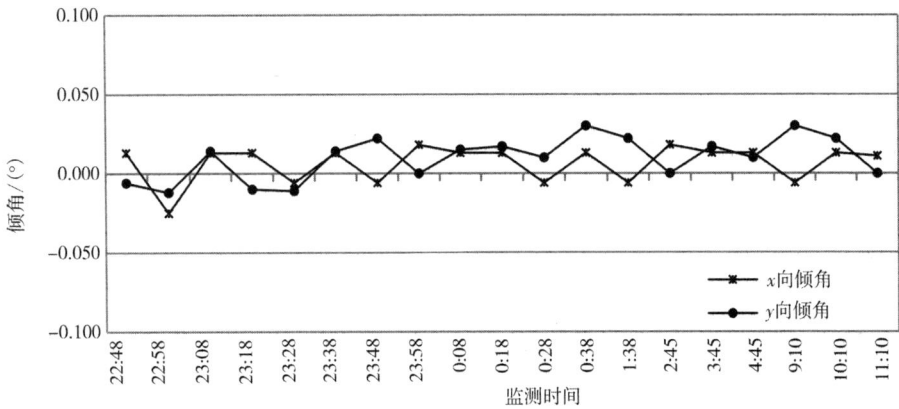

图 11 - 88　F8 墩旧桩切割时桥墩的倾角变化曲线

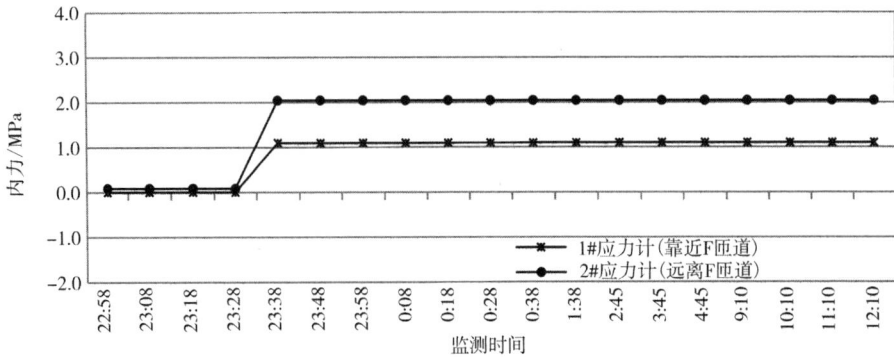

图 11 - 89　F8 墩旧桩切割时托换梁内力变化曲线

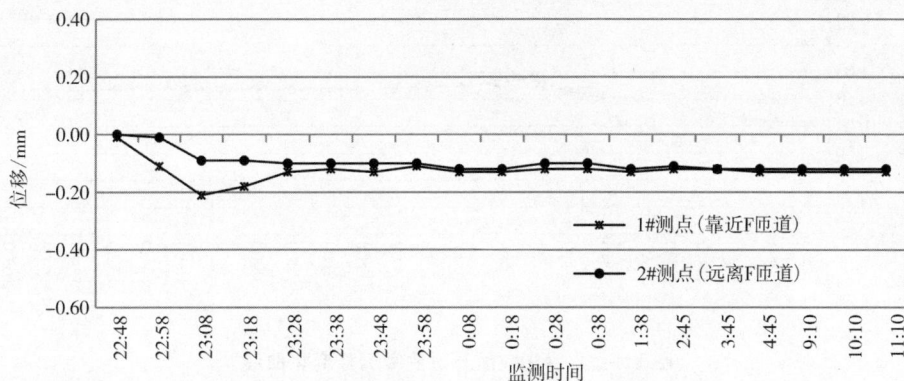

图 11 – 90　F8 墩旧桩切割时托换梁位移变化曲线

表 11 – 28　F8 墩旧桩切割时各监测数据最大值汇总表

监测项目	本次最大变化量	累计最大值	预警值	控制值
桥墩沉降	0.19 mm/h	0.19 mm	3.5 mm	5 mm
桥墩倾斜	0.038°/h	0.030°	0.057°	0.115°
托换梁钢筋应力	2 MPa/h	2 MPa	176 MPa	252 MPa
托换梁沉降	− 0.1 mm/h	− 0.21 mm	3.5 mm	5 mm

4. 盾构下穿 F8 墩监测结果

盾构穿越 F8 墩过程中各监测项目数据最大值如表 11 – 29 所示。

表 11 – 29　盾构下穿 F8 墩时各监测数据最大值汇总表

监测项目	本次最大变化量	累计最大值	预警值	控制值
桥墩沉降	0.04 mm/h	0.15 mm	3.5 mm	5 mm
桥墩倾斜	0.035°/h	0.033°	0.057°	0.115°
托换梁位移	0.04 mm/h	0.14 mm	3.5 mm	5 mm

由表 11 – 26 ~ 表 11 – 29 可以看出，F8 墩顶升、千斤顶卸载、旧桩切割及盾构下穿 F8 墩过程中，各监测项目监测值无异常，整体监测结果累计值和变化速率均较小。

11.4.7　F9 墩监测结果

1. F9 墩顶升时监测结果

F9 墩柱托换顶升过程中各监测项目数据变化曲线如图 11 – 91 ~ 图 11 – 96 所示，监测数据最大值如表 11 – 30 所示。

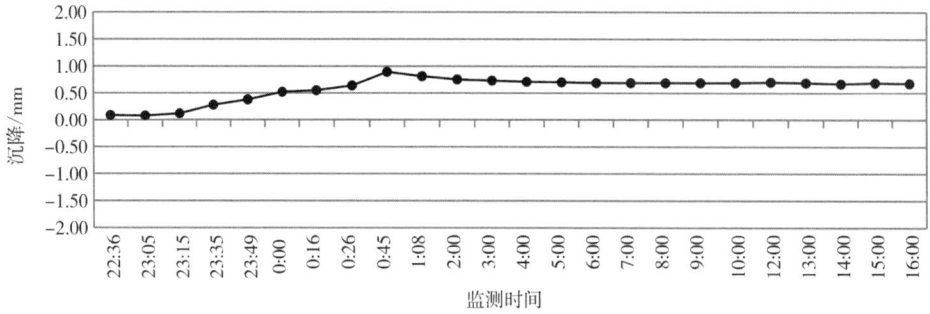

图 11-91 F9 墩顶升时桥墩沉降变化曲线

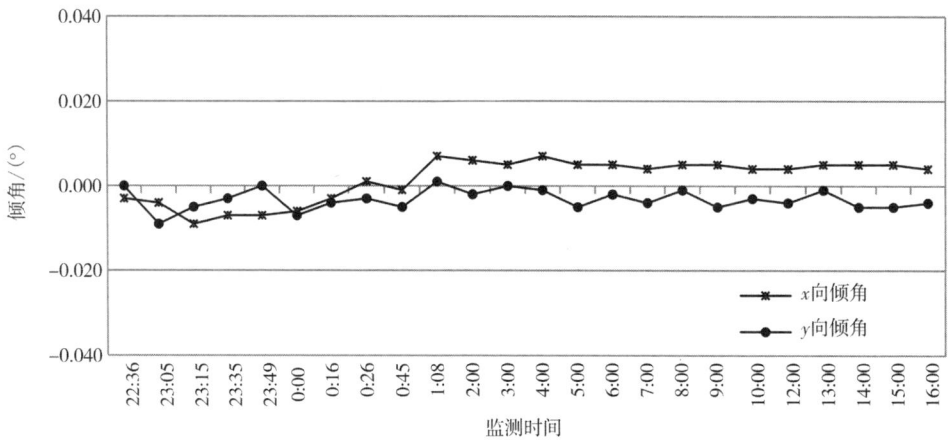

图 11-92 F9 墩顶升时桥墩的倾角变化曲线

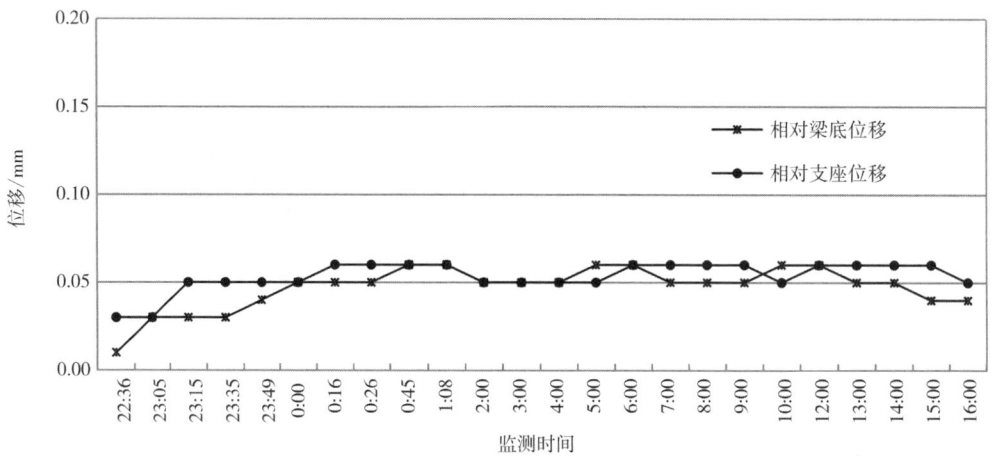

图 11-93 F9 墩顶升时梁体相对水平位移变化曲线

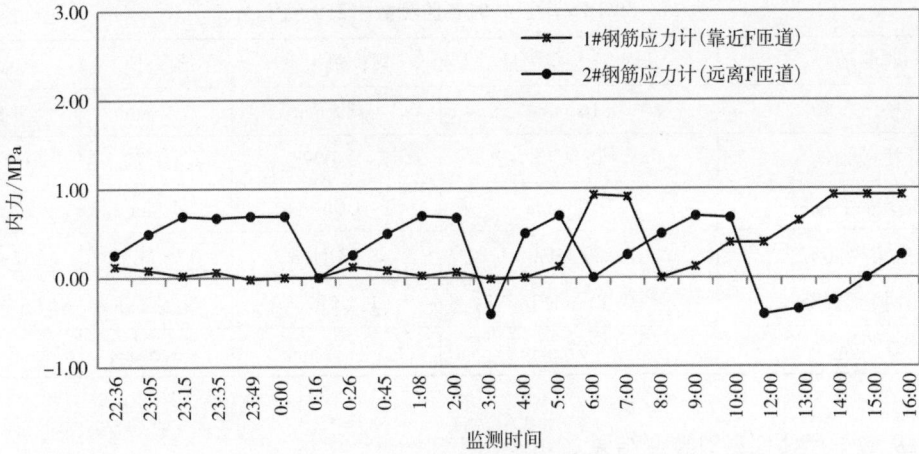

图 11 – 94　F9 墩顶升时托换梁内力变化曲线

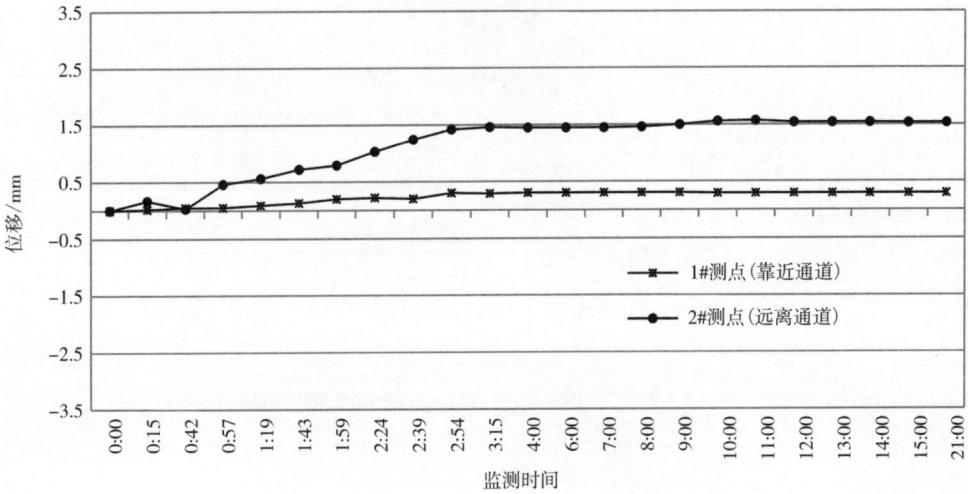

图 11 – 95　F9 墩顶升时托换梁的位移变化曲线

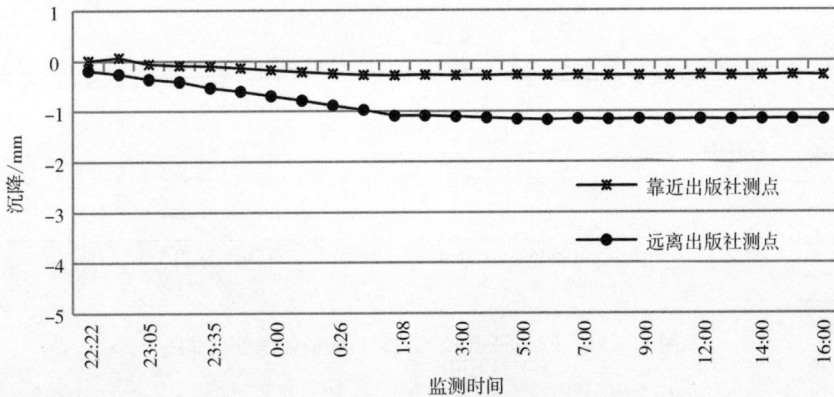

图 11 – 96　F9 墩顶升时新桩的沉降变化曲线

表11-30　F9墩顶升时各监测数据最大值汇总表

监测项目	本次最大变化量	累计最大值	预警值	控制值
桥墩沉降	0.16 mm	0.89 mm	3.5 mm	5 mm
桥墩倾斜	-0.007°	-0.009°	0.057°	0.115°
桥墩水平位移	-0.03 mm	-0.06 mm	5 mm	10 mm
托换梁钢筋应力	1.09 MPa	6.18 MPa	176 MPa	252 MPa
托换梁沉降	0.30 mm/h	1.28 mm	3.5 mm	5 mm
新桩沉降	-0.97 mm	-1.17 mm	-3.5 mm	-5 mm

2. F9墩千斤顶卸载时监测结果

F9墩柱托千斤顶卸载过程中各监测项目数据变化曲线如图11-97～图11-100所示，监测数据最大值如表11-31所示。

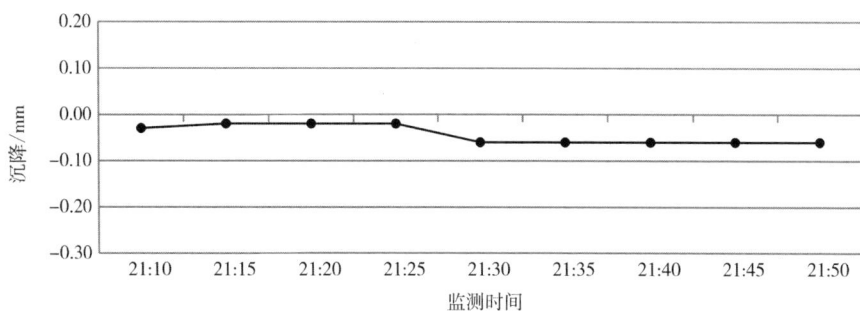

图11-97　F9墩千斤顶卸载时桥墩沉降变化曲线

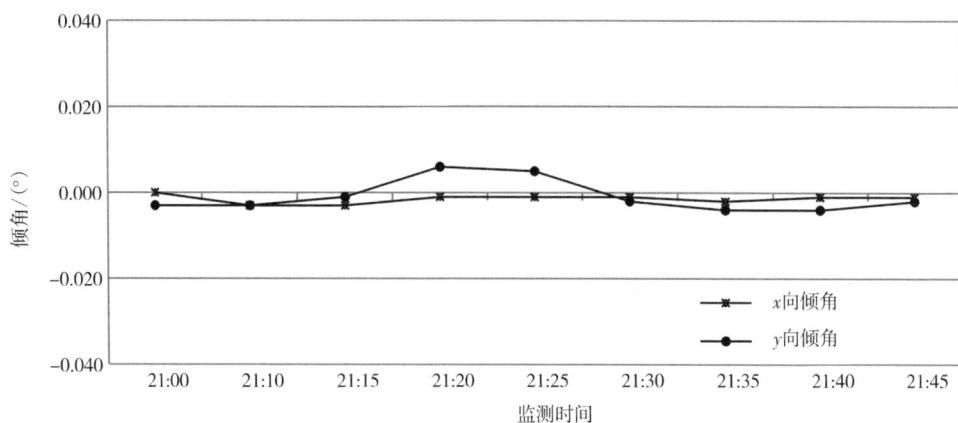

图11-98　F9墩千斤顶卸载时桥墩的倾角变化曲线

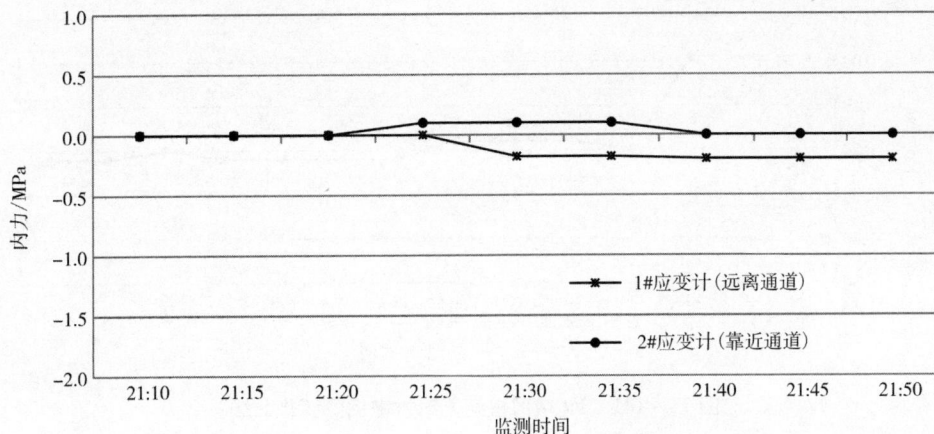

图 11 - 99   F9 墩千斤顶卸载时托换梁内力变化曲线

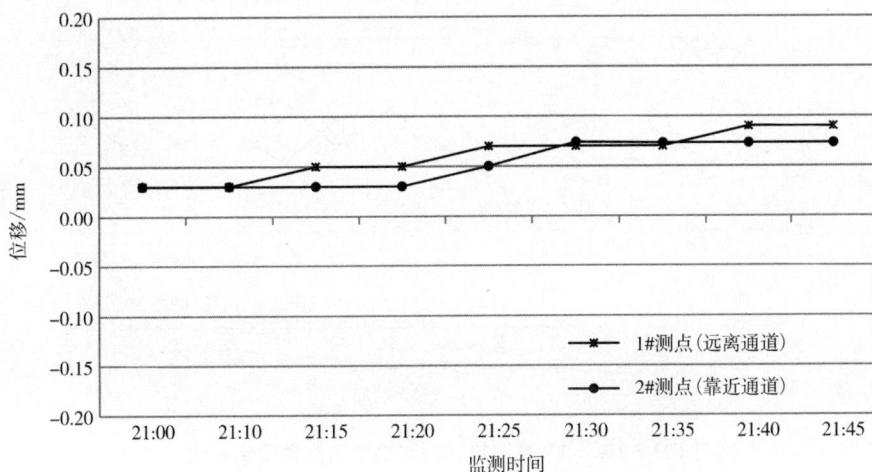

图 11 - 100   F9 墩千斤顶卸载时托换梁的位移变化曲线

表 11 - 31   F9 墩千斤顶卸载时各监测数据最大值汇总表

监测项目	本次最大变化量	累计最大值	预警值	控制值
桥墩沉降	- 0.04 mm/h	- 0.06 mm	3.5 mm	5 mm
桥墩倾斜	- 0.003°/h	0.006°	0.057°	0.115°
托换梁钢筋应力	0.1 MPa/h	0.2 MPa	176 MPa	252 MPa
托换梁沉降	0.03 mm/h	0.09 mm	3.5 mm	5 mm

3. F9 墩旧桩切割时监测结果

F9 墩旧桩切割过程中各监测项目数据变化曲线如图 11 - 101 ~ 图 11 - 104 所示,监测数据最大值如表 11 - 22 所示。

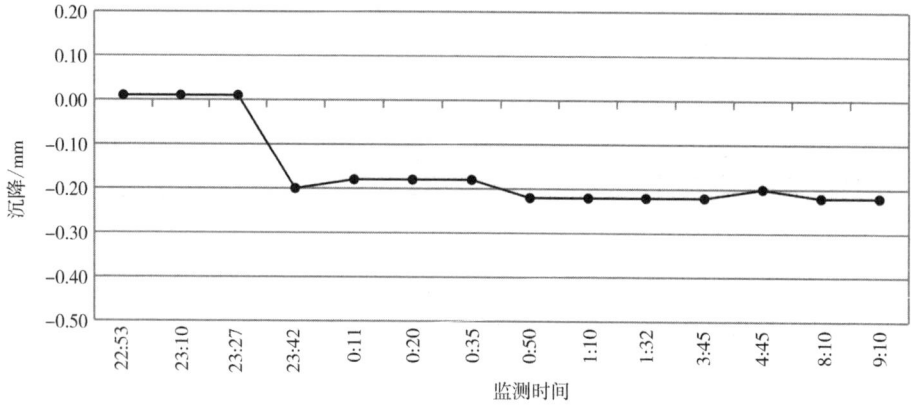

图 11 - 101　F9 墩旧桩切割时桥墩沉降变化曲线

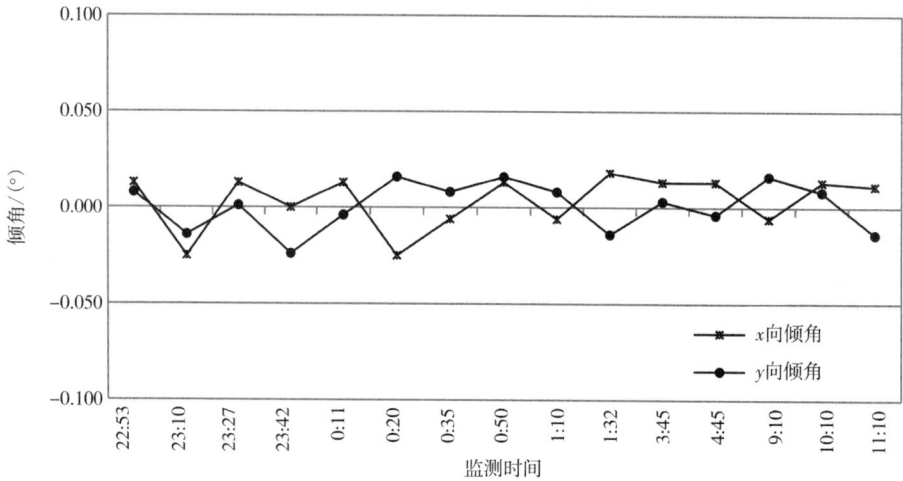

图 11 - 102　F9 墩旧桩切割时桥墩的倾角变化曲线

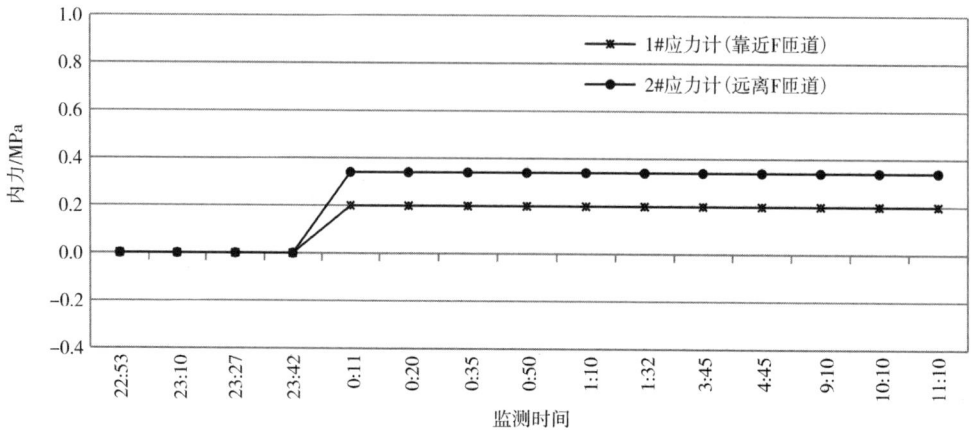

图 11 - 103　F9 墩旧桩切割时托换梁内力变化曲线

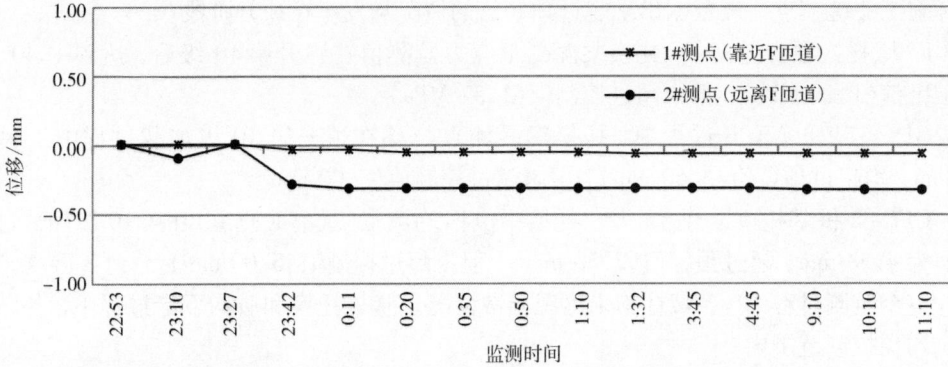

图 11-104　F9 墩旧桩切割时托换梁位移变化曲线

表 11-32　F9 墩旧桩切割时各监测数据最大值汇总表

监测项目	本次最大变化量	累计最大值	预警值	控制值
桥墩沉降	0.21 mm/h	0.22 mm	3.5 mm	5 mm
桥墩倾斜	0.038°/h	0.025°	0.057°	0.115°
托换梁钢筋应力	0.2 MPa/h	0.3 MPa	176 MPa	252 MPa
托换梁沉降	-0.29 mm/h	-0.32 mm	3.5 mm	5 mm

4. 盾构下穿 F9 墩检测结果

盾构穿越 F9 墩过程中各监测项目数据最大值如表 11-33 所示。

表 11-33　盾构下穿 F9 墩时各监测数据最大值汇总表

监测项目	本次最大变化量	累计最大值	预警值	控制值
桥墩沉降	0.06 mm/h	0.15 mm	3.5 mm	5 mm
桥墩倾斜	0.038°/h	0.033°	0.057°	0.115°
托换梁位移	0.07 mm/h	0.16 mm	3.5 mm	5 mm

由表 11-30~表 11-33 可以看出，F9 墩顶升、千斤顶卸载、旧桩切割及盾构下穿 F9 墩过程中，各监测项目监测值无异常，整体监测结果累计值和变化速率均较小。

11.5　监控量测结果

本工程监控量测工作从 2016 年 6 月开始，至 2018 年 4 月结束。对 F5、F7-1、F8、F9 和 C15、C17-2、C18 7 个桥墩的桩基托换和盾构穿越等施工过程进行了长期监测，监测结果显示：

①各施工关键节点的监测数据普遍大于平时的监测数据。

②施工关键节点监测数据出现超过预警值的情况均发生在顶升阶段。

a. F5 墩托换顶升过程中，托换梁混凝土应力监测值在顶升第 10 级后，达到 1.40 MPa，超过预警值(1.10 MPa)，但未超过控制值(1.57 MPa)。

b. C18 桩基托换顶升过程中，托换梁两测点位移在顶升第 10 级加载过程中最大值为 4.17 mm，均超过预警值(3.50 mm)，但未超过控制值(5.00 mm)。

c. C17 - 2 桩基托换顶升过程中，托换梁位移 2#测点(远离 F 匝道)在第 10 级加载过程中监测值为 4.58 mm，超过预警值(3.50 mm)，但未超过控制值(5.00 mm)。

③整个监测过程中，各墩柱均未出现异常情况。基桩托换和盾构下穿过程中，各墩柱所受影响均在控制范围内。

11.6　本章小结

监测是工程中确保施工安全性与检查施工是否合理的关键手段。本章介绍了监测的原则、控制标准、施工过程中主要的监测内容和各项目的监测方法及监测频率。详细地罗列了顶升、盾构切桩等施工过程中桥墩沉降、桥墩倾斜、托换梁应力、挠度、位移等项目的监测数据。结果表明桩基托换和盾构下穿过程中各监测项目均在控制范围内。

参考文献

[1] 伍廷亮,张建新,孟光.隧道盾构施工引起邻近建筑物及其桩基变形的数值分析[J].煤田地质与勘探, 2012(6):39 - 43.

[2] 丁祖德,彭立敏,施成华.地铁隧道穿越角度对地表建筑物的影响分析[J].岩土力学,2011,32(11): 3387 - 3392.

[3] 石坚,丁伟,赵宝.隧道开挖过程的数值模拟与分析[J].铁道建筑,2010(2):21 - 24.

[4] 王丽,郑刚.盾构法开挖隧道对桩基础影响的有限元分析[J].岩土力学,2011(s1):704 - 712.

[5] 王新.小间距盾构隧道相互影响的数值分析[J].低温建筑技术,2015,37(08):123 - 126.

[6] 林志,朱合华,夏才初.近间距双线大直径泥水盾构施工相互影响研究[J].岩土力学,2006(07): 1181 - 1186.

[7] 王启耀,郑永来,凌宇峰,杨林德.近距离双线盾构隧道施工相互影响的监测与分析[J].地下空间, 2003 (03):229 - 233 + 341.

[8] 黎春林,缪林昌,陈静.盾构施工对地表及建筑物沉降影响分析[J].山东理工大学学报(自然科学版), 2017,31(1):12 - 16.

[9] 王浩.盾构隧道施工对邻近建筑物的影响研究[J].湖南城市学院学报(自然科学版),2016,25(2): 19 - 20.

[10] 林志,朱合华,夏才初.双线盾构隧道施工过程相互影响的数值研究[J].地下空间与工程学报,2009, 5 (01):85 - 89 + 132.

[11] 王伟,夏才初,朱合华,范明星.双线盾构越江隧道合理间距优化与分析[J].岩石力学与工程学报, 2006 (S1):3311 - 3316.

[12] 胡元芳.小线间距城市双线隧道围岩稳定性分析[J].岩石力学与工程学报,2002(09):1335 - 1338.

[13] 李文华,陈旭东,周世生,贺美德.超小净距双线地铁隧道暗挖法对中岩墙稳定性影响分析[J].施工技术,2015,44(23):70 - 71 + 97.

[14] 彭惠,李文勇.近间距双线越江隧道施工相互影响规律的模拟与实测对比分析[J].建筑施工,2007 (11):885 - 887.

[15] 丁海滨,骆祎,徐长节,杨园野,许洋.盾构隧道开挖对邻近隧道的影响分析[J].铁道建筑,2016(12): 41 - 45.

[16] 马忠政,马险峰,徐前卫,等.盾构穿越桥梁桩基的托换及除桩施工技术研究[J].地下空间与工程学报,2010,6(1):105 - 11.

[17] 冯卫星,曹金文.地铁施工中的桩基托换技术[J].石家庄铁道大学学报(自然科学版),2000,13(3): 79 - 81.

[18]李彦明.广深铁路桥桩基托换施工技术［J］.铁道标准设计，2004(4)：47－50.

[19]崔爱华.被动式桥梁桩基托换技术在兰州地铁中的应用［J］.铁道建筑，2016(2)：76－9.

[20]周冠南，周顺华，候刚，等.邻近盾构施工中的桩基托换效果研究［J］.地下空间与工程学报，2010，06(4)：803－9.

[21]徐前卫，唐卓华，苏培森.盾构过群桩基础的托换与除桩技术及其稳定性分析[J].石家庄铁道大学学报（自然科学版），2013，26(S2)：129－133.

[22]徐前卫，朱合华，马险峰，等.地铁盾构隧道穿越桥梁下方群桩基础的托换与除桩技术研究[J].岩土工程学报，2012，34(07)：1217－1226.

[23]郑坚.穿越桩基础的盾构机改造技术[J].建筑施工，2010，32(05)：391－393.

[24]李海.盾构全断面切削桥梁桩基的力学分析与施工控制技术[D].石家庄铁道大学，2015.

[25]蒋兴起.盾构全断面切削穿越桥梁群桩综合技术研究[D].北京交通大学，2013.

[26]刘浩.盾构直接切削大直径桩基的刀具选型设计研究[D].北京交通大学，2014.

[27]王飞，袁大军，董朝文，等.盾构直接切削大直径钢筋混凝土桩基试验研究[J].岩石力学与工程学报，2013，32(12)：2566－2574.

[28]王全华.盾构全断面切削穿越桥梁桩基安全性研究[D].北京交通大学，2012.

[29]王占生，王全华，袁大军.盾构连续切削穿越大直径桥桩施工安全技术[J].都市快轨交通，2013，26(03)：97－101.

[30]周璇.盾构全断面切削穿越钢筋混凝土桩试验研究[D].北京交通大学，2013.

[31]王江华.切削穿越桥梁桩基盾构机改造施工技术研究[J].路基工程，2019(01)：153－157.

[32]杨自华，钟志全.泥水盾构穿越桩基础掘进施工[J].建筑机械化，2007(09)：51－53.

[33]于德涌.盾构切割建筑桩基实践和探索[J].地下工程与隧道，2015(02)：22－24.

[34]张立亚，张宏梅，邓喀中，等.地铁盾构隧道切桩穿越建筑群的沉降影响分析[J].测绘通报，2016(08)：81－85.

[35]潘茁，江玉生.大直径泥水盾构近距离穿越桥桩影响分析[J].市政技术，2015，33(06)：64－67.

[36]周冠南，周顺华，候刚，等.邻近盾构施工中的桩基托换效果研究[J].地下空间与工程学报，2010(4)：803－809.

[37]祝春生.明挖隧道下穿既有桥梁桩基托换施工技术[J].铁道建筑技术，2013(7)：78－81.

[38]赵文艺，翟世鸿，蒲诃夫，等.盾构掘进对邻近桩基影响及托换桩加固效果分析[J].土木工程与管理学报，2010，27(3)：11－15.

[39]马忠政，马险峰，徐前卫，等.盾构穿越桥梁桩基的托换施工及其三维数值分析[C]//2009中国城市地下空间开发高峰论坛.2009.

[40]黄希，陈行，晏启祥.地铁区间隧道下穿既有桥梁的桩基托换研究[J].铁道标准设计，2016，60(12)：89－93.

[41]徐前卫，朱合华，马险峰，等.地铁盾构隧道穿越桥梁下方群桩基础的托换与除桩技术研究[J].岩土工程学报，2012(7)：1217－1226.

[42]丁红军，王琪，蒋盼平.地铁盾构隧道桩基托换施工技术研究[J].隧道建设，2008(2)：209－212.

[43]唐新权.地铁区间隧道下穿桥梁大轴力桩基托换设计与施工[J].铁道标准设计，2016(1)：87－91.

[44]朱琳.地铁盾构隧道区间桥梁桩基托换设计[J].市政技术，2015，33(1)：79－82.

[45]王世君.桩基托换技术在广州地铁三号线工程中的应用[J].施工技术，2006，35(6)：49－52.